灵境蓝图

明日科技 编著

Python

数据分析
技术手册

基础 · 实战 · 强化

全国百佳图书出版单位

化学工业出版社

·北京·

内容简介

《Python 数据分析技术手册：基础·实战·强化》是"计算机科学与技术手册系列"图书之一，该系列图书内容全面，以理论联系实际，能学到并做到为宗旨，以技术为核心，以案例为辅助，引领读者全面学习基础技术、代码编写方法和具体应用项目，旨在为想要进入相应领域或者已经在该领域深耕多年的技术人员提供新而全的技术性内容及案例。

本书是一本侧重数据分析基础＋实践的 Python 数据分析图书，为了保证读者可以学以致用，在内容编排方面循序渐进地进行了 3 个层次的讲解：基础知识铺垫、案例进阶实战和综合项目强化应用。

本书提供大量的资源，包含 235 个实例、9 个方向的应用案例和一个大型数据分析项目，力求为读者打造一本基础＋应用＋实践一体化精彩的 Python 数据分析图书。

本书不仅适合 Python 初学者、数据分析人员、从事与数据分析相关工作的人员、对数据分析感兴趣的人员学习，而且适合从事其他岗位想掌握一定的数据分析技能的职场人员学习。

图书在版编目（CIP）数据

Python 数据分析技术手册：基础·实战·强化 / 明日科技编著 . 一北京：化学工业出版社，2022.2
ISBN 978-7-122-40516-6

Ⅰ . ① P… Ⅱ . ① 明… Ⅲ . ① 软件工具 – 程序设计
Ⅳ . ① TP311.561

中国版本图书馆 CIP 数据核字（2021）第 273013 号

责任编辑：周　红
责任校对：田睿涵
装帧设计：尹琳琳

出版发行：化学工业出版社
　　　　　（北京市东城区青年湖南街13号　邮政编码100011）
印　　装：大厂聚鑫印刷有限责任公司
880mm×1230mm　1/16　印张22½　字数639千字
2022年3月北京第1版第1次印刷

购书咨询：010-64518888
售后服务：010-64518899
网　　址：http://www.cip.com.cn
凡购买本书，如有缺损质量问题，本社销售中心负责调换。

定　　价：128.00元

前言

随着我国"十四五"规划的提出，国家在提升企业技术创新能力、激发人才创新活力等方面加大力度，也标志着我国信息时代正式踏上新的阶梯，电子设备已经普及，在人们的日常生活中随处可见。信息社会给人们带来了极大的便利，信息捕获、信息处理分析等在各个行业得到普遍应用，推动整个社会向前稳固发展。

计算机设备和信息数据的相互融合，对各个行业来说都是一次非常大的进步，已经渗入到工业、农业、商业、军事等领域，同时其相关应用产业也得到一定发展。就目前来看，各类编程语言的发展、人工智能相关算法的应用、大数据时代的数据处理和分析都是计算机科学领域各大高校、各个企业在不断攻关的难题，是挑战也是机遇。因此，我们策划编写了"计算机科学与技术手册系列"图书，旨在对想要进入相应领域的初学者或者已经在该领域深耕多年的从业者提供新而全的技术性内容，以及丰富、典型的实战案例。

大数据、人工智能时代，数据无处不在。无论身处哪种行业，能够掌握一定的数据分析技能必然是职场的加分项！

Python 语言简单易学、数据处理精准高效，对于初学者来说容易上手，由于它的第三方扩展库不断更新，使得其应用范围越来越广。在科学计算、数据分析、数学建模和数据挖掘方面，Python 也占据越来越重要的地位，因此本书采用 Python 作为数据分析首选工具。

本书全面介绍了数据分析知识，从初学者的角度出发，按照基础知识铺垫、案例进阶实战、综合项目强化 3 个层次逐渐展开内容，以帮助读者快速掌握数据分析的各项技能，拓宽职场的道路。本书通过各种实例将知识点与实际应用相结合，打造轻松学习、零压力学习的环境，通过案例对所学知识进行综合应用，通过开发实际项目将数据分析与各项技能应用到实际工作中。

本书内容

全书共分为 20 章，主要通过"基础篇 (10 章) + 实战篇 (9 章) + 强化篇 (1 章)"3 大维度一体化的讲解方式，具体的学习结构如下图所示：

本书特色

1．突出重点、学以致用

书中每个知识点都结合了简单易懂的实例代码以及非常详细的注释信息，力求读者能够快速理解所学知识，提高学习效率，缩短学习路径。

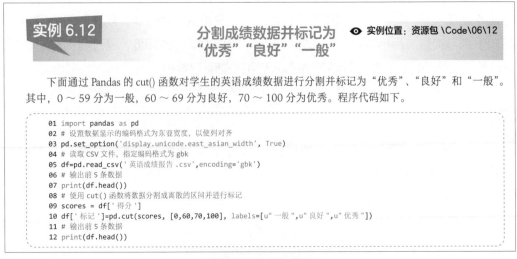

实例 6.12   **分割成绩数据并标记为"优秀""良好""一般"**   👁 **实例位置：资源包 \Code\06\12**

下面通过 Pandas 的 cut() 函数对学生的英语成绩数据进行分割并标记为"优秀"、"良好"和"一般"。其中，0 ～ 59 分为一般，60 ～ 69 分为良好，70 ～ 100 分为优秀。程序代码如下。

```
01 import pandas as pd
02 # 设置数据显示的编码格式为东亚宽度，以使列对齐
03 pd.set_option('display.unicode.east_asian_width', True)
04 # 读取 CSV 文件，指定编码格式为 gbk
05 df=pd.read_csv(' 英语成绩报告 .csv',encoding='gbk')
06 # 输出前 5 条数据
07 print(df.head())
08 # 使用 cut() 函数将数据分割成离散的区间并进行标记
09 scores = df[' 得分 ']
10 df[' 标记 ']=pd.cut(scores, [0,60,70,100], labels=[u" 一般 ",u" 良好 ",u" 优秀 "])
11 # 输出前 5 条数据
12 print(df.head())
```

实例代码与运行结果

2．提升思维、综合运用

本书以知识点综合运用的方式，带领读者制作各种实用性较强的办公自动化案例、数据分析案例，让读者不断提升数据处理、数据分析技能，从而加强对知识点的理解以及快速提升综合运用的能力。

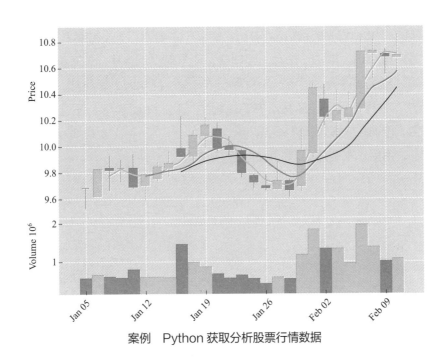

案例　Python 获取分析股票行情数据

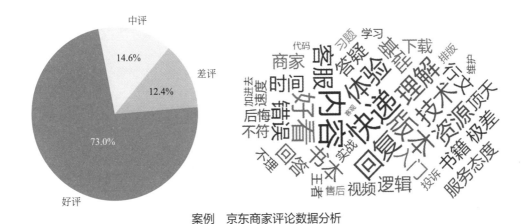

案例　京东商家评论数据分析

3．综合技术、实际项目

本书在强化篇中提供了一个贴近实际应用的项目，力求通过实际应用使读者更容易地掌握数据分析技术与应对业务的需求。该项目是根据实际开发经验总结而来，包含了在实际开发中所遇到的各种问题。项目结构清晰、扩展性强，读者可根据个人需求进行扩展开发。

4．精彩栏目、贴心提示

本书根据实际学习的需要，设置了"注意""说明""技巧"等许多贴心的小栏目，辅助读者轻松理解所学知识，规避编程陷阱。

致读者

本书由明日科技的 Python 开发团队策划并组织编写，主要编写人员有高春艳、王国辉、李磊、李再天、王小科、赛奎春、申小琦、赵宁、张鑫、周佳星、葛忠月、李春林、宋万勇、田旭、王萍、张宝华、李颖、杨丽、刘媛媛、庞凤、谭畅、何平、李菁菁、依莹莹、吕学丽、吴晶鑫、程瑞红、钟成浩、徐丹、王欢、张悦、岳彩龙、牛秀丽等。在编写本书的过程中，我们本着科学、严谨的态度，力求精益求精，但疏漏之处在所难免，敬请广大读者批评斧正。

感谢您阅读本书，希望本书能成为您编程路上的领航者。

祝您读书快乐！

编著者

如何使用本书

本书资源下载及在线交流服务

方法 1：使用微信立体学习系统获取配套资源。用手机微信扫描下方二维码，根据提示关注"易读书坊"公众号，选择您需要的资源或服务，点击获取。微信立体学习系统提供的资源和服务包括：

⟳ 视 频 讲 解：**快速掌握编程技巧**
⟳ 源 码 下 载：**全书代码一键下载**
⟳ 配 套 答 案：**自主检测学习效果**
⟳ 拓 展 资 源：**术语解释指令速查**

扫码享受
全方位沉浸式学 Python

操作步骤指南 | ① 微信扫描本书二维码。② 根据提示关注"易读书坊"公众号。
③ 选取您需要的资源，点击获取。④ 如需重复使用可再次扫码。

方法 2：推荐加入 QQ 群：576760840（若此群已满，请根据提示加入相应的群），可在线交流学习，作者会不定时在线答疑解惑。

方法 3：使用学习码获取配套资源。

（1）激活学习码，下载本书配套的资源。

第一步：刮开后勒口的"在线学习码"（如图 1 所示），用手机扫描二维码（如图 2 所示），进入如图 3 所示的登录页面。单击图 3 页面中的"立即注册"成为明日学院会员。

第二步：登录后，进入如图 4 所示的激活页面，在"激活图书 VIP 会员"后输入后勒口的学习码，单击"立即激活"，成为本书的"图书 VIP 会员"，专享明日学院为您提供的有关本书的服务。

第三步：学习码激活成功后，还可以查看您的激活记录，如果您需要下载本书的资源，请单击如图 5 所示的云盘资源地址，输入密码后即可完成下载。

图1　在线学习码

图2　手机扫描二维码

图3　扫码后弹出的登录页面

图4　输入图书激活码

图5　学习码激活成功页面

（2）打开下载到的资源包，找到源码资源。本书共计 20 章，源码文件夹主要包括：实例源码（235个）、案例源码（9个）、项目源码（1个），具体文件夹结构如下图所示。

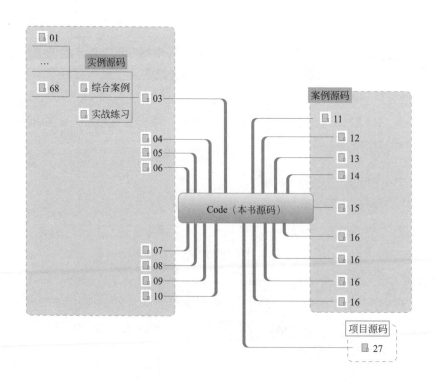

（3）使用开发环境（如 PyCharm）打开章节所对应 Python 项目文件，运行即可。

本书约定

推荐操作系统及 Python 语言版本			
Windows 10		Python 3.9	
本书介绍的开发环境			
Pycharm 2021	Anaconda3.8	MySQL	mongoDB
PC	ANACONDA	MySQL	mongoDB
商业集成开发环境	集成工具	数据库	数据库

读者服务

为方便解决读者在学习本书过程中遇到的疑难问题及获取更多图书配套资源，我们在明日学院网站为您提供了社区服务和配套学习服务支持。此外，我们还提供了读者服务邮箱及售后服务电话等，如图书有质量问题，可以及时联系我们，我们将竭诚为您服务。

读者服务邮箱：mingrisoft@mingrisoft.com

售后服务电话：4006751066

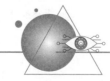

基础篇

第1章　认识数据分析

第2章　搭建Python数据分析环境

第3章　NumPy基础：数组、矩阵计算

第 4 章 Pandas 入门

第 5 章 数据读取与处理

第 6 章 数据清洗

第 7 章　数据计算与分组统计

第 8 章　日期处理与时间序列

第 9 章 可视化数据分析图表

第 10 章 机器学习 Scikit-Learn

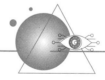

实战篇

第 11 章 处理大型数据集

第12章　快速批量合并和处理 Excel

第13章　爬取分析 NBA 球员薪资数据

第14章　获取和分析股票行情数据

第15章　基于文本数据的京东商家评论数据分析

第 16 章　基于 MySQL 网站平台注册用户分析

第 17 章　二手房房价分析与预测

第 18 章　Python 实现客户价值分析

第 19 章　京东电商销售数据分析与预测

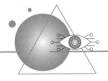

强化篇

第 20 章　电视节目数据分析系统

Python

Python
数据分析技术手册

基础 · 实战 · 强化

基础篇

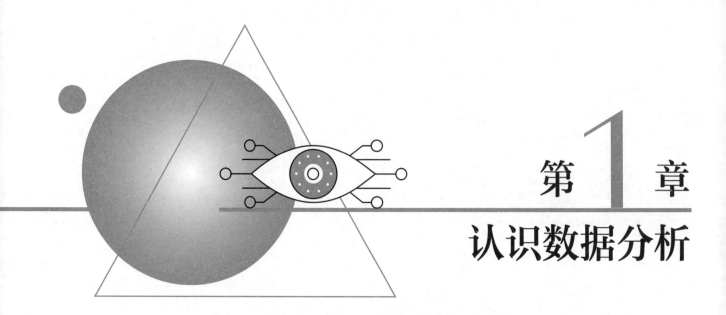

第1章

认识数据分析

既然基础等于零,那就从零开始。本章首先介绍数据分析的概念和数据分析的重要性,然后介绍数据分析的基本流程,最后介绍数据分析常用工具,Python 则是数据分析工具的首选。

1.1 数据分析概述

1.1.1 数据分析的概念

数据分析是利用数学、统计学理论相结合的科学统计分析方法,对 Excel 数据、数据库中的数据、收集的大量数据、网页抓取的数据进行分析,从中提取有价值的信息并形成结论进行展示的过程。

数据分析的本质是通过总结数据的规律解决业务问题,以帮助实际工作中的管理者做出判断和决策。

数据分析包括如下几个主要内容。

- ➷ 现状分析:分析已经发生了什么。
- ➷ 原因分析:分析为什么会出现这种现状。
- ➷ 预测分析:预测未来可能发生什么。

1.1.2 数据分析的重要性

大数据、人工智能时代的到来,数据分析无处不在。数据分析帮助人们做出判断,以便采取适当的措施,发现机遇、创造新的商业价值以及发现企业自身的问题和预测企业的未来。

在实际工作中,无论从事哪种行业(如教育、金融等),就职于什么岗位(如数据分析师、市场营销策划、销售运营、财务管理、客户服务、人力资源等),数据分析都是基本功,是职场必备技能,能够掌握一定的数据分析技能必然是职场的加分项。如图 1.1 所示。

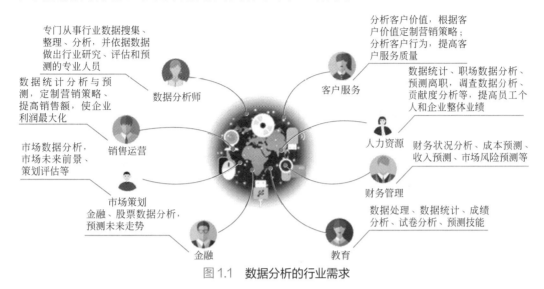

图 1.1　数据分析的行业需求

下面列举两个例子为大家展示合理运用数据分析的重要性。

情景 1：运营人员向管理者汇报工作，说明销量增长情况（见图 1.2）

- 表达一：这个月比上个月销量好。
- 表达二：11 月份销量环比增长 69.8%，全网销量排名第一。
- 表达三：近一年全国销量如图 1.2 所示，月平均销量 2834.5 册，整体呈上升趋势。其中，受 618

和双十一影响，6 月份环比增长 43.7%、7 月份环比增长 16.1%、9 月份环比增长 55.8%、11 月份环比增长 69.8%。虽然 618 大促销量比 5 月份有所提高，但表现并不好，与双十一相比差很多，未来要加大 618 前后的宣传力度，做好预热和延续。

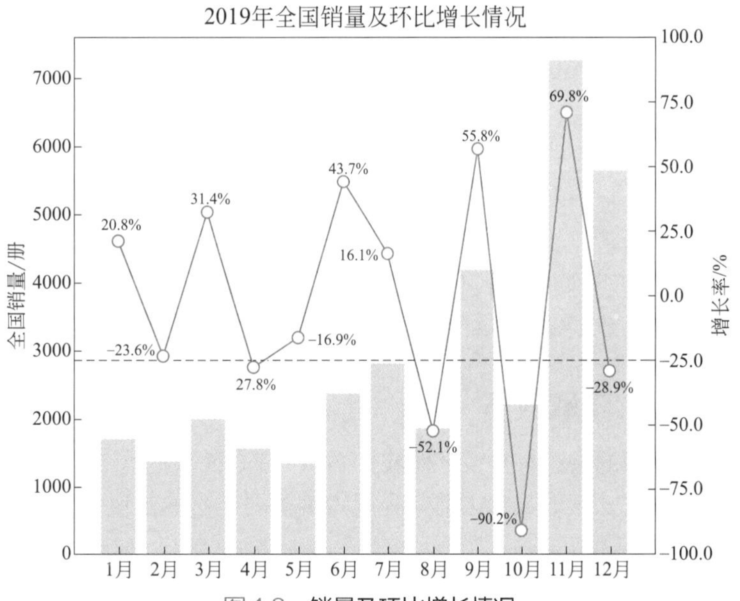

如果您是管理者，更青睐于哪一种表达？

其实，管理者要的是真正简单、清晰的分析，以及接下来的决策方向。根据运营人员给出的解决方案，他可以预见公司未来的发展，解决真正的问题，提高平台的业务量。

情景 2：啤酒和纸尿裤的故事

为什么沃尔玛会将看似毫不相干的啤酒和纸尿裤（见图 1.3）摆在一起销售，并且啤酒和纸尿裤的销量双双增长？

因为沃尔玛很好地运用了数据分析，发现了"纸尿裤"和"啤酒"的潜在联系。原来，太太们常叮嘱她们的丈夫下班后为小孩买纸尿裤，而丈夫们在购买纸尿裤的同时又随手带回了两瓶啤酒。这一消费行为导致了这两件商品经常被同时购买，所以，沃尔玛索性就将它们摆放在一起，既方便顾客，又提高了产品销量。

还有很多通过数据分析获得成功的例子。例如，在营销领域，对客户分群数据进行统计、分类等，

2019年全国销量及环比增长情况

图 1.2　销量及环比增长情况

判断客户购买趋势，对产品数据进行统计，预测销量，还可以找出销量薄弱点进行改善；在金融领域，预测股价及其波动，无不是依靠以往大量的股价及其波动数据得出的结论。

综上所述，数据分析如此重要，是因为数据的真实性，我们对真实数据的统计分析，就是对问题的思考和分析过程，这个过程中，我们会发现问题，并寻找解决问题的方法。

图 1.3　啤酒和纸尿裤

1.2　数据分析的基本流程

如图 1.4 所示是数据分析的基本流程，其中数据分析的重要环节是"明确目的"，这也是进行数据分析最有价值的部分。

熟悉工具 → 明确目的 → 获取数据 → 数据处理 → 数据分析 → 验证结果 → 结果呈现 → 数据应用

图 1.4　数据分析的基本流程

1.2.1　熟悉工具

掌握一款数据分析工具至关重要，它能够帮助用户快速解决问题，从而提高工作效率。常用的数据分析工具有 Excel、SPSS、R 语言、Python 语言。本书采用的是 Python 语言。

1.2.2　明确目的

"如果给我 1 个小时解答一道决定我生死的问题，我会花 55 分钟来弄清楚这道题到底是在问什么。一旦清楚了它到底在问什么，剩下的 5 分钟足够回答这个问题"——爱因斯坦。

在数据分析方面，首先要花一些时间搞清楚为什么要做数据分析、分析什么、想要达到什么效果。例如，为了评估产品改版后的效果比之前是否有所提升，或通过数据分析找到产品迭代的方向等。

只有明确了分析目的，才能够找到适合的分析方法，才能够有效地进行数据处理、数据分析和数据预测等后续工作，最终得到结论，应用到实际中。

1.2.3　获取数据

数据的来源有很多，像我们熟悉的 Excel 数据、数据库中的数据、网站数据以及公开的数据集等。

那么，获取数据之前首先要知道需要什么时间段的数据、哪个表中的数据，以及如何获得，是下载、复制还是爬取等。

1.2.4　数据处理

数据处理是从大量杂乱无章的、难以理解的、缺失的数据中，抽取并推导出对解决问题有价值的、有意义的数据。数据处理主要包括数据规约、数据清洗、数据加工等处理方法，具体如图 1.5 所示。

（1）数据规约

在接近或保持原始数据完整性的同时将数据集规模减小，以提高数据处理的速度。例如，一个 Excel 表中包含近三年的几十万条数据，由于只分析近一年的数据，所以仅保留一年的数据即可。这样做的目的是减小数据规模，提高数据处理速度。

（2）数据清洗

在获取到原始数据后，可能其中的很多数据都不符合数据分析的要求，那么就需要按照如下步骤进行处理。

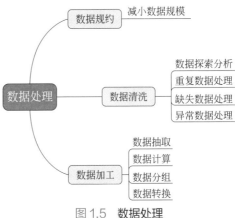

图 1.5　数据处理

- 🗘 数据探索分析：分析数据的规律，通过一定的方法统计数据，通过统计结果判断数据是否存在缺失、异常等情况。例如，通过最小值判断数量、金额是否包含缺失数据，如果最小值为 0，那么这部分数据就是缺失数据，以及通过判断数据是否存在空值来判断数据是否缺失。
- 🗘 重复数据处理：对于重复的数据删除即可。
- 🗘 缺失数据处理：对于缺失的数据，如果比例高于 30%，可以选择放弃这个指标，删除即可；如果低于 30%，可以对这部分缺失数据进行填充，以 0 或均值填充。
- 🗘 异常数据处理：对具体业务进行具体分析和处理，对于不符合常理的异常数据可进行删除。例如，性别为男或女，但是性别数据中存在其他值，以及年龄超出正常年龄范围，这些都属于异常数据。

（3）数据加工

数据加工包括数据抽取、数据计算、数据分组和数据转换。

- 🗘 数据抽取：是指选取数据中的部分内容。
- 🗘 数据计算：是指进行各种算术和逻辑运算，以便得到进一步的信息。
- 🗘 数据分组：是指按照有关信息进行有效的分组。
- 🗘 数据转换：是指数据标准化处理，以适应数据分析算法的需要，常用的有"z-score 标准化"、"最小、最大标准化"和"按小数定标标准化"等。经过上述标准化处理后，数据中各指标值将会处在同一个数量级别上，以便更好地对数据进行综合测评和分析。

1.2.5　数据分析

数据分析过程中，选择适合的分析方法和工具很重要，所选择的分析方法应兼具准确性、可操作性、可理解性和可应用性。但对于业务人员（如产品经理或运营）来说，数据分析最重要的是数据分析思维。

1.2.6　验证结果

通过数据分析我们会得到一些结果，但是这些结果只是数据的主观结果的体现，有些时候不一定完全准确，所以必须要进行验证。

例如，数据分析结果显示某产品点击率非常高，但实际下载量平平，那么这种情况，不要轻易下定论认为"这个产品受欢迎"，而要进一步验证，找到真正影响点击率的原因，这样才能做出更好的决策。

1.2.7　结果呈现

现如今，企业越来越重视数据分析给业务决策带来的有效应用，而可视化是数据分析结果呈现的重要步骤。可视化是以图表方式呈现数据分析结果，这样的结果更清晰、更直观、更容易理解。

1.2.8　数据应用

数据分析的结果并不仅仅是把数据呈现出来，而更应该关注的是通过分析这些数据，后面可以做什么。如何将数据分析结果应用到实际业务当中才是学习数据分析的重点。

数据分析结果的应用是数据产生实际价值的直接体现，而这个过程需要数据沟通能力、业务推动能力和项目工作能力。如果看了数据分析结果后并不知道做什么，那么这个数据分析是失败的。

1.3 数据分析常用工具

工欲善其事，必先利其器，选择合适的数据分析工具尤为重要。下面介绍两款常用的数据分析工具——Excel 和 Python。

1.3.1 Excel

Excel 具备多种强大功能，如创建表格、数据透视表、VBA（Visual Basic 宏语言）等。Excel 的系统如此庞大，确保了用户可以根据自己的需求分析数据。

但是在大数据、人工智能时代，在数据量巨大的情况下，Excel 已经无法胜任，不仅处理起来很麻烦，而且处理速度也会变慢。而从数据分析的层面，Excel 只是停留在描述性分析，如对比分析、趋势分析、结构分析等，从而导致数据分析过程中的很多任务无法实现。

1.3.2 Python

Python 非常的强大和灵活，可以编写代码来执行所需的任何操作，从专业和方便的角度来看，它比 Excel 更加强大。另外，Python 可以实现 Excel 难以实现的应用场景。

（1）专业的统计分析

例如，正态分布，使用算法对聚类进行分类和回归分析等。这种分析就像用数据做实验一样，它可以帮助我们回答以下问题：数据的分布是正态分布、三角分布还是其他类型的分布？离散情况如何？它是否在我们想要达到的统计可控范围内？不同参数对结果的影响是多少？

（2）预测分析

例如，我们打算预测消费者的行为，包括他会在我们的商店停留多长时间？他会花多少钱？或者，我们可以根据他在网页上的浏览历史推送不同的商品。这也涉及当前流行的机器学习和人工智能概念。

综上所述，Python 作为数据分析工具的首选，具有以下优势。

① Python 简单、易学，数据处理简单、高效，对于初学者来说更加容易上手。

② Python 第三方扩展库不断更新，可用范围越来越广。

③ Python 在科学计算、数据分析、数学建模和数据挖掘方面占据越来越重要的地位。

④ Python 可以和其他语言进行对接，兼容性稳定。

▽ 小结

通过本章的学习，能够使读者对数据分析有基本的认识，了解什么是数据分析、数据分析的重要性，以及数据分析基本流程和常用工具。

扫码领取
· 教学视频
· 配套源码
· 实战练习答案
· ……

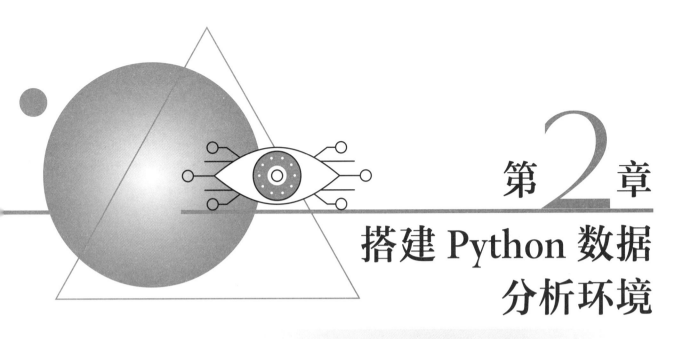

第2章

搭建 Python 数据分析环境

Python 作为数据分析工具，包括高效的数据结构，其提供的数据处理、绘图、数组计算、机器学习等相关模块，使数据分析工作变得简单、高效。那么，使用 Python 少不了 IDLE 或者 PyCharm，以及适合数据分析的标准环境 Anaconda、Jupyter Notebook。本章将介绍这几款开发工具，以便为后期的开发做准备。

2.1 Python 概述

本节简单介绍什么是 Python 以及 Python 的版本。

2.1.1 Python 简介

Python 的英文本义是指"蟒蛇"。1989 年，荷兰人 Guido van Rossum 发明了一种面向对象的解释型高级编程语言，命名为 Python，标志如图 2.1 所示。Python 的设计哲学为优雅、明确、简单。实际上，Python 也始终贯彻这个理念，以至于现在网络上

图 2.1　Python 的标志

流传着"人生苦短，我用 Python"的说法。可见 Python 有着开发速度快、节省时间和容易学习等特点。

Python 简单易学，而且还提供了大量的第三方扩展库，如 Pandas、Matplotlib、NumPy、Scipy、Scikit-Lenrn、Keras 和 Gensim 等。利用这些库不仅可以对数据进行处理、挖掘、可视化展示，其自带的分析方法模型也使得数据分析变得简单、高效，只需编写少量的代码就可以得到分析结果。

因此，Python 在数据分析、机器学习及人工智能等领域占据了越来越重要的地位，并成为科学领域的主流编程语言。

2.1.2 Python 的版本

Python 自发布以来，主要有三个版本：1994 年发布的 Python 1.0 版本（已过时）、2000 年发布的 Python 2.0 版本（截至 2020 年 7 月份更新到 2.7.18，已停止更新）和 2008 年发布的 3.0 版本（截至 2021 年 5 月份更新到 3.9.5）。

2.2 搭建 Python 开发环境

2.2.1 什么是 IDLE

IDLE 全称是 integrated development and learning environment（集成开发和学习环境），它是 Python 的集成开发环境。

2.2.2 安装 Python

1. 查看计算机操作系统的位数

现在很多软件，尤其是编程工具，为了提高开发效率，分别对 32 位操作系统和 64 位操作系统做了优化，推出了不同的开发工具包。Python 也不例外，所以安装 Python 前，需要了解计算机操作系统的位数。

在桌面找到"此电脑"图标（Windows 10 操作系统中为"此电脑"，而 Windows 7 操作系统中为"计算机"），右键单击该图标，在打开的快捷菜单中选择"属性"菜单项，如图 2.2 所示，将弹出"系统"窗口，在"系统类型"标签处标示着本机是 64 位操作系统还是 32 位操作系统。如图 2.3 所示的计算机操作系统的位数为 64 位。

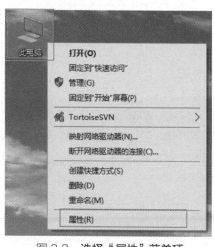

图 2.2 选择"属性"菜单项

图 2.3 查看系统类型

2. 下载 Python 安装包

在 Python 的官方网站中，可以方便地下载 Python 的开发环境，具体下载步骤如下。

① 打开浏览器（如 Google Chrome 浏览器），输入 Python 官方网站地址 "https://www.python.org/"，

按 "Enter" 键。将鼠标移动到 "Downloads" 菜单上，单击 "Windows" 菜单项，如图 2.4 所示。

图 2.4　Python 官方网站首页

② 根据 Windows 操作系统的位数选择需要下载的 Python 3.9.5 安装包。此处下载 64 位系统安装包，如图 2.5 所示。

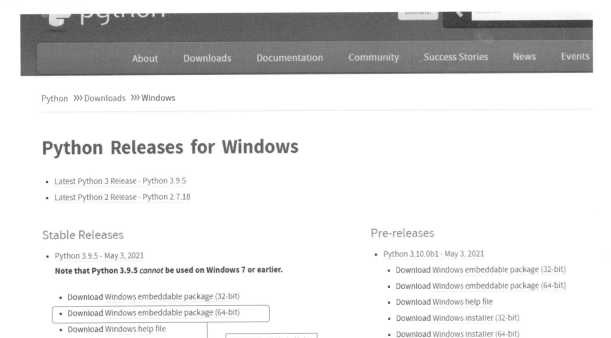

图 2.5　适合 Windows 操作系统的 Python 下载列表

③ 弹出新建下载任务窗口，如图 2.6 所示，单击 "下载" 按钮，开始下载 Python 3.9.5 安装包。

④ 下载完成后，在指定位置找到安装文件，准备安装 Python。

3. 在 64 位 Windows 操作系统上安装 Python

在 64 位 Windows 操作系统上安装 Python，具体步骤如下。

① 双击下载后得到的安装文件，如 python-3.9.5-amd64.exe，将显示安装向导对话框，选中"Add Python 3.9 to PATH"复选框，让安装程序自动配置环境变量。单击"Customize installation"按钮，进行自定义安装（自定义安装可以修改安装路径）。如图 2.7 所示。

图 2.6　准备下载 Python

💡 **注意**

> 一定要选中"Add Python 3.9 to PATH"复选框，否则在后面学习中会出现"×××不是内部或外部命令"的错误。

② 在弹出的"安装选项"界面中采用默认设置，单击"Next"按钮，如图 2.8 所示。

图 2.7　Python 安装向导

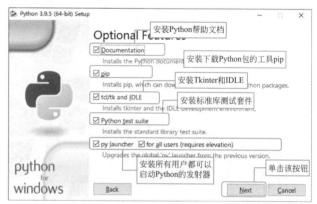

图 2.8　设置"安装选项"界面

③ 打开"高级选项"界面，在该界面中，设置安装路径，如"E:\Python\Python 3.9"（建议 Python 的安装路径不要放在操作系统的安装路径中，否则一旦操作系统崩溃，在 Python 安装路径下编写的程序将非常危险），其他采用默认设置，单击"Install"按钮，如图 2.9 所示。

④ 系统开始安装 Python，"安装进度"界面如图 2.10 所示。

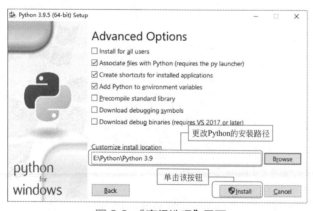

图 2.9　"高级选项"界面

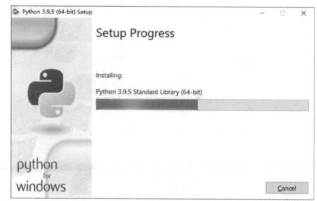

图 2.10　"安装进度"界面

⑤ 单击"是"按钮，开始安装 Python，安装完成后将显示如图 2.11 所示的"安装完成"界面。

图 2.11 "安装完成"界面

4. 测试 Python 是否安装成功

Python 安装完成后，需要检测 Python 是否安装成功。在 Windows 10 操作系统中检测 Python 是否安装成功，可以单击 Windows 10 操作系统的"开始"菜单，在桌面左下角的搜索文本框中输入"cmd"命令，然后按下 Enter 键，启动"命令提示符"窗口。在当前的命令提示符后面输入"python"，按下 Enter 键，如果出现如图 2.12 所示的信息，则说明 Python 安装成功，同时也进入到交互式 Python 解释器中。

图 2.12 在"命令提示符"窗口中运行的 Python 解释器

📖 **说明**

图 2.12 中的信息是笔者计算机中安装的 Python 的相关信息，其中包括 Python 的版本、该版本发行的时间、安装包的类型等。因为选择的版本不同，这些信息可能会有所差异，但只要命令提示符变为">>>"即说明 Python 已经安装成功，正在等待用户输入 Python 代码。

2.2.3 使用 IDLE 编写 "hello world"

安装 Python 后，会自动安装一个 IDLE。它是一个 Python Shell（可以在打开的 IDLE 窗口的标题栏上看到），程序开发人员可以利用 Python Shell 与 Python 交互。下面将详细介绍如何使用 IDLE 开发 Python 程序。

打开 IDLE 时，单击 Windows 10 操作系统的"开始"菜单，然后依次选择"Python 3.9"→"IDLE (Python 3.9 64-bit)"菜单项，即可打开 IDLE 窗口，如图 2.13 所示。

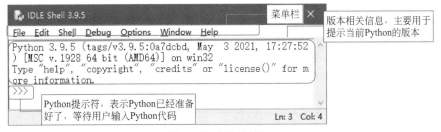

图 2.13 IDLE 窗口

在 Python 提示符"＞＞＞"右侧输入代码时，每输入完一条语句并按下 Enter 键，就会执行一条语句。而在实际开发时，通常不会只包含一行代码，如果需要编写多行代码时，可以单独创建一个文件保存这些代码，在代码全部编写完毕后，一起执行。具体方法如下。

① 在 IDLE 窗口的菜单栏上，选择"File"→"New File"菜单项，打开一个新窗口。在该窗口中，可以直接编写 Python 代码，并且输入一行代码后按下 Enter 键，将自动换到下一行，等待继续输入，如图 2.14 所示。

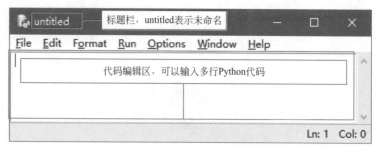

图 2.14　新创建的 Python 文件窗口

② 在代码编辑区中，编写"hello world"程序，代码如下。

```
print("hello world")
```

③ 编写完成的代码效果如图 2.15 所示。按下快捷键 Ctrl + S 保存文件，这里将其保存为 demo.py。其中，py 是 Python 文件的扩展名。

④ 运行程序。在菜单栏中选择"Run"→"Run Module"菜单项（或按下功能键 F5），运行效果如图 2.16 所示。

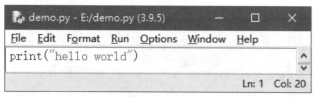

图 2.15　编辑代码后的 Python 文件窗口

图 2.16　运行结果

 说明

程序运行结果会在 IDLE 中呈现，每运行一次程序，就在 IDLE 中呈现一次。

2.3　集成开发环境 PyCharm

PyCharm 是由 Jetbrains 公司开发的 Python 集成开发环境，是专门开发 Python 程序的商业集成开发环境。由于具有智能代码编辑器，从而实现了自动代码格式化、代码完成、智能提示、重构、单元测试、自动导入和一键代码导航等功能，PyCharm 目前已成为 Python 开发人员使用的有力工具。下面介绍 PyCharm 的使用方法。

2.3.1　下载 PyCharm

PyCharm 的下载非常简单，可以直接到 Jetbrains 公司官网下载，具体步骤如下。

① 打开 PyCharm 官网，网址为"http://www.jetbrains.com"，选择"Developer Tools"菜单下的"PyCharm"菜单项，如图 2.17 所示，进入 PyCharm 下载页面。

② 在 PyCharm 下载页面，单击"DOWNLOAD"按钮，如图 2.18 所示，进入到 PyCharm 环境选择和版本选择界面。

③ 选择下载 PyCharm 的操作系统平台为"Windows"，选择下载版本为"Community"（社区版 PyCharm），然后单击"Download"按钮，如图 2.19 所示。

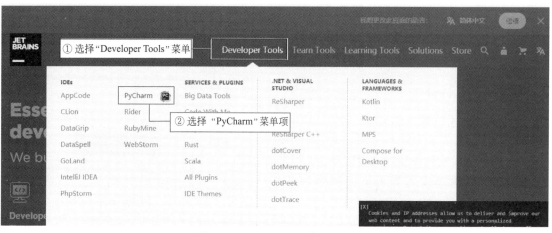

图 2.17　PyCharm 官网页面

图 2.18　PyCharm 下载页面

图 2.19　PyCharm 环境选择和版本选择页面

④ 弹出"新建下载任务"窗口，单击"下载"按钮，开始下载。如图 2.20 所示。

⑤ 下载完成后，在计算机指定位置找到该文件。

图 2.20　下载 PyCharm

2.3.2　安装 PyCharm

安装 PyCharm 的步骤如下。

① 双击 PyCharm 安装包进行安装，在欢迎界面单击"Next"按钮进入软件安装路径设置界面。

② 在软件安装路径设置界面，设置合理的安装路径。这里建议不要把软件安装到操作系统所在的路径，否则当出现操作系统崩溃等特殊情况而必须重装操作系统时，PyCharm 安装路径下的程序将被破坏。当 PyCharm 默认的安装路径为操作系统所在的路径时，建议更改。另外，安装路径中建议不要使用中文字符。此处选择的安装路径为"E:\Program Files\JetBrains\PyCharm"，如图 2.21 所示。单击"Next"按钮，进入创建快捷方式和关联文件界面。

③ 在创建桌面快捷方式界面（Create Desktop Shortcut）中设置 PyCharm 程序的快捷方式。如果计算机操作系统是 32 位，选择"32-bit launcher"，否则选择"64-bit launcher"。这里的计算机操作系统是 64 位系统，所以勾选"64-bit launcher"复选框。接下来设置关联文件（Create Associations），勾选".py"复选框，这样以后再打开 .py（.py 文件是 Python 脚本文件，接下来我们编写的很多程序都是 .py 格式的）文件时，会默认调用 PyCharm 打开。单击"Next"按钮，如图 2.22 所示。

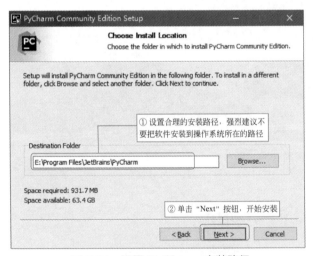

图 2.21　设置 PyCharm 安装路径

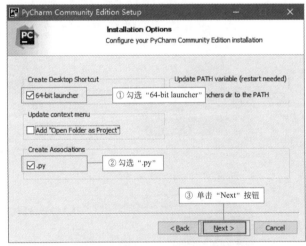

图 2.22　设置快捷方式和关联文件界面

④ 进入选择"开始"菜单文件夹界面，该界面不用设置，采用默认即可，单击"Install"按钮（安装需要 10min 左右，请耐心等待），如图 2.23 所示。

⑤ 安装完成后，单击"Finish"按钮，结束安装，如图 2.24 所示。也可以选中"Run PyCharm Community Edition"复选框，单击"Finish"按钮，这样可以直接运行 PyCharm。

⑥ PyCharm 安装完成后，会在"开始"菜单中建立一个文件夹，如图 2.25 所示，单击"JetBrains"下的"PyCharm Community Edition 2021.1.1×64"，启动 PyCharm。另外，快速打开 PyCharm 的方式是单击桌面快捷方式"PyCharm Community Edition 2021.1.1 x64"，图标如图 2.26 所示。

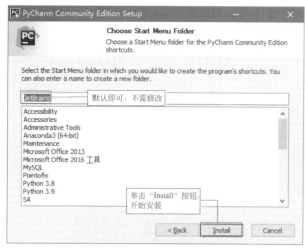

图 2.23　选择"开始"菜单文件夹界面

图 2.24　完成安装

图 2.25　PyCharm 菜单

图 2.26　PyCharm 桌面快捷方式

2.3.3　运行 PyCharm 创建工程

运行 PyCharm 并创建工程的具体步骤如下。

① 单击 PyCharm 桌面快捷方式，启动 PyCharm。在左侧列表中选择"Projects"，然后单击"New Project"，如图 2.27 所示，创建一个新工程文件。

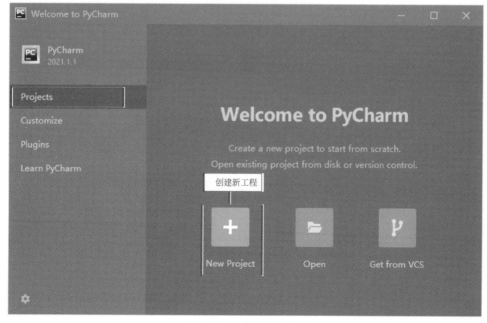

图 2.27　创建新工程

② PyCharm 会自动为新工程文件设置一个存储路径。为了更好地管理工程，最好设置一个容易管理的存储路径，可以在存储路径输入框直接输入工程文件放置的存储路径，也可以通过单击右侧的存储路径选择按钮，打开路径选择对话框进行选择（存储路径不能为已经设置的 Python 存储路径）。其他采用默认，如图 2.28 所示。

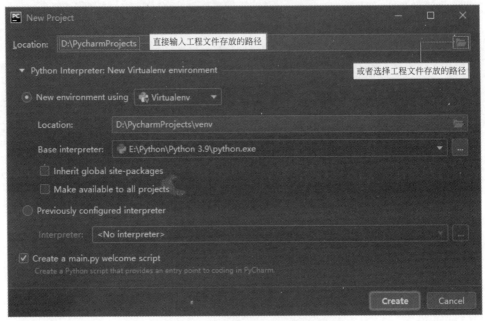

图 2.28　设置工程文件的存储路径

📋 说明

> 创建工程文件前，必须保证安装 Python，否则创建工程文件时会出现"Interpreter field is empty."提示，并且"Create"按钮不可用。

③ 单击"Create"按钮，即可创建一个工程，并且打开如图 2.29 所示的工程列表。

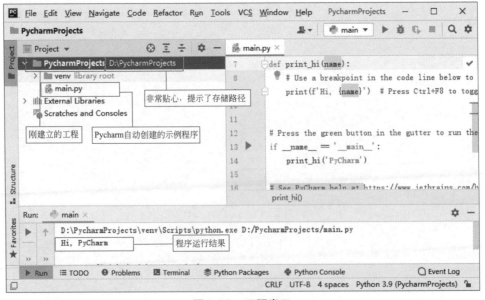

图 2.29　工程窗口

④ 程序初次启动时会显示"Tip of the Day"（每日一贴）窗口，每次提供一个 PyCharm 功能的小贴士。如果要关闭"每日一贴"，可以勾选"Don't show tips"复选框，单击"Close"按钮即可关闭"每日一贴"，如图 2.30 所示。如果关闭"每日一贴"后，想要再次显示"每日一贴"，可以在 PyCharm 开发环境的菜单中依次选择"Help"→"tip of the day"菜单项，启动"每日一贴"窗口。

图 2.30　PyCharm 的"每日一贴"

2.3.4　第一个 Python 程序"Hello World!"

前面介绍了如何启动 PyCharm 开发环境，接下来在该环境中编写"Hello World！"程序，具体步骤如下。

① 右击新建好的 PycharmProjects 项目，在弹出的快捷菜单中选择"New"→"Python File"菜单项（注意：一定要选择"Python File"菜单项，这个至关重要，否则后续无法继续），如图 2.31 所示。

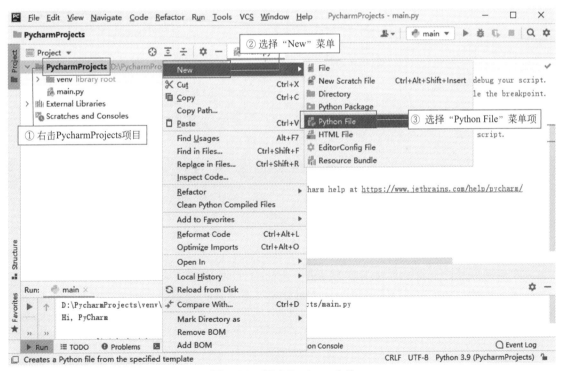

图 2.31　新建 Python 文件

② 在新建文件对话框中输入要创建的 Python 文件名"first"，双击"Python file"选项，如图 2.32 所示，完成新建 Python 文件工作。

③ 在新建文件的代码编辑区输入代码"print ("Hello World!")",如图 2.33 所示。

图 2.32　新建文件对话框　　　　　　　　　　图 2.33　输入代码

④ 在代码编辑区中右击,在弹出的快捷菜单中选择"Run 'first'"菜单项,运行程序,如图 2.34 所示。

⑤ 如果程序代码没有错误,将显示运行结果,如图 2.35 所示。

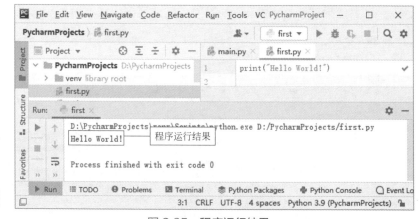

图 2.34　运行程序　　　　　　　　　　　　　图 2.35　程序运行结果

 说明

在编写程序时,有时代码下面会弹出黄色的小灯泡💡,它表示程序没有错误,只是 PyCharm 对代码提出的一些改进建议或提醒,如添加注释、创建使用源等。显示黄色灯泡不会影响到代码的运行结果。

2.4　数据分析标准环境 Anaconda

Anaconda 是适合数据分析的 Python 开发环境,它是一个开源的 Python 发行版本,其中包含了 conda(包管理和环境管理)、Python 等 180 多个科学包及其依赖项。

2.4.1 下载 Anaconda

Anaconda 的下载文件比较大（约 500MB），因为它附带了 Python 中最常用的数据科学包。如果计算机上已经安装了 Python，安装不会有任何影响。实际上，脚本和程序使用的默认 Python 是 Anaconda 附带的 Python，所以安装完 Anaconda 就已经自带安装好了 Python，无须另外安装。

下面介绍如何下载 Anaconda，具体步骤如下。

① 首先查看计算机操作系统的位数，以决定下载哪个版本。

② 下载 Anaconda。进入官网 "https://www.anaconda.com"，在菜单栏中选择 "Products" → "Individual Edition" 菜单项安装 Anaconda 个人版，如图 2.36 所示。

图 2.36　选择安装 Anaconda 个人版

③ 单击 "Download" 按钮，如图 2.37 所示。

图 2.37　单击 "Download" 按钮

④ 根据计算机操作系统选择相应的操作系统（Windows/macOS/Linux），此处选择 "Windows"，同时 Python 版本为 Python 3.8，另外，注意选择与本机操作系统相同的位数，如图 2.38 所示。

图 2.38　选择操作系统和操作系统位数

⑤ 开始下载 Anaconda，此时会弹出"新建下载任务"窗口，指定下载文件的保存位置，单击"下载"按钮，如图 2.39 所示，开始下载。

2.4.2　安装 Anaconda

下载完成后，开始安装 Anaconda，具体步骤如下。

① 如果是 Windows 10 操作系统，注意在安装 Anaconda 的时候，右击安装软件，从弹出的快捷菜单中选择"以管理员身份运行"菜单项，如图 2.40 所示。

图 2.39　下载 Anaconda　　　　　　图 2.40　以管理员身份运行

② 单击"Next"按钮。

③ 单击"I Agree"按钮接受协议，然后选择安装类型，如图 2.41 所示，单击"Next"按钮。

④ 安装路径选择默认路径即可，暂时不需要添加环境变量，然后单击"Next"按钮，在弹出的对话框中勾选如图 2.42 所示的复选框，单击"Install"按钮，开始安装 Anaconda。

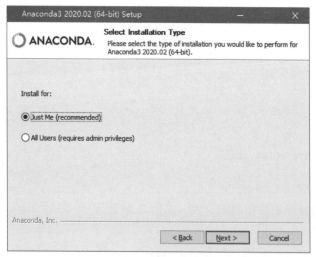

图 2.41　选择安装类型

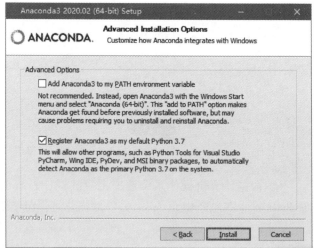

图 2.42　安装选项

⑤等待安装完成后，继续单击"Next"按钮，之后的操作都是如此。安装完成后，系统"开始"菜单中会显示增加的程序，如图 2.43 所示，这就表示 Anaconda 已经安装成功了。

⑥单击"Jupyter Notebook（anaconda3）"菜单项，会弹出一个黑框，如图 2.44 所示，之后会打开如图 2.45 所示的界面，这说明环境已经配置好了。

图 2.43　安装完成

图 2.44　准备运行 Jupyter Notebook

图 2.45　Jupyter Notebook

2.5 Jupyter Notebook 开发工具

2.5.1 认识 Jupyter Notebook

Jupyter Notebook 是一款在线编辑器、Web 应用程序，具有在线编写代码、创建和共享文档等功能，除此之外，还支持实时编写代码、数学方程式、说明文本和可视化数据分析图表。

Jupyter Notebook 的用途包括数据清理、数据转换、数值模拟、统计建模、机器学习等。目前，数据挖掘领域中最热门的比赛 Kaggle（举办机器学习竞赛、托管数据库、编写和分享代码的平台）里的资料都是 Jupyter 格式。对于机器学习新手来说，学会使用 Jupyter Notebook 非常重要。

如图 2.46 所示是使用 Jupyter Notebook 分析的天气数据。

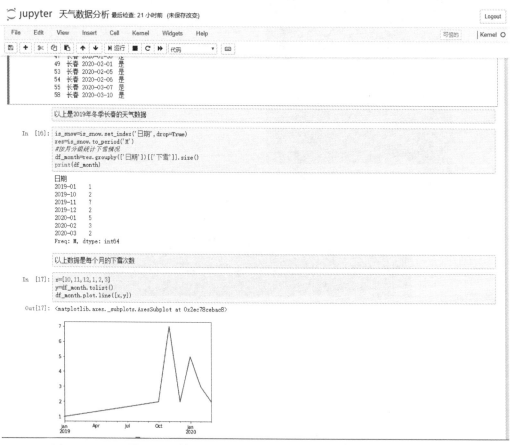

图 2.46 使用 Jupyter Notebook 分析天气数据

从图 2.46 可以看出，Jupyter Notebook 将编写的代码、说明文本和可视化数据分析图表组合在一起并同时显示出来，非常直观，而且还支持导出各种格式，如 HTML（超文本标记语言）、PDF（可携带文档格式）、Python 等格式。

2.5.2 新建一个 Jupyter Notebook 文件

在系统"开始"菜单的搜索框输入"Jupyter Notebook"（不区分大小写），运行 Jupyter Notebook，新建一个 Jupyter Notebook 文件，单击右上角的"New"下拉按钮，由于我们创建的是 Python 文件，因此选择"Python 3"，如图 2.47 所示。

图 2.47　新建 Jupyter Notebook 文件

2.5.3　在 Jupyter Notebook 中编写"Hello World"

上一小节我们已经创建好了文件，下面开始编写代码。文件创建完成后会打开如图 2.48 所示的窗口，在代码框中输入代码，如"print('Hello World')"，效果如图 2.49 所示。

图 2.48　代码编辑窗口

图 2.49　编写代码

1. 运行程序

单击"运行"按钮或者使用快捷键 Ctrl+Enter，然后将输出"Hello World"，效果如图 2.50 所示，这就表示程序运行成功了。

图 2.50　运行程序

2. 重命名 Jupyter Notebook 文件

例如，重命名为"hello world"，首先选择"File"→"Rename"菜单项，如图 2.51 所示，然后在打开的"重命名"窗口中输入文件名，如图 2.52 所示，最后单击"重命名"按钮。

图 2.51　**重命名菜单**　　　　　　　　　图 2.52　**重命名**

3. 保存 Jupyter Notebook 文件

最后一步是保存 Jupyter Notebook 文件，也就是保存程序。常用格式有两种，一种是 Jupyter Notebook 的专属格式，一种是 Python 文件。

- Jupyter Notebook 的专属格式：选择"File"→"Save and Checkpoint"菜单项，将 Jupyter Notebook 文件保存在默认路径下，文件格式默认为 ipynb。
- Python 格式：它是我们常用的文件格式。选择"File"→"Download as"→"Python(.py)"菜单项，如图 2.53 所示，打开"新建下载任务"窗口，选择文件保存路径，如图 2.54 所示，单击"下载"按钮，即可将 Jupyter Notebook 文件保存为 Python 格式，并保存在指定路径下。

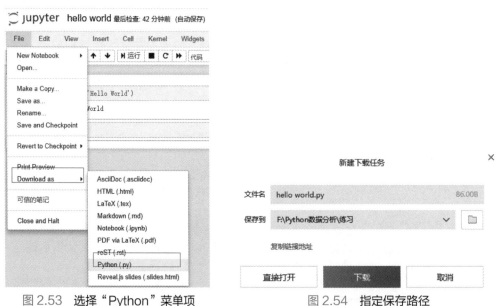

图 2.53　**选择"Python"菜单项**　　　　图 2.54　**指定保存路径**

▽ **小结**

本章介绍了诸多款开发工具，如 Python 自带的 IDLE、集成开发环境 PyCharm、适合数据分析的标准环境 Anaconda 和 Jupyter Notebook 开发工具。建议大家有选择性地学习，对于初学者来说，学会使用 Python 自带的 IDLE 和集成开发环境 PyCharm 即可。由于本书采用的开发环境是 PyCharm，所以建议首先学习 PyCharm，对于其他开发工具先了解即可。

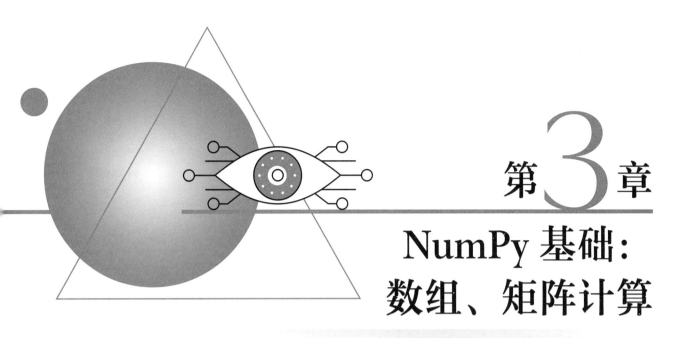

第3章

NumPy 基础：
数组、矩阵计算

为什么要学习 NumPy？

NumPy 是数据分析三剑客之一，它在数据处理、数据清洗、数据过滤及数据转换等方面可以实现快速的数据计算。不仅如此，Pandas 模块的底层也是基于 NumPy 的。因此我们用一章的内容来介绍 NumPy 的一些基础知识，通过这些知识读者可以快速了解 NumPy 并将其应用到实际数据分析工作当中。

3.1　初识 NumPy

3.1.1　NumPy 概述

NumPy（见图 3.1）是 Python 数组计算、矩阵计算和科学计算的核心库，NumPy 这个词来源于 Numerical 和 Python 两个单词。NumPy 提供了一个高性能的数组对象，让用户可以轻松创建一维数组、二维数组和多维数组，还提供了大量的函数和方法，帮助用户轻松地进行数组计算，从而广泛地应用于数据分析、机器学习、图像处理和计算机图形学、数学任务等领域当中。

NumPy 是数据分析三剑客之一，它的用途是以数组的形式对数据进行操作。而在机器学习中也充斥了大量的数组运算，NumPy 使这些操作变得简单。由于 NumPy 是用 C 语言实现的，所以其运算速度非常快。NumPy 的具体功能如下。

① 有一个强大的 n 维数组对象 ndarray。

② 广播机制。

③ 线性代数、傅里叶变换、随机数生成、图形操作等功能。

④ 整合 C/C++/Fortran 代码的工具。

3.1.2 安装 NumPy 模块

了解了 NumPy，下面来安装 NumPy，有两种方法。

图 3.1 NumPy

1. 使用 pip 工具安装

安装 NumPy 最简单的方法是使用 pip 工具，在系统"开始"菜单的搜索框中输入"cmd"，按 Enter 键，打开"命令提示符"窗口，输入如下安装命令。

```
pip install numpy
```

2. 在 PyCharm 中安装

① 运行 PyCharm，选择"File"→"Settings"菜单项，打开"Settings"窗口。选择工程下的"Python Interpreter"选项，然后单击添加模块的按钮（"+"），如图 3.2 所示。这里要注意，在"Python Interperter"列表中应选择当前工程项目使用的 Python 版本。

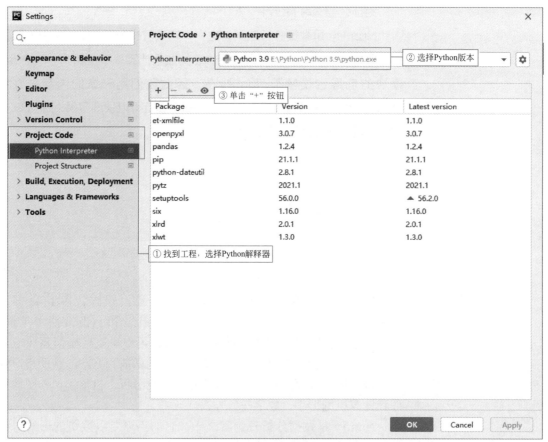

图 3.2 "Settings"窗口

② 单击"+"按钮打开"Available Packages"窗口，在搜索栏输入需要添加的模块名称为"numpy"，然后在列表中选择该模块，如图 3.3 所示，单击"Install Package"按钮即可安装 NumPy 模块。

3. 安装验证

测试是否安装成功。在 PyCharm 中，新建一个 Python 文件（如"测试 .py"），程序代码如下。

```
01 from numpy import *  # 导入 NumPy 库
02 print(eye(4))         # 生成对角矩阵
```

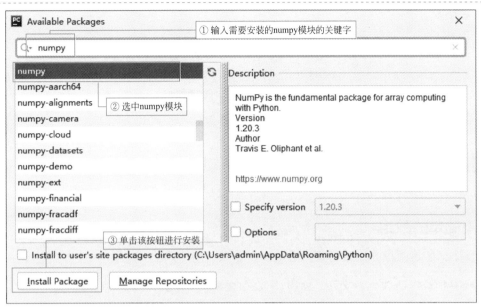

图 3.3　在 PyCharm 中安装 NumPy 模块

♻ 运行程序，输出结果为

```
[[1. 0. 0. 0.]
 [0. 1. 0. 0.]
 [0. 0. 1. 0.]
 [0. 0. 0. 1.]]
```

运行程序，如果得到上述运行结果，那么证明 NumPy 模块安装成功了。

3.1.3　数组相关概念

学习 NumPy 前，我们先了解一下数组的相关概念。数组分为一维数组、二维数组、多维数组，三维数组是常见的多维数组，如图 3.4 所示。

1．一维数组

一维数组很简单，基本和 Python 列表一样，区别在于数组切片针对的是原始数组（这就意味着，如果对数组进行修改，原始数组也会跟着更改）。

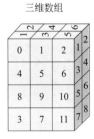

图 3.4　数组示意图

2．二维数组

二维数组本质是以一维数组作为数组元素的一维数组。二维数组包括行和列，类似于表格形状，又称为矩阵。

3．三维数组

三维数组是指维数为 3 的数组结构，也称矩阵列表。三维数组是最常见的多维数组，由于其可以用来描述三维空间中的位置或状态而被广泛使用。

4．轴的概念

轴是 NumPy 里的 axis，指定某个 axis，就是沿着这个 axis 做相关操作，其中二维数组中两个 axis 的指向如图 3.5 所示。

对于一维数组，情况有点特殊，它不像二维数组从上向下地操作，而是水平的，因此一维数组其 axis 的指向如图 3.6 所示。

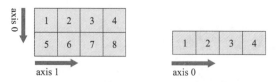

图 3.5　二维数组的两个轴　图 3.6　一维数组的一个轴

3.2　创建数组

3.2.1　创建简单的数组

在 NumPy 中，创建简单的数组主要使用 array() 函数，语法如下。

```
numpy.array(object,dtype=None,copy=True,order='K',subok=False,ndmin=0)
```

💬 **参数说明**：

- ♻ object：任何具有数组接口方法的对象。
- ♻ dtype：数据类型。
- ♻ copy：布尔型，可选参数，默认值为 True，则 object 对象被复制；否则，只有当 __array__ 返回副本，object 参数为嵌套序列，或者需要副本满足数据类型和顺序要求时，才会生成副本。
- ♻ order：元素在内存中的出现顺序，值为 K、A、C、F。如果 object 参数不是数组，则新创建的数组将按行排列（C），如果值为 F，则按列排列；如果 object 参数是一个数组，则以下成立：C（按行）、F（按列）、A（原顺序）、K（元素在内存中的出现顺序）。
- ♻ subok：布尔型。如果值为 True，则将传递子类，否则返回的数组将被强制为基类数组（默认值）。
- ♻ ndmin：指定生成数组的最小维数。

实例 3.1

演示如何创建数组　　👁 **实例位置：资源包 \Code\03\01**

创建几个简单的数组，效果如图 3.7 所示。

[1,2,3] ➡️ | 1 |
| 2 |
| 3 |　　[0.1,0.2,0.3] ➡️ | 0.1 |
| 0.2 |
| 0.3 |　　[[1,2],[3,4]] ➡️ | 1 | 2 |
| 3 | 4 |

图 3.7　简单数组

程序代码如下。

```
01 import numpy as np                    # 导入 NumPy 模块
02 n1 = np.array([1,2,3])                # 创建一个简单的一维数组
03 n2 = np.array([0.1,0.2,0.3])          # 创建一个包含小数的一维数组
04 n3 = np.array([[1,2],[3,4]])          # 创建一个简单的二维数组
```

1. 为数组指定数据类型

为数组指定数据类型

👁 **实例位置：资源包 \Code\03\02**

NumPy 支持比 Python 更多种类的数据类型，通过 dtype 参数可以指定数组的数据类型，程序代码如下。

```
01 import numpy as np              # 导入 NumPy 模块
02 list = [1, 2, 3]                # 列表
03 # 创建浮点型数组
04 n1 = np.array(list,dtype=np.float_)
05 # 或者
06 n1= np.array(list,dtype=float)
07 print(n1)
08 print(n1.dtype)
09 print(type(n1[0]))
```

⟳ **运行程序，输出结果为**

```
[1. 2. 3.]
float64
<class 'numpy.float64'>
```

2. 数组的复制

复制数组

👁 **实例位置：资源包 \Code\03\03**

当运算和处理数组时，为了不影响到原数组，就需要对原数组进行复制，而对复制后的数组进行修改、删除等操作都不会影响到原数组。数组的复制可以通过 copy 参数实现，程序代码如下。

```
01 import numpy as np              # 导入 NumPy 模块
02 n1 = np.array([1,2,3])          # 创建数组
03 n2 = np.array(n1,copy=True)     # 复制数组
04 n2[0]=3                         # 修改数组中的第一个元素为 3
05 n2[2]=1                         # 修改数组中的第三个元素为 1
06 print(n1)
07 print(n2)
```

⟳ **运行程序，输出结果为**

```
[1 2 3]
[3 2 1]
```

数组 n2 是数组 n1 的副本，从运行结果得知：虽然修改了数组 n2，但是数组 n1 没有发生变化。

3. 通过 ndmin 参数控制最小维数

数组可分为一维数组、二维数组和多维数组，通过 ndmin 参数可以控制数组的最小维数。无论给出的数组的维数是多少，ndmin 参数都会根据最小维数创建指定维数的数组。

实例 3.4　　　　　　　　修改数组的维数　　　　◉ 实例位置：资源包 \Code\03\04

虽然给出的数组是一维的，但是因为 ndmin=3，因此创建一个三维数组，程序代码如下。

```
01 import numpy as np
02 nd1 = [1, 2, 3]
03 nd2 = np.array(nd1, ndmin=3) # 三维数组
04 print(nd2)
```

🔄 运行程序，输出结果为

```
[[[1 2 3]]]
```

3.2.2　以不同的方式创建数组

1. 创建指定维数和数据类型未初始化的数组

实例 3.5　　　　创建指定维数和数据类型　◉ 实例位置：资源包 \Code\03\05
　　　　　　　　　　未初始化的数组

创建指定维数和数据类型未初始化的数组，主要使用 empty() 函数，程序代码如下。

```
01 import numpy as np
02 n = np.empty([2,3])
03 print(n)
```

🔄 运行程序，输出结果为

```
[[2.22519099e-307 2.33647355e-307 1.23077925e-312]
 [2.33645827e-307 2.67023123e-307 1.69117157e-306]]
```

这里，数组元素为随机值，因为它们未被初始化。如果要改变数组类型，可以使用 dtype 参数。例如，改变数组类型为整型，可以设置 dtype=int。

2. 创建指定维数（以 0 填充）的数组

实例 3.6　　　　创建指定维数（以 0 填充）的数组　◉ 实例位置：资源包 \Code\03\06

创建指定维数并以 0 填充的数组，主要使用 zeros() 函数，程序代码如下。

```
01 import numpy as np
02 n = np.zeros(3)
03 print(n)
```

🔄 运行程序，输出结果为

```
[0. 0. 0.]
```

输出结果默认是浮点型（float）。

3. 创建指定维数并以 1 填充的数组

实例 3.7

创建指定维数并以 1 填充的数组 ● **实例位置：资源包 \Code\03\07**

创建指定维数并以 1 填充的数组，主要使用 ones() 函数，程序代码如下。

```
01 import numpy as np
02 n = np.ones(3)
03 print(n)
```

⏻ **运行程序，输出结果为**

```
[1. 1. 1.]
```

4. 创建指定维数和数据类型的数组并以指定值填充

实例 3.8

创建指定维数和数据类型 ● **实例位置：资源包 \Code\03\08**
并以指定值填充的数组

创建指定维数和数据类型并以指定值填充的数组，主要使用 full() 函数，程序代码如下。

```
01 import numpy as np
02 n = np.full((3,3), 8)
03 print(n)
```

⏻ **运行程序，输出结果为**

```
[[8 8 8]
 [8 8 8]
 [8 8 8]]
```

3.2.3 从数值范围创建数组

1. 通过 arange() 函数创建数组

arange() 函数同 Python 内置的 range() 函数相似，区别在于返回值，arange() 函数的返回值是数组，而 range() 函数的返回值是列表。arange() 函数的语法如下。

```
arange([start,] stop[, step,], dtype=None)
```

💬 **参数说明：**

🔁 start：起始值，默认值为 0。

🔁 stop：终止值（不包含）。

🔁 step：步长，默认值为 1。

🔁 dtype：创建数组的数据类型，如果不设置数据类型，则使用输入数据的数据类型。

实例 3.9　　　　　　　　　　　**通过数值范围创建数组**　　　　实例位置：资源包 \Code\03\09

使用 arange() 函数通过数值范围创建数组，程序代码如下。

```
01 import numpy as np
02 n=np.arange(1,12,2)
03 print(n)
```

⟳ 运行程序，输出结果为

```
[ 1  3  5  7  9 11]
```

2. 使用 linspace() 函数创建等差数列

首先简单了解一下等差数列，等差数列是指如果一个数列从第 2 项起，每一项与它的前一项的差等于同一个常数，那么这个数列就叫等差数列。

例如，一般成年男鞋的尺码对照表如图 3.8 所示，图中的数据就是一个等差数列。

男鞋尺码对照表													
厘米	23.5	24	24.5	25	25.5	26	26.5	27	27.5	28	28.5	29	29.5	30

图 3.8　**男鞋尺码对照表**

再如，马拉松赛前训练，周一至周六每天的训练量（单位: m）如图 3.9 所示，图中的训练量也是一个等差数列。

周一	周二	周三	周四	周五	周六
7500	8000	8500	9000	9500	10000

图 3.9　**训练计划**

在 Python 中创建等差数列可以使用 NumPy 的 linspace() 函数，该函数用于创建一个一维的等差数列的数组。它与 arange() 函数不同，arange() 函数是从开始值到结束值的左闭右开区间，第三个参数（如果存在）是步长；而 linspace() 函数是从开始值到结束值的闭区间（可以通过设置参数 endpoint=False，使结束值不是闭区间），并且第三个参数是值的个数。

📋 说明

> 本文经常会提到诸如 "左闭右开区间""左开右闭区间""闭区间" 等，这里简单介绍一下。"左闭右开区间" 是指包括起始值但不包括终止值的一个数值区间；"左开右闭区间" 是指不包括起始值但包括终止值的一个数值区间；"闭区间" 是指既包括起始值又包括终止值的一个数值区间。

linspace() 函数的语法如下。

```
linspace(start,stop,num=50,endpoint=True,retstep=False,dtype=None)
```

💬 参数说明：

- ⟳ start：序列的起始值。
- ⟳ stop：序列的终止值。如果 endpoint 参数的值为 True，则该值包含于数列中。
- ⟳ num：要生成的等步长的样本数量，默认值为 50。
- ⟳ endpoint：如果值为 True，数列中包含 stop 参数的值，反之则不包含，默认值为 True。
- ⟳ retstep：如果值为 True，则生成的数组中会显示间距，反之则不显示。

♻ dtype：数组的数据类型。

实例 3.10　　　　　　　**创建马拉松赛前训练等**　👁 **实例位置：资源包 \Code\03\10**
差数列数组

创建马拉松赛前训练等差数列数组，程序代码如下。

```
01 import numpy as np
02 n1 = np.linspace(7500,10000,6)
03 print(n1)
```

⟳ 运行程序，输出结果为

```
[ 7500.  8000.  8500.  9000.  9500. 10000.]
```

3. 使用 logspace() 函数创建等比数列

首先了解一下等比数列，等比数列是指从第二项起，每一项与它的前一项的比值等于同一个常数的一种数列。

例如，在古印度，国王要重赏发明国际象棋的大臣，对他说："我可以满足你的任何要求。"大臣说："请给我的棋盘的 64 个格子都放上小麦，第 1 个格子放 1 粒小麦，第 2 个格子放 2 粒小麦，第 3 个格子放 4 粒小麦，第 4 个格子放 8 粒小麦（见图 3.10），后面每个格子放的小麦数都是前一个格子里放的 2 倍，直到第 64 个格子。"

在 Python 中创建等比数列可以使用 NumPy 的 logspace() 函数，语法如下。

图 3.10　棋盘示意图

```
numpy.logspace(start, stop, num=50, endpoint=True, base=10.0, dtype=None)
```

💬 参数说明：
- ♻ start：序列的起始值。
- ♻ stop：序列的终止值。如果 endpoint 参数值为 True，则该值包含于数列中。
- ♻ num：要生成的等步长的数据样本数量，默认值为 50。
- ♻ endpoint：如果值为 True，则数列中包含 stop 参数值，反之则不包含，默认值为 True。
- ♻ base：对数 log 的底数。
- ♻ dtype：数组的数据类型。

实例 3.11　　　　　　**通过 logspace() 函数解决**　👁 **实例位置：资源包 \Code\03\11**
棋盘放置小麦的问题

棋盘中每个格子里放的小麦数是前一个格子里的 2 倍，直到第 64 个格子，通过 logspace() 函数计算每个格子里放多少小麦，程序代码如下。

```
01 import numpy as np
02 n = np.logspace(0,63,64,base=2,dtype='int')
03 print(n)
```

运行程序，输出结果如图 3.11 所示。

实例 3.11 中出现一个问题：后面大数出现负数，而且都是一样的，这是由于程序中指定的数据类型是 int，是 32 位的，数据范围在 − 2147483648 ～ 2147483647，而计算后的数据远远超出了这个范围，便出现了溢出现象。解决这一问题，需要指定数据类型为 uint64（无符号整数，数据范围为 0 ～ 18446744073709551615），关键代码如下。

[	1	2	4	8	16	32
	64	128	256	512	1024	2048
	4096	8192	16384	32768	65536	131072
	262144	524288	1048576	2097152	4194304	8388608
	16777216	33554432	67108864	134217728	268435456	536870912
	1073741824	−2147483648	−2147483648	−2147483648	−2147483648	−2147483648
	−2147483648	−2147483648	−2147483648	−2147483648	−2147483648	−2147483648
	−2147483648	−2147483648	−2147483648	−2147483648	−2147483648	−2147483648
	−2147483648	−2147483648	−2147483648	−2147483648	−2147483648	−2147483648
	−2147483648	−2147483648	−2147483648	−2147483648	−2147483648	−2147483648
	−2147483648	−2147483648	−2147483648	−2147483648]		

图 3.11　每个格子里放的小麦数（一）

```python
n = np.logspace(0,63,64,base=2,dtype='uint64')
```

运行程序，输出结果如图 3.12 所示。

[[	1	2	4	8	16	32	64	128]
[	256	512	1024	2048	4096	8192	16384	32768]
[	65536	131072	262144	524288	1048576	2097152	4194304	8388608]
[	16777216	33554432	67108864	134217728	268435456	536870912	1073741824	2147483648]
[	4294967296	8589934592	17179869184	34359738368	68719476736	137438953472	274877906944	549755813888]
[	1099511627776	2199023255552	4398046511104	8796093022208	17592186044416	35184372088832	70368744177664	140737488355328]
[	281474976710656	562949953421312	1125899906842624	2251799813685248	4503599627370496	9007199254740992	18014398509481984	36028797018963968]
[	72057594037927936	144115188075855872	288230376151711744	576460752303423488	1152921504606846976	2305843009213693952	4611686018427387904	9223372036854775808]]

图 3.12　每个格子里放的小麦数（二）

📖 **说明**

关于 NumPy 数据类型的详细介绍可参见 3.3.1 小节。

3.2.4　生成随机数组

随机数组的生成主要使用 NumPy 的 random 模块，下面介绍几种常用的生成随机数组的函数。

1. rand() 函数

rand() 函数用于生成 (0,1) 之间的随机数组，传入一个值随机生成一维数组，传入一对值随机生成二维数组，语法如下。

```python
numpy.random.rand(d0,d1,d2,d3....dn)
```

参数 d0，d1，…，dn 为整数，表示维度，可以为空。

实例 3.12　　👁 **实例位置：资源包 \Code\03\12**

随机生成 0 到 1 之间的数组

随机生成 0 到 1 之间的一维数组和二维数组，代码如下。

```python
01 import numpy as np
02 n=np.random.rand(5)
03 print('随机生成 0 到 1 之间的一维数组：')
04 print(n)
05 n1=np.random.rand(2,5)
06 print('随机生成 0 到 1 之间的二维数组：')
07 print(n1)
```

🔆 运行程序，输出结果为

```
随机生成 0 到 1 之间的一维数组：
[0.61263942 0.91212086 0.52012924 0.98204632 0.31633564]
随机生成 0 到 1 之间的二维数组：
[[0.82044812 0.26050245 0.57000398 0.6050845  0.50440925]
 [0.29113919 0.86638283 0.74161101 0.0728488  0.4466494 ]]
```

2. randn() 函数

randn() 函数用于从正态分布中返回随机生成的数组，语法如下。

```
numpy.random.randn(d0,d1,d2,d3....dn)
```

参数 d0，d1，…，dn 为整数，表示维度，可以为空。

实例 3.13　随机生成满足正态分布的数组　　　　👁 **实例位置：资源包 \Code\03\13**

随机生成满足正态分布的数组，程序代码如下。

```
01 import numpy as np
02 n1=np.random.randn(5)
03 print(' 随机生成满足正态分布的一维数组: ')
04 print(n1)
05 n2=np.random.randn(2,5)
06 print(' 随机生成满足正态分布的二维数组: ')
07 print(n2)
```

🔆 运行程序，输出结果为

```
随机生成满足正态分布的一维数组：
[-0.05282077  0.79946288  0.96003714  0.29555332 -1.26818832]
随机生成满足正态分布的二维数组：
[[ 1.6872899   1.62042986  2.69278922 -0.64467268 -1.75645902]
 [1.0973791  -0.22962313 -0.26965705  0.1225163  -1.89051741]]
```

3. randint() 函数

randint() 函数与 NumPy 的 arange() 函数类似。randint() 函数用于生成一定范围内的随机数组，左闭右开区间，语法如下。

```
numpy.random.randint(low,high=None,size=None)
```

💬 **参数说明：**

- 🔁 low：低值（起始值），整数，且当参数 high 不为空时，参数 low 应小于参数 high，否则程序会出现错误。
- 🔁 high：高值（终止值），整数。
- 🔁 size：数组维数，整数或者元组，整数表示一维数组，元组表示多维数组。默认值为空，如果为空，则仅返回一个整数。

实例 3.14　生成一定范围内的随机数组　　　　👁 **实例位置：资源包 \Code\03\14**

生成一定范围内的随机数组，程序代码如下。

```
01 import numpy as np
02 n1=np.random.randint(1,3,10)
03 print('随机生成 10 个 1 到 3 之间且不包括 3 的整数：')
04 print(n1)
05 n2=np.random.randint(5,10)
06 print('size 数组大小为空，随机返回一个整数：')
07 print(n2)
08 n3=np.random.randint(5,size=(2,5))
09 print('随机生成 5 以内二维数组')
10 print(n3)
```

运行程序，输出结果为

```
随机生成 10 个 1 到 3 之间且不包括 3 的整数：
[2 1 2 1 1 2 2 2 1 1]
size 数组大小为空，随机返回一个整数：
8
随机生成 5 以内二维数组
[[2 2 2 4 2]
 [3 1 3 1 4]]
```

4. normal() 函数

normal() 函数用于生成正态分布的随机数，语法如下。

```
numpy.random.normal(loc,scale,size)
```

参数说明：

- loc：正态分布的均值，对应正态分布的中心。loc=0 说明是一个以 y 轴为对称轴的正态分布。
- scale：正态分布的标准差，对应正态分布的宽度。scale 值越大，正态分布的曲线越矮胖；scale 值越小，正态分布的曲线越高瘦。
- size：表示数组维数。

实例 3.15　　　生成正态分布的随机数组

实例位置：资源包 \Code\03\15

生成正态分布的随机数组，程序代码如下。

```
01 import numpy as np
02 n = np.random.normal(0, 0.1, 10)
03 print(n)
```

运行程序，输出结果为

```
[ 0.08530096  0.0404147  -0.00358281  0.05405901 -0.01677737 -0.02448481
  0.13410224 -0.09780364  0.06095256 -0.0431846 ]
```

3.2.5　从已有的数组中创建数组

1. asarray() 函数

asarray() 函数用于创建数组，与 array() 函数类似，语法如下。

```
numpy.asarray(a,dtype=None,order=None)
```

💬 **参数说明：**
- ♺ a：可以是列表、列表的元组、元组、元组的元组、元组的列表或多维数组。
- ♺ dtype：数组的数据类型。
- ♺ order：值为"C"和"F"，分别代表按行排列和按列排列，即数组元素在内存中的出现顺序。

实例 3.16　　　　　　使用 asarray() 函数创建数组　　👁 **实例位置：资源包 \Code\03\16**

使用 asarray() 函数创建数组，程序代码如下。

```
01 import numpy as np                          # 导入 NumPy 模块
02 n1 = np.asarray([1,2,3])                    # 通过列表创建数组
03 n2 = np.asarray([(1,1),(1,2)])             # 通过列表的元组创建数组
04 n3 = np.asarray((1,2,3))                    # 通过元组创建数组
05 n4= np.asarray(((1,1),(1,2),(1,3)))        # 通过元组的元组创建数组
06 n5 = np.asarray(([1,1],[1,2]))             # 通过元组的列表创建数组
07 print(n1)
08 print(n2)
09 print(n3)
10 print(n4)
11 print(n5)
```

🔘 **运行程序，输出结果为**

```
[1 2 3]
[[1 1]
 [1 2]]
[1 2 3]
[[1 1]
 [1 2]
 [1 3]]
[[1 1]
 [1 2]]
```

2. frombuffer() 函数

NumPy 的 ndarray 数组对象不能像 Python 列表一样动态地改变大小，在做数据采集时很不方便。下面介绍如何通过 frombuffer() 函数实现动态数组。frombuffer() 函数接收 buffer 输入参数，以流的形式将读入的数据转换为数组。frombuffer() 函数的语法如下。

```
numpy.frombuffer(buffer,dtype=float,count=-1,offset=0)
```

💬 **参数说明：**
- ♺ buffer：实现了 __buffer__ 方法的对象。
- ♺ dtype：数组的数据类型。
- ♺ count：读取的数据数量，默认值为 -1，表示读取所有数据。
- ♺ offset：读取的起始位置，默认值为 0。

实例 3.17　　　　将字符串"mingrisoft"　　👁 **实例位置：资源包 \Code\03\17**
转换为数组

将字符串"mingrisoft"转换为数组，程序代码如下。

```
01 import numpy as np
02 n=np.frombuffer(b'mingrisoft',dtype='S1')
03 print(n)
```

代码解析：

第 2 行代码：当 buffer 参数值为字符串时，Python 3 默认字符串是 Unicode 类型，所以要转成 Byte string 类型，需要在原字符串前加上 b。

3. fromiter() 函数

fromiter() 函数用于从可迭代对象中建立数组对象，语法如下。

```
numpy.fromiter(iterable,dtype,count=-1)
```

💬 **参数说明：**

- ♻ iterable：可迭代对象。
- ♻ dtype：数组的数据类型。
- ♻ count：读取的数据数量，默认值为 –1，表示读取所有数据。

实例 3.18　　　　　通过可迭代对象创建数组　　　　👁 **实例位置：资源包 \Code\03\18**

通过可迭代对象创建数组，程序代码如下。

```
01 import numpy as np
02 iterable = (x * 2 for x in range(5))    # 遍历 0 ～ 5( 不包含 5) 并乘以 2，返回可迭代对象
03 n = np.fromiter(iterable, dtype='int') # 通过可迭代对象创建数组
04 print(n)
```

⏻ **运行程序，输出结果为**

```
[0 2 4 6 8]
```

4. empty_like() 函数

empty_like() 函数用于创建一个与给定数组具有相同维数和数据类型且未初始化的数组，语法如下。

```
numpy.empty_like(prototype,dtype=None,order='K',subok=True)
```

💬 **参数说明：**

- ♻ prototype：给定的数组。
- ♻ dtype：覆盖结果的数据类型。
- ♻ order：指定数组的内存布局，取值有 C（按行）、F（按列）、A（原顺序）、K（数据元素在内存中的出现顺序）。
- ♻ subok：默认情况下，返回的数组被强制为基类数组。如果值为 True，则返回子类。

实例 3.19　　　　　创建未初始化的数组　　　　👁 **实例位置：资源包 \Code\03\19**

下面使用 empty_like() 函数创建一个与给定数组具有相同维数和数据类型且未初始化的数组，程序代

码如下。

```
01 import numpy as np
02 n = np.empty_like([[1, 2], [3, 4]])
03 print(n)
```

🔵 **运行程序，输出结果为**

```
[[0 0]
 [0 0]]
```

5. zeros_like() 函数

实例 3.20

创建以 0 填充的数组

👁 **实例位置：资源包 \Code\03\20**

zeros_like() 函数用于创建一个与给定数组的维数和数据类型相同并以 0 填充的数组，程序代码如下。

```
01 import numpy as np
02 n = np.zeros_like([[0.1,0.2,0.3], [0.4,0.5,0.6]])
03 print(n)
```

🔵 **运行程序，输出结果为**

```
[[0. 0. 0.]
 [0. 0. 0.]]
```

📑 **说明**

参数说明请参见 empty_like() 函数。

6. ones_like() 函数

实例 3.21

创建以 1 填充的数组

👁 **实例位置：资源包 \Code\03\21**

ones_like() 函数用于创建一个与给定数组的维数和数据类型相同并以 1 填充的数组，程序代码如下。

```
01 import numpy as np
02 n = np.ones_like([[0.1,0.2,0.3], [0.4,0.5,0.6]])
03 print(n)
```

🔵 **运行程序，输出结果为**

```
[[1. 1. 1.]
 [1. 1. 1.]]
```

📑 **说明**

参数说明请参见 empty_like() 函数。

7. full_like() 函数

full_like() 函数用于创建一个与给定数组的维数和数据类型相同并以指定值填充的数组，语法如下。

```
numpy.full_like(a, fill_value, dtype=None, order='K', subok=True)
```

💬 **参数说明**：

- ♻ a：给定的数组。
- ♻ fill_value：填充值。
- ♻ dtype：数组的数据类型，默认值为 None，则使用给定数组的数据类型。
- ♻ order：指定数组的内存布局，取值有 C（按行）、F（按列）、A（原顺序）、K（数组元素在内存中的出现顺序）。
- ♻ subok：默认情况下，返回的数组被强制为基类数组。如果值为 True，则返回子类。

实例 3.22　　创建以指定值"0.2"填充的数组　　👁 实例位置：资源包 \Code\03\22

创建一个与给定数组的维数和数据类型相同且以指定值"0.2"填充的数组，程序代码如下。

```
01 import numpy as np
02 a = np.arange(6)  #创建一个数组
03 print(a)
04 n1 = np.full_like(a, 1)   #创建一个与数组 a 的维数和数据类型相同的数组，并以 1 填充
05 n2 = np.full_like(a,0.2)  #创建一个与数组 a 的维数和数据类型相同的数组，并以 0.2 填充
06 #创建一个与数组 a 的维数相同的浮点型数组，并以 0.2 填充
07 n3 = np.full_like(a, 0.2, dtype='float')
08 print(n1)
09 print(n2)
10 print(n3)
```

⊙ **运行程序，输出结果为**

```
[1 1 1 1 1 1]
[0 0 0 0 0 0]
[0.2 0.2 0.2 0.2 0.2 0.2]
```

3.3　数组的基本操作

3.3.1　数据类型

在对数组进行基本操作前，首先了解一下 NumPy 的数据类型。NumPy 的数据类型如表 3.1 所示，比 Python 增加了更多种类的数据类型。为了区别于 Python 的数据类型，像 bool、int、float、complex、str 等数据类型名称末尾都加了短下画线"_"。

表 3.1　NumPy 数据类型表

数据类型	描述
bool_	存储一个字节的布尔值（真或假）
int_	默认整数，相当于 C 的 long，通常为 int32

数据类型	描述
intc	相当于 C 的 int，通常为 int32
intp	用于索引的整数，相当于 C 的 size_t，通常为 int64
int8	字节（-128 ~ 127）
int16	16 位整数（-32768 ~ 32767）
int32	32 位整数（-2147483648 ~ 2147483647）
int64	64 位整数（-9223372036854775808 ~ 9223372036854775807）
uint8	8 位无符号整数（0 ~ 255）
uint16	16 位无符号整数（0 ~ 65535）
uint32	32 位无符号整数（0 ~ 4294967295）
uint64	64 位无符号整数（0 ~ 18446744073709551615）
float	_float64 的简写
float16	半精度浮点：1 个符号位，5 位指数，10 位尾数
float32	单精度浮点：1 个符号位，8 位指数，23 位尾数
float64	双精度浮点：1 个符号位，11 位指数，52 位尾数
complex_	complex128 类型的简写
omplex64	复数，由两个 32 位浮点表示（实部和虚部）
complex128	复数，由两个 64 位浮点表示（实部和虚部）
datatime64	日期时间类型
timedelta64	两个时间之间的间隔

每一种数据类型都有相应的数据转换函数。举例如下。

```
np.int8(3.141)
```

结果为：3

```
np.float64(8)
```

结果为：8.0

```
np.float(True)
```

结果为：1.0

```
bool(1)
```

结果为：True

在创建 ndarray 数组时，可以直接指定数据类型，关键代码如下。

```
a = np.arange(8, dtype=float)
```

结果为：[0. 1. 2. 3. 4. 5. 6. 7.]

⚡ **注意**

> 复数不能转换成为整数类型或者浮点数，如下面的代码会出现错误提示。
>
> ```
> float(8+ 1j)
> ```

3.3.2 数组运算

不用编写循环即可对数据执行批量运算，这就是 NumPy 数组运算的特点，NumPy 称之为矢量化。大小相等的数组之间的任何算术运算在 NumPy 中都可以实现。本小节主要介绍简单的数组运算，如加、减、乘、除、幂运算等。下面创建两个简单的 NumPy 数组 n1 和 n2，数组 n1 包括元素 1 和 2，数组 n2 包括元素 3 和 4，如图 3.13 所示，接下来实现这两个数组的运算。

1. 加法运算

数组的加法运算是数组中对应位置的元素相加（每行对应相加），如图 3.14 所示。

图 3.13　数组示意图 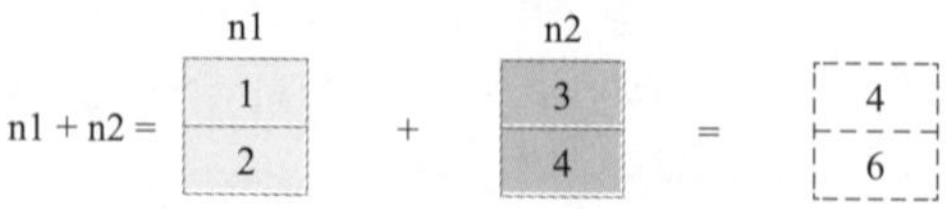　　　　图 3.14　数组加法运算示意图

实例 3.23　　数组加法运算

实例位置：资源包 \Code\03\23

在程序中直接将两个数组相加即可，即 n1+n2，程序代码如下。

```
01 import numpy as np
02 n1=np.array([1,2])   # 创建一维数组
03 n2=np.array([3,4])
04 print(n1+n2)         # 加法运算
```

运行程序，输出结果为

```
[4 6]
```

2. 减法、乘法和除法运算

除了加法运算，还可以实现数组的减法、乘法和除法，如图 3.15 所示。

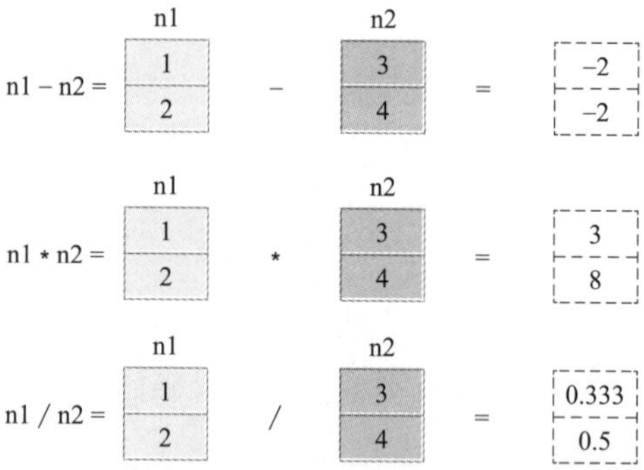

图 3.15　数组的减法、乘法和除法运算示意图

实例 3.24　　数组的减法、乘法和除法运算

实例位置：资源包 \Code\03\24

同样，在程序中直接将两个数组相减、相乘或相除即可，程序代码如下。

```
01 import numpy as np
02 n1=np.array([1,2])   # 创建一维数组
```

```
03 n2=np.array([3,4])
04 print(n1-n2)        # 减法运算
05 print(n1*n2)        # 乘法运算
06 print(n1/n2)        # 除法运算
```

运行程序，输出结果为

```
[-2 -2]
[3 8]
[0.33333333 0.5        ]
```

3. 幂运算

数组的幂运算是数组中对应位置元素的幂运算，用 "**"
表示，如图 3.16 所示。

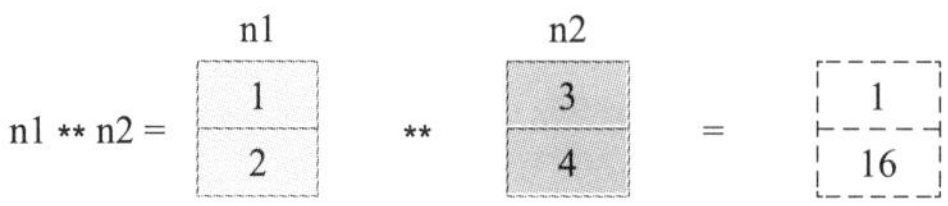

$$n1 ** n2 = \begin{bmatrix} 1 \\ 2 \end{bmatrix} ** \begin{bmatrix} 3 \\ 4 \end{bmatrix} = \begin{bmatrix} 1 \\ 16 \end{bmatrix}$$

图 3.16　数组幂运算示意图

从图中得知，数组 n1 的元素 1 和数组 n2 的元素 3，通过
幂运算得到的是 1 的 3 次幂；数组 n1 的元素 2 和数组 n2 的元素 4，通过幂运算得到的是 2 的 4 次幂。

实例 3.25　数组的幂运算

实例位置：资源包 \Code\03\25

程序代码如下。

```
01 import numpy as np
02 n1=np.array([1,2])   # 创建一维数组
03 n2=np.array([3,4])
04 print(n1**n2)        # 幂运算
```

运行程序，输出结果为

```
[ 1 16]
```

4. 比较运算

实例 3.26　数组的比较运算

实例位置：资源包 \Code\03\26

数组的比较运算是数组中对应位置元素的比较运算，比较后的结果是布尔值数组，程序代码如下。

```
01 import numpy as np
02 n1=np.array([1,2])   # 创建一维数组
03 n2=np.array([3,4])
04 print(n1>=n2)        # 大于等于
05 print(n1==n2)        # 等于
06 print(n1<=n2)        # 小于等于
07 print(n1!=n2)        # 不等于
```

运行程序，输出结果为

```
[False False]
[False False]
[ True  True]
[ True  True]
```

5. 数组的标量运算

首先了解两个概念，即标量和向量。标量其实就是一个单独的数；而向量是一组数，这组数是顺序排列的，这里我们理解为数组。那么，数组的标量运算也可以理解为向量与标量之间的运算。

例如，马拉松赛前训练，一周里每天的训练量以"米"（m）为单位，下面将其转换为以"千米"（km）为单位，如图 3.17 所示。

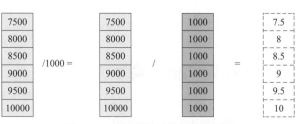

图 3.17　数组的标量运算示意图

数组的标量运算

实例位置：资源包 \Code\03\27

在程序中，将"米"转换为"千米"直接输入 n1/1000 即可，程序代码如下。

```python
01 import numpy as np
02 n1 = np.linspace(7500,10000,6,dtype='int')  # 创建等差数列数组
03 print(n1)                                    # 输出数组
04 print(n1/1000)                               # 米转换为千米
```

🔄 运行程序，输出结果为

```
[ 7500  8000  8500  9000  9500 10000]
[ 7.5  8.   8.5  9.   9.5 10. ]
```

上述运算过程，在 NumPy 中叫作"广播机制"，它是一个非常有用的功能。

3.3.3　数组的索引和切片

NumPy 数组元素是通过数组的索引和切片来访问和修改的，因此索引和切片是 NumPy 中最重要、最常用的操作。

1. 索引

所谓数组的索引，是指用于标记数组当中对应元素的唯一数字，从 0 开始，即数组中的第一个元素的索引是 0，以此类推。NumPy 数组可以使用标准 Python 语法 x[obj] 对数组进行索引，其中 x 是数组，obj 是索引。

获取一维数组中的元素

实例位置：资源包 \Code\03\28

获取一维数组 n1 中索引为 0 的元素，程序代码如下。

```python
01 import numpy as np
02 n1=np.array([1,2,3])   # 创建一维数组
03 print(n1[0])           # 输出一维数组的第一个元素
```

🔄 运行程序，输出结果为

```
1
```

实例 3.29

获取二维数组中的元素

👁 **实例位置：资源包 \Code\03\29**

通过索引获取二维数组中的元素，程序代码如下。

```
01 import numpy as np
02 n1=np.array([[1,2,3],[4,5,6]])  # 创建二维数组
03 print(n1[1][2])                 # 输出二维数组中第 2 行第 3 列的元素
```

⟳ 运行程序，输出结果为

```
6
```

2. 切片式索引

数组的切片可以理解为对数组的分割，按照等分或者不等分，将一个数组切割为多个片段，它与 Python 中列表的切片操作一样。NumPy 中的切片用冒号分隔切片参数来进行切片操作，语法如下。

```
[start:stop:step]
```

💬 **参数说明：**

- ⟳ start：起始索引。
- ⟳ stop：终止索引。
- ⟳ step：步长。

实例 3.30

实现简单的数组切片操作

👁 **实例位置：资源包 \Code\03\30**

实现简单的切片操作，对数组 n1 进行切片式索引操作，如图 3.18 所示。

程序代码如下。

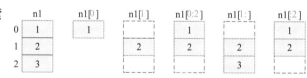

图 3.18　切片式索引示意图

```
01 import numpy as np
02 n1=np.array([1,2,3])  # 创建一维数组
03 print(n1[0])          # 输出第 1 个元素
04 print(n1[1])          # 输出第 2 个元素
05 print(n1[0:2])        # 输出第 1 个元素至第 3 个元素（不包括第 3 个元素）
06 print(n1[1:])         # 输出从第 2 个元素开始以后的元素
07 print(n1[:2])         # 输出第 1 个元素至第 3 个元素（不包括第 3 个元素）
```

⟳ 运行程序，输出结果为

```
1
2
[1 2]
[2 3]
[1 2]
```

切片式索引操作需要注意以下几点。

① 索引是左闭右开区间，如上述代码中的 n1[0:2]，只能取到索引从 0 到 1 的元素，而取不到索引为 2 的元素。

② 当没有 start 参数时，代表从索引 0 开始取数，如上述代码中的 n1[:2]。

③ start、stop 和 step 3 个参数都可以是负数，代表反向索引。以 step 参数为例，如图 3.19 所示。

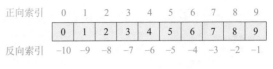

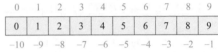

step 参数为正数时

step 参数为负数时

图 3.19　反向索引示意图

实例 3.31

常用的切片式索引操作

👁 **实例位置：资源包 \Code\03\31**

常用的切片式索引操作，程序代码如下。

```
01 import numpy as np
02 n = np.arange(10)          # 使用 arange() 函数创建一维数组
03 print(n)                   # 输出一维数组
04 print(n[:3])               # 输出第 1 个元素至第 4 个元素（不包括第 4 个元素）
05 print(n[3:6])              # 输出第 4 个元素至第 7 个元素（不包括第 7 个元素）
06 print(n[6:])               # 输出第 7 个元素至最后一个元素
07 print(n[::])               # 输出所有元素
08 print(n[:])                # 输出第 1 个元素至最后一个元素
09 print(n[::2])              # 输出步长是 2 的元素
10 print(n[1::5])             # 输出第 2 个元素至最后一个元素且步长是 5 的元素
11 print(n[2::6])             # 输出第 3 个元素至最后一个元素且步长是 6 的元素
12 #start、stop、step 为负数时
13 print(n[::-1])             # 输出所有元素且步长是 -1 的元素
14 print(n[:-3:-1])           # 输出倒数第 3 个元素至倒数第 1 个元素（不包括倒数第 3 个元素）
15 print(n[-3:-5:-1])         # 输出倒数第 3 个元素至倒数第 5 个元素且步长是 -1 的元素
16 print(n[-5::-1])           # 输出倒数第 5 个元素至最后一个元素且步长是 -1 的元素
```

⏻ 运行程序，输出结果为

```
[0 1 2 3 4 5 6 7 8 9]
[0 1 2]
[3 4 5]
[6 7 8 9]
[0 1 2 3 4 5 6 7 8 9]
[0 1 2 3 4 5 6 7 8 9]
[0 2 4 6 8]
[1 6]
[2 8]
[9 8 7 6 5 4 3 2 1 0]
[9 8]
[7 6]
[5 4 3 2 1 0]
```

3. 二维数组索引

二维数组索引可以使用 array[n,m] 的方式，以逗号分隔，表示第 *n* 个数组的第 *m* 个元素。

实例 3.32

二维数组的简单索引操作

👁 **实例位置：资源包 \Code\03\32**

创建一个 3 行 4 列的二维数组，实现简单的索引操作，效果如图 3.20 所示。

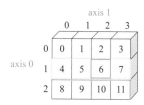

图 3.20 二维数组索引示意图

程序代码如下。

```
01 import numpy as np
02 # 创建 3 行 4 列的二维数组
03 n=np.array([[0,1,2,3],[4,5,6,7],[8,9,10,11]])
04 print(n[1])              # 输出第 2 行的元素
05 print(n[1,2])            # 输出第 2 行第 3 列的元素
06 print(n[-1])             # 输出倒数第 1 行的元素
```

⚙ **运行程序，输出结果为**

```
[4 5 6 7]
6
[ 8  9 10 11]
```

上述代码中，n[1] 表示第 2 个数组，n[1,2] 表示第 2 个数组的第 3 个元素，它等同于 n[1][2]，表示数组 n 中第 2 行第 3 列的值，实际上 n[1][2] 是先索引第一个维度得到一个数组，然后在此基础上再索引。

4. 二维数组切片式索引

实例 3.33

二维数组的切片操作

👁 **实例位置：资源包 \Code\03\33**

创建一个二维数组，实现各种切片式索引操作，效果如图 3.21 所示。

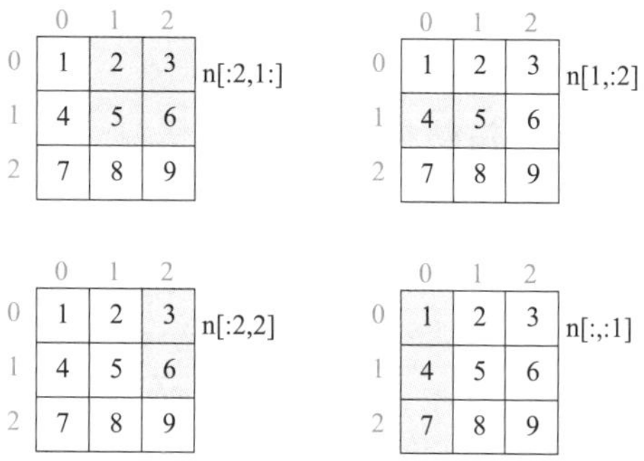

图 3.21 二维数组切片式索引示意图

程序代码如下。

```
01 import numpy as np
02 # 创建 3 行 3 列的二维数组
03 n=np.array([[1,2,3],[4,5,6],[7,8,9]])
04 print(n[:2,1:])        # 输出第 1 行至第 3 行（不包括第 3 行）的第 2 列至最后一列的元素
05 print(n[1,:2])         # 输出第 2 行的第 1 列至第 3 列（不包括第 3 列）的元素
06 print(n[:2,2])         # 输出第 1 行至第 3 行（不包括第 3 行）的第 3 列的元素
07 print(n[:,:1])         # 输出所有行的第 1 列和第 2 列（不包括第 2 列）的元素
```

🔘 运行程序，输出结果如下：

```
[[2 3]
 [5 6]]
[4 5]
[3 6]
[[1]
 [4]
 [7]]
```

3.3.4 数组重塑

数组重塑实际是更改数组的形状，如将原来 2 行 3 列的数组重塑为 3 行 4 列的数组。在 NumPy 中主要使用 reshape() 函数，该方法用于改变数组的形状。

1. 一维数组重塑

一维数组重塑就是将数组重塑为多行多列的数组。

实例 3.34

将一维数组重塑为二维数组

👁 实例位置：资源包 \Code\03\34

创建一个一维数组，然后通过 reshape() 函数将其改为 2 行 3 列的二维数组，程序代码如下。

```
01 import numpy as np
02 n=np.arange(6)         # 创建一维数组
03 print(n)
04 n1=n.reshape(2,3)      # 将数组重塑为 2 行 3 列的二维数组
05 print(n1)
```

🔘 运行程序，输出结果为

```
[0 1 2 3 4 5]
[[0 1 2]
 [3 4 5]]
```

需要注意的是，数组重塑是基于数组元素不发生改变的情况，重塑后的数组所包含的元素个数必须与原数组元素个数相同，如果数组元素发生改变，程序就会报错。

实例 3.35

**将一行古诗转换为
4 行 5 列的二维数组**

👁 实例位置：资源包 \Code\03\35

将一行 20 列的数据转换为 4 行 5 列的二维数组，效果如图 3.22 所示。

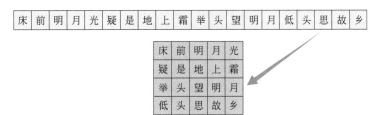

图 3.22　数组重塑示意图

程序代码如下。

```
01 import numpy as np
02 n=np.array(['床','前','明','月','光','疑','是','地','上','霜','举','头','望','明','月','
   低','头','思','故','乡'])
03 n1=n.reshape(4,5)      #将数组重塑为 4 行 5 列的二维数组
04 print(n1)
```

🕐 运行程序，输出结果为

```
[['床' '前' '明' '月' '光']
 ['疑' '是' '地' '上' '霜']
 ['举' '头' '望' '明' '月']
 ['低' '头' '思' '故' '乡']]
```

2. 多维数组重塑

多维数组重塑同样使用 reshape() 函数。

实例 3.36　　**将 2 行 3 列的数组重塑为 3 行 2 列的数组**　👁 **实例位置：资源包 \Code\03\36**

将 2 行 3 列的二维数组重塑为 3 行 2 列的二维数组，程序代码如下。

```
01 import numpy as np
02 n=np.array([[0,1,2],[3,4,5]]) #创建二维数组
03 print(n)
04 n1=n.reshape(3,2)      #将数组重塑为 3 行 2 列的二维数组
05 print(n1)
```

🕐 运行程序，输出结果为

```
[[0 1 2]
 [3 4 5]]
[[0 1]
 [2 3]
 [4 5]]
```

3. 数组转置

数组转置是指数组的行列互换，可以通过数组的 T 属性和 transpose() 函数实现。

实例 3.37　　**将二维数组中的行列转置**　👁 **实例位置：资源包 \Code\03\37**

通过 T 属性将 4 行 6 列的二维数组中的行变成列，列变成行，程序代码如下。

```
01 import numpy as np
02 n = np.arange(24).reshape(4,6)        # 创建 4 行 6 列的二维数组
03 print(n)
04 print(n.T)                            # 通过 T 属性实现行列转置
```

运行程序，输出结果为

```
[[ 0  1  2  3  4  5]
 [ 6  7  8  9 10 11]
 [12 13 14 15 16 17]
 [18 19 20 21 22 23]]
[[ 0  6 12 18]
 [ 1  7 13 19]
 [ 2  8 14 20]
 [ 3  9 15 21]
 [ 4 10 16 22]
 [ 5 11 17 23]]
```

实例 3.38

转换客户销售数据

实例位置：资源包 \Code\03\38

上述举例可能不太直观，下面再举一个例子，转换客户销售数据，对比效果如图 3.23 所示。

客户	销售额
A	100
B	200
C	300
D	400
E	500

A	B	C	D	E
100	200	300	400	500

图 3.23 客户销售数据转换对比示意图

程序代码如下。

```
01 import numpy as np
02 n = np.array([['A',100],['B',200],['C',300],['D',400],['E',500]])
03 print(n)
04 print(n.T)                            # 通过 T 属性实现行列转置
```

运行程序，输出结果为

```
[['A' '100']
 ['B' '200']
 ['C' '300']
 ['D' '400']
 ['E' '500']]
[['A' 'B' 'C' 'D' 'E']
 ['100' '200' '300' '400' '500']]
```

通过 transpose() 函数也可以实现数组转置。例如，将实例 3.38 用 transpose() 函数实现，关键代码如下。

```
01 n = np.array([['A',100],['B',200],['C',300],['D',400],['E',500]])
02 print(n.transpose())                  # 通过 transpose() 函数实现行列转置
```

运行程序，输出结果为

```
[['A' 'B' 'C' 'D' 'E']
 ['100' '200' '300' '400' '500']]
```

3.3.5 数组的增、删、改、查

数组的增、删、改、查的方法有很多种，下面介绍几种常用的方法。

1. 数组的增加

数组的增加可以按照水平方向增加数据，也可以按照垂直方向增加数据。水平方向增加数据主要使用 hstack() 函数，垂直方向增加数据主要使用 vstack() 函数。

实例 3.39　　　　　　　　**为数组增加数据**　　　👁 **实例位置：资源包 \Code\03\39**

创建两个二维数组，然后实现数组数据的增加，程序代码如下。

```
01 import numpy as np
02 # 创建二维数组
03 n1=np.array([[1,2],[3,4],[5,6]])
04 n2=np.array([[10,20],[30,40],[50,60]])
05 print(np.hstack((n1,n2)))        # 水平方向增加数据
06 print(np.vstack((n1,n2)))        # 垂直方向增加数据
```

⏱ **运行程序，输出结果为**

```
[[ 1  2 10 20]
 [ 3  4 30 40]
 [ 5  6 50 60]]
[[ 1  2]
 [ 3  4]
 [ 5  6]
 [10 20]
 [30 40]
 [50 60]]
```

2. 数组的删除

数组的删除主要使用 delete() 函数。

实例 3.40　　　　　　　**删除指定的数组元素**　　　👁 **实例位置：资源包 \Code\03\40**

删除指定的数组元素，程序代码如下。

```
01 import numpy as np
02 # 创建二维数组
03 n1=np.array([[1,2],[3,4],[5,6]])
04 print(n1)
05 n2=np.delete(n1,2,axis=0)    # 删除第 3 行
06 n3=np.delete(n1,0,axis=1)    # 删除第 1 列
07 n4=np.delete(n1,(1,2),0)     # 删除第 2 行和第 3 行
08 print(' 删除第 3 行后的数组：','\n',n2)
09 print(' 删除第 1 列后的数组：','\n',n3)
10 print(' 删除第 2 行和第 3 行后的数组：','\n',n4)
```

⏱ **运行程序，输出结果为**

```
[[1 2]
 [3 4]
```

```
    [5 6]]
删除第 3 行后的数组：
    [[1 2]
    [3 4]]
删除第 1 列后的数组：
    [[2]
    [4]
    [6]]
删除第 2 行和第 3 行后的数组：
    [[1 2]]
```

对于不想要的数组或数组元素，还可以通过索引和切片方法只选取需要的数组或数组元素。

3. 数组的修改

修改数组或数组元素时，直接为数组或数组元素赋值即可。

实例 3.41

⊙ 实例位置：资源包 \Code\03\41

修改指定的数组元素

修改指定的数组元素，程序代码如下。

```
01 import numpy as np
02 # 创建二维数组
03 n1=np.array([[1,2],[3,4],[5,6]])
04 print(n1)
05 n1[1]=[30,40]    # 修改第 2 行数组 [3,4] 为 [30,40]
06 n1[2][1]=88       # 修改第 3 行第 2 个元素 6 为 88
07 print(' 修改后的数组：','\n',n1)
```

⊙ 运行程序，输出结果为

```
    [[1 2]
    [3 4]
    [5 6]]
修改后的数组：
    [[ 1  2]
    [30 40]
    [ 5 88]]
```

4. 数组的查询

数组的查询同样可以使用索引和切片方法来获取指定范围的数组或数组元素，还可以通过 where() 函数查询符合条件的数组或数组元素。where() 函数的语法如下。

```
numpy.where(condition,x,y)
```

其中，第一个参数为一个布尔数组，第二个参数和第三个参数可以是标量，也可以是数组。如果满足条件（参数 condition），输出参数 x，否则输出参数 y。

实例 3.42

⊙ 实例位置：资源包 \Code\03\42

按指定条件查询数组

数组查询，若数组元素大于 5 则输出 2，若数组元素不大于 5 则输出 0，程序代码如下。

```
01 import numpy as np
02 n1 = np.arange(10)  # 创建一个一维数组
03 print(n1)
04 print(np.where(n1>5,2,0))  # 大于 5 输出 2，不大于 5 输出 0
```

⚙ **运行程序，输出结果为**

```
[0 1 2 3 4 5 6 7 8 9]
[0 0 0 0 0 0 2 2 2 2]
```

如果不指定参数 x 和 y，则输出满足条件的数组元素的坐标。例如，实例 3.42 中若不指定参数 x 和 y，则关键代码如下。

```
01 n2=n1[np.where(n1>5)]
02 print(n2)
```

⚙ **运行程序，输出结果为**

```
[6 7 8 9]
```

3.4 NumPy 矩阵的基本操作

在数学中经常会看到矩阵，而在程序中常用的是数组，可以简单地理解为，矩阵是数学的概念，而数组是计算机程序设计领域的概念。在 NumPy 中，矩阵是数组的分支，数组和矩阵有些时候是通用的，二维数组也称矩阵。下面简单介绍矩阵的基本操作。

3.4.1 创建矩阵

NumPy 函数库中存在两种不同的数据类型——矩阵 matrix 和数组 array，它们都可以用于处理行列表示的数组元素。虽然它们看起来很相似，但是在这两种数据类型上执行相同的数学运算，可能得到不同的结果。

在 NumPy 中，矩阵应用十分广泛。例如，每个图像可以被看作像素值矩阵。假设像素值仅为 0 和 1，那么 5×5 大小的图像就是一个 5×5 的矩阵，如图 3.24 所示，而 3×3 大小的图像就是一个 3×3 的矩阵，如图 3.25 所示。

关于矩阵就简单介绍到这里，下面介绍如何在 NumPy 中创建矩阵。

1	1	1	0	0
0	1	1	1	0
0	0	1	1	1
0	0	1	1	0
0	1	1	0	0

1	0	1
0	1	0
1	0	1

图 3.24 5×5 矩阵示意图　　图 3.25 3×3 矩阵示意图

实例 3.43

创建简单矩阵

👁 **实例位置：资源包 \Code\03\43**

使用 mat() 函数创建矩阵，程序代码如下。

```
01 import numpy as np
02 a = np.mat('5 6;7 8')
03 b = np.mat([[1, 2], [3, 4]])
04 print(a)
```

```
05 print(b)
06 print(type(a))
07 print(type(b))
08 n1 = np.array([[1, 2], [3, 4]])
09 print(n1)
10 print(type(n1))
```

⟳ **运行程序，输出结果为**

```
[[5 6]
 [7 8]]
[[1 2]
 [3 4]]
<class 'numpy.matrix'>
<class 'numpy.matrix'>
[[1 2]
 [3 4]]
<class 'numpy.ndarray'>
```

从运行结果得知，通过 mat() 函数创建的是矩阵类型，通过 array() 函数创建的是数组类型，而用 mat() 函数创建的矩阵才能进行一些线性代数的操作。

实例 3.44 　　　　使用 mat() 函数创建
常见的矩阵　　　　👁 **实例位置：资源包 \Code\03\44**

下面使用 mat() 函数创建常见的矩阵。
① 创建一个 3×3 的零矩阵，程序代码如下。

```
01 import numpy as np
02 # 创建一个 3*3 的零矩阵
03 data1 = np.mat(np.zeros((3,3)))
04 print(data1)
```

⟳ **运行程序，输出结果为**

```
[[0. 0. 0.]
 [0. 0. 0.]
 [0. 0. 0.]]
```

② 创建一个 2×4 的 1 矩阵，程序代码如下。

```
01 import numpy as np
02 # 创建一个 2*4 的 1 矩阵
03 data1 = np.mat(np.ones((2,4)))
04 print(data1)
```

⟳ **运行程序，输出结果为**

```
[[1. 1. 1. 1.]
 [1. 1. 1. 1.]]
```

③ 使用 random 模块的 rand() 函数创建一个在 0 ~ 1 之间随机产生的 3×3 的二维数组，并将其转换为矩阵，程序代码如下。

```
01 import numpy as np
02 data1 = np.mat(np.random.rand(3,3))
03 print(data1)
```

⭘ 运行程序，输出结果为

```
[[0.23593472 0.32558883 0.42637078]
 [0.36254276 0.6292572  0.94969203]
 [0.80931869 0.3393059  0.18993806]]
```

④ 创建一个 1 ～ 8 之间的随机整数矩阵，程序代码如下。

```
01 import numpy as np
02 data1 = np.mat(np.random.randint(1,8,size=(3,5)))
03 print(data1)
```

⭘ 运行程序，输出结果为

```
[[4 5 3 5 3]
 [1 3 2 7 7]
 [2 7 5 4 5]]
```

⑤ 创建对角矩阵，程序代码如下。

```
01 import numpy as np
02 data1 = np.mat(np.eye(2,2,dtype=int)) #2*2 对角矩阵
03 print(data1)
04 data1 = np.mat(np.eye(4,4,dtype=int)) #4*4 对角矩阵
05 print(data1)
```

⭘ 运行程序，输出结果为

```
[[1 0]
 [0 1]]
[[1 0 0 0]
 [0 1 0 0]
 [0 0 1 0]
 [0 0 0 1]]
```

⑥ 创建对角线矩阵，程序代码如下。

```
01 import numpy as np
02 a = [1,2,3]
03 data1 = np.mat(np.diag(a))   # 对角线 1、2、3 矩阵
04 print(data1)
05 b = [4,5,6]
06 data1 = np.mat(np.diag(b))   # 对角线 4、5、6 矩阵
07 print(data1)
```

⭘ 运行程序，输出结果为

```
[[1 0 0]
 [0 2 0]
 [0 0 3]]
[[4 0 0]
 [0 5 0]
 [0 0 6]]
```

📋 说明

mat() 函数只适用于二维矩阵，维数超过 2 以后，mat() 函数就不适用了，从这一点来看 array() 函数更具通用性。

3.4.2　矩阵运算

使用算术运算符 "+"、"-"、"*" 和 "/" 对矩阵分别进行加、减、乘、除的运算。

实例 3.45

实例位置：资源包 \Code\03\45

矩阵加法运算

创建两个矩阵 data1 和 data2，实现矩阵的加法运算，效果如图 3.26 所示。

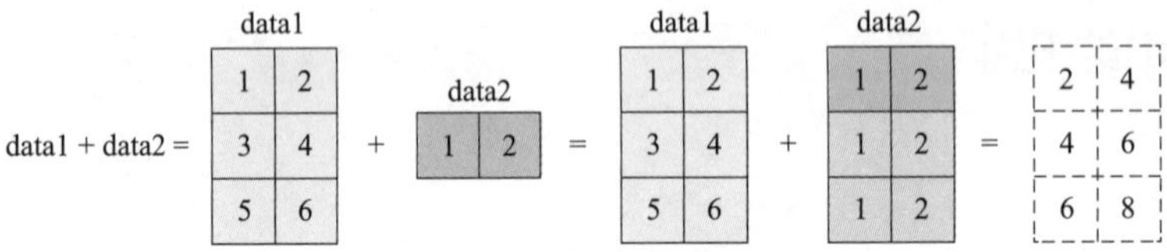

图 3.26　矩阵运算示意图

程序代码如下。

```
01 import numpy as np
02 # 创建矩阵
03 data1= np.mat([[1, 2], [3, 4],[5,6]])
04 data2=np.mat([1,2])
05 print(data1+data2)    # 矩阵加法运算
```

运行程序，输出结果为

```
[[2 4]
 [4 6]
 [6 8]]
```

实例 3.46

实例位置：资源包 \Code\03\46

矩阵减法、乘法和除法运算

除了加法运算，还可以实现矩阵的减法、乘法和除法运算。接下来实现上述矩阵的减法和除法运算，程序代码如下。

```
01 import numpy as np
02 # 创建矩阵
03 data1= np.mat([[1, 2], [3, 4],[5,6]])
04 data2=np.mat([1,2])
05 print(data1-data2)    # 矩阵减法运算
06 print(data1/data2)    # 矩阵除法运算
```

运行程序，输出结果为

```
[[0 0]
 [2 2]
 [4 4]]
[[1. 1.]
 [3. 2.]
 [5. 3.]]
```

当我们对上述矩阵实现乘法运算时，程序出现了错误，原因是矩阵的乘法运算，要求左边矩阵的列和右边矩阵的行数要一致。由于上述矩阵 data2 是一行，所以导致程序出错。

实例 3.47

👁 **实例位置：资源包 \Code\03\47**

修改矩阵并进行乘法运算

将矩阵 data2 改为 2×2 矩阵，再进行矩阵的乘法运算，程序代码如下。

```
01 import numpy as np
02 # 创建矩阵
03 data1= np.mat([[1, 2], [3, 4],[5,6]])
04 data2=np.mat([[1,2],[3,4]])
05 print(data1*data2)   # 矩阵乘法运算
```

⏾ **运行程序，输出结果为**

```
[[ 7 10]
 [15 22]
 [23 34]]
```

上述举例，是两个矩阵直接相乘，称之为矩阵相乘。矩阵相乘是第一个矩阵中与该元素行号相同的元素同第二个矩阵中与该元素列号相同的元素，两两相乘后再求和，运算过程如图 3.27 所示。例如，1×1+2×3=7，是第一个矩阵第 1 行元素与第二个矩阵第 1 列元素，两两相乘求和得到的。

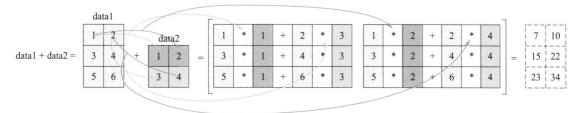

图 3.27 **矩阵相乘运算过程示意图**

数组运算和矩阵运算的一个关键区别是矩阵相乘使用的是点乘。点乘，也称点积，是数组中元素对应位置一一相乘之后求和的操作。在 NumPy 中专门提供了点乘函数，即 dot() 函数，该函数返回的是两个数组的点积。

实例 3.48

👁 **实例位置：资源包 \Code\03\48**

数组相乘与数组点乘比较

数组相乘与数组点乘比较，程序代码如下。

```
01 import numpy as np
02 # 创建数组
03 n1 = np.array([1, 2, 3])
04 n2= np.array([[1, 2, 3], [1, 2, 3], [1, 2, 3]])
05 print(' 数组相乘结果为：','\n',n1*n2) # 数组相乘
06 print(' 数组点乘结果为：','\n',np.dot(n1, n2)) # 数组点乘
```

⏾ **运行程序，输出结果为**

```
数组相乘结果为：
 [[1 4 9]
 [1 4 9]
 [1 4 9]]
数组点乘结果为：
 [ 6 12 18]
```

实例 3.49

矩阵元素之间的相乘运算

👁 **实例位置：资源包 \Code\03\49**

实现矩阵对应元素之间的相乘可以使用 multiply() 函数，程序代码如下。

```
01 import numpy as np
02 n1 = np.mat('1 3 3;4 5 6;7 12 9')  # 创建矩阵，使用分号隔开数据
03 n2 = np.mat('2 6 6;8 10 12;14 24 18')
04 print('矩阵相乘结果为: \n',n1*n2)  # 矩阵相乘
05 print('矩阵对应元素相乘结果为: \n',np.multiply(n1,n2))
```

⚙ **运行程序，输出结果为**

```
矩阵相乘结果为:
 [[ 68 108  96]
 [132 218 192]
 [236 378 348]]
矩阵对应元素相乘结果为:
 [[  2  18  18]
 [ 32  50  72]
 [ 98 288 162]]
```

3.4.3 矩阵转换

1. 矩阵转置

实例 3.50

使用 T 属性实现矩阵转置

👁 **实例位置：资源包 \Code\03\50**

矩阵转置与数组转置一样使用 T 属性，程序代码如下。

```
01 import numpy as np
02 n1 = np.mat('1 3 3;4 5 6;7 12 9')  # # 创建矩阵，使用分号隔开数据
03 print('矩阵转置结果为: \n',n1.T)  # 矩阵转置
```

⚙ **运行程序，输出结果为**

```
矩阵转置结果为:
 [[ 1  4  7]
 [ 3  5 12]
 [ 3  6  9]]
```

2. 矩阵求逆

实例 3.51

实现矩阵逆运算

👁 **实例位置：资源包 \Code\03\51**

矩阵要可逆，否则意味着该矩阵为奇异矩阵（矩阵的行列式的值为 0）。矩阵求逆主要使用 I 属性，程序代码如下。

```
01 import numpy as np
02 n1 = np.mat('1 3 3;4 5 6;7 12 9')  # 创建矩阵，使用分号隔开数据
03 print(' 矩阵的逆矩阵结果为: \n',n1.I)  # 逆矩阵
```

⟳ 运行程序，输出结果为

```
矩阵的逆矩阵结果为:
 [[-0.9         0.3          0.1        ]
 [ 0.2        -0.4          0.2        ]
 [ 0.43333333  0.3         -0.23333333]]
```

3.5 NumPy 常用统计分析函数

3.5.1 数学运算函数

NumPy 包含大量的数学运算函数，包括三角函数、算术运算函数、复数处理函数等，如表 3.2 所示。

表 3.2 **数学运算函数**

函数	说明
add()、subtract()、multiply()、divide()	简单的数组加、减、乘、除运算
abs()	计算数组中各元素的绝对值
sqrt()	计算数组中各元素的平方根
square()	计算数组中各元素的平方
log()、log10()、log2()	计算数组中各元素的自然对数和分别以 10、2 为底的对数
reciprocal()	计算数组中各元素的倒数
power()	第一个数组中的元素作为底数，计算它与第二个数组中相应元素的幂
mod()	计算数组之间相应元素相除后的余数
around()	计算数组中各元素指定小数位数的四舍五入值
ceil()、floor()	计算数组中各元素向上取整和向下取整
sin()、cos()、tan()	三角函数。计算数组中角度的正弦值、余弦值和正切值
modf()	将数组各元素的小数和整数部分分割为两个独立的数组
exp()	计算数组中各元素的指数值
sign()	计算数组中各元素的符号值 1（+），0，-1（-）
maximum()、fmax()	计算数组元素的最大值
minimum()、fmin()	计算数组元素的最小值
copysign(a,b)	将数组 b 中各元素的符号赋值给数组 a 对应的元素

下面介绍几个常用的数学运算函数。

1. 算术函数

（1）加、减、乘、除

NumPy 中的算术函数包含简单的加、减、乘、除，如 add() 函数、subtract() 函数、multiply() 函数和 divide() 函数。这里要注意的是数组必须具有相同的形状或符合数组广播规则。

实例 3.52

实例位置：资源包 \Code\03\52

数组加、减、乘、除运算

数组加、减、乘、除运算，程序代码如下。

```python
01 import numpy as np
02 n1 = np.array([[1,2,3],[4,5,6],[7,8,9]])   # 创建数组
03 n2 = np.array([10, 10, 10])
04 print(' 两个数组相加: ')
05 print(np.add(n1, n2))
06 print(' 两个数组相减: ')
07 print(np.subtract(n1, n2))
08 print(' 两个数组相乘: ')
09 print(np.multiply(n1, n2))
10 print(' 两个数组相除: ')
11 print(np.divide(n1, n2))
```

运行程序，输出结果为

```
两个数组相加:
[[11 12 13]
 [14 15 16]
 [17 18 19]]
两个数组相减:
[[-9 -8 -7]
 [-6 -5 -4]
 [-3 -2 -1]]
两个数组相乘:
[[10 20 30]
 [40 50 60]
 [70 80 90]]
两个数组相除:
[[0.1 0.2 0.3]
 [0.4 0.5 0.6]
 [0.7 0.8 0.9]]
```

（2）倒数

reciprocal() 函数用于返回数组中各元素的倒数，如 4/3 的倒数是 3/4。

实例 3.53

实例位置：资源包 \Code\03\53

计算数组元素的倒数

计算数组元素的倒数，程序代码如下。

```python
01 import numpy as np
02 a = np.array([0.25, 1.75, 2, 100])
03 print(np.reciprocal(a))
```

运行程序，输出结果为

```
[4.         0.57142857 0.5        0.01       ]
```

（3）求幂

power() 函数将第一个数组中的元素作为底数，计算它与第二个数组中相应元素的幂。

实例 3.54

数组元素的幂运算

◉ **实例位置：资源包 \Code\03\54**

对数组元素进行幂运算，程序代码如下。

```
01 import numpy as np
02 n1 = np.array([10, 100, 1000])
03 print(np.power(n1, 3))
04 n2= np.array([1, 2, 3])
05 print(np.power(n1, n2))
```

⟳ **运行程序，输出结果为**

```
[      1000    1000000 1000000000]
[        10      10000 1000000000]
```

（4）取余

mod() 函数用于计算数组之间相应元素相除后的余数。

实例 3.55

对数组元素取余

◉ **实例位置：资源包 \Code\03\55**

对数组元素取余，程序代码如下。

```
01 import numpy as np
02 n1 = np.array([10, 20, 30])
03 n2 = np.array([4, 5, -8])
04 print(np.mod(n1, n2))
```

⟳ **运行程序，输出结果为**

```
[ 2  0 -2]
```

✎ 技巧

下面重点介绍 Numpy 负数取余的算法，公式如下。

```
r=a-n*[a//n]
```

其中，r 为余数，a 是被除数，n 是除数，"//" 为运算取商时保留整数的下界，即偏向于较小的整数。根据负数取余的三种情况，举例如下。

```
r=30-(-8)*(30//(-8))=30-(-8)*(-4)=30-32=-2
r=-30-(-8)*(-30//(-8))=-30-(-8)*(3)=-30-24=-6
r=-30-(8)*(-30//(8))=-30-(8)*(-4)=-30+32=2
```

2. 舍入函数

（1）四舍五入 around() 函数

四舍五入在 NumPy 中应用比较多，主要使用 around() 函数，该函数返回指定小数位数的四舍五入值，语法如下。

```
numpy.around(a,decimals)
```

💬 **参数说明：**

🔄 a：数组。

🔄 decimals：舍入的小数位数，默认值为 0。如果为负，整数将四舍五入到小数点左侧的位置。

实例 3.56　　将数组中的一组数字四舍五入　　　　👁 **实例位置：资源包 \Code\03\56**

将数组中的一组数字四舍五入，程序代码如下。

```python
01 import numpy as np
02 n = np.array([1.55, 6.823,100,0.1189,3.1415926,-2.345])  #创建数组
03 print(np.around(n))  #四舍五入取整
04 print(np.around(n, decimals=2))  #四舍五入保留小数点两位
05 print(np.around(n, decimals=-1))  #四舍五入取整到小数点左侧
```

⚙ **运行程序，输出结果为**

```
[  2.    7. 100.   0.    3.   -2.]
[  1.55   6.82 100.    0.12   3.14  -2.35]
[  0.   10. 100.   0.    0.   -0.]
```

（2）向上取整 ceil() 函数

ceil() 函数用于返回大于或者等于指定表达式的最小整数，即向上取整。

实例 3.57　　对数组元素向上取整　　　　👁 **实例位置：资源包 \Code\03\57**

对数组元素向上取整，程序代码如下。

```python
01 import numpy as np
02 n = np.array([-1.8, 1.66, -0.2, 0.888, 15])  #创建数组
03 print(np.ceil(n))  #向上取整
```

⚙ **运行程序，输出结果为**

```
[-1.   2.  -0.   1.  15.]
```

（3）向下取整 floor() 函数

floor() 函数用于返回小于或者等于指定表达式的最大整数，即向下取整。

实例 3.58　　对数组元素向下取整　　　　👁 **实例位置：资源包 \Code\03\58**

对数组元素向下取整，程序代码如下。

```python
01 import numpy as np
02 n = np.array([-1.8, 1.66, -0.2, 0.888, 15])  #创建数组
03 print(np.floor(n))  #向下取整
```

```
[-2.  1. -1.  0. 15.]
```

3. 三角函数

NumPy 提供了标准的三角函数: sin() 函数、cos() 函数和 tan() 函数。

实例 3.59 计算数组的正弦值、
余弦值和正切值 👁 **实例位置: 资源包 \Code\03\59**

计算数组元素的正弦值、余弦值和正切值，程序代码如下。

```
01 import numpy as np
02 n= np.array([0, 30, 45, 60, 90])
03 print('不同角度的正弦值: ')
04 # 通过乘 pi/180 转换为弧度
05 print(np.sin(n * np.pi / 180))
06 print('数组中角度的余弦值: ')
07 print(np.cos(n * np.pi / 180))
08 print('数组中角度的正切值: ')
09 print(np.tan(n * np.pi / 180))
```

```
不同角度的正弦值:
[0.          0.5         0.70710678 0.8660254  1.        ]
数组中角度的余弦值:
[1.00000000e+00 8.66025404e-01 7.07106781e-01 5.00000000e-01
   6.12323400e-17]
数组中角度的正切值:
[0.00000000e+00 5.77350269e-01 1.00000000e+00 1.73205081e+00
   1.63312394e+16]
```

arcsin() 函数、arccos() 函数和 arctan() 函数用于返回给定角度的 sin、cos 和 tan 的反三角函数。这些函数的结果可以通过 degrees() 函数将弧度转换为角度。

实例 3.60 将弧度转换为角度 👁 **实例位置: 资源包 \Code\03\60**

首先计算不同角度的正弦值，然后使用 arcsin() 函数计算角度的反正弦，返回值以弧度为单位，最后使用 degrees() 函数将弧度转换为角度来验证结果，程序代码如下。

```
01 import numpy as np
02 n = np.array([0, 30, 45, 60, 90])
03 print('不同角度的正弦值: ')
04 sin = np.sin(n * np.pi / 180)
05 print(sin)
06 print('计算角度的反正弦，返回值以弧度为单位: ')
07 inv = np.arcsin(sin)
08 print(inv)
09 print('弧度转换为角度: ')
10 print(np.degrees(inv))
```

⏻ 运行程序，输出结果为

```
不同角度的正弦值：
[0.         0.5        0.70710678 0.8660254  1.        ]
计算角度的反正弦，返回值以弧度为单位：
[0.         0.52359878 0.78539816 1.04719755 1.57079633]
弧度转换为角度：
[ 0. 30. 45. 60. 90.]
```

arccos() 函数和 arctan() 函数的用法与 arcsin() 函数的用法差不多，这里不再举例。

3.5.2 统计分析函数

统计分析函数是对整个 NumPy 数组或某条轴的数据进行统计运算，函数介绍如表 3.3 所示。

表 3.3　统计分析函数

函数	说明
sum()	对数组中元素或某行、某列的元素求和
cumsum()	所有数组元素累计求和
cumprod	所有数组元素累计求积
mean()	计算平均值
min()、max()	计算数组的最小值和最大值
average()	计算加权平均值
median()	计算数组中元素的中位数（中值）
var()	计算方差
std()	计算标准差
eg()	对数组的第二维度的数据求平均值
argmin()、argmax()	计算数组最小值和最大值的下标（注：是一维的下标）
unravel_index()	根据数组形状将一维下标转成多维下标
ptp()	计算数组最大值和最小值的差

下面介绍几个常用的统计函数。首先创建一个数组，如图 3.28 所示。

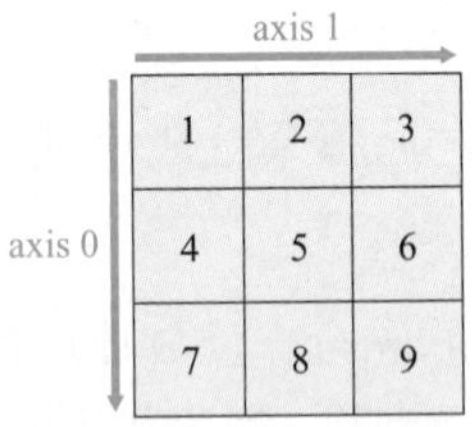

图 3.28　数组示意图

1. 求和 sum() 函数

实例 3.61　　　　　**对数组元素求和、对数组　　👁 实例位置：资源包 \Code\03\61**
　　　　　　　　　　　　元素按行和按列求和

对数组元素求和、对数组元素按行和按列求和，程序代码如下。

```
01 import numpy as np
02 n=np.array([[1,2,3],[4,5,6],[7,8,9]])
03 print(' 对数组元素求和: ')
04 print(n.sum())
05 print(' 对数组元素按行求和: ')
06 print(n.sum(axis=0))
07 print(' 对数组元素按列求和: ')
08 print(n.sum(axis=1))
```

↻ 运行程序，输出结果为

```
对数组元素求和:
45
对数组元素按行求和:
[12 15 18]
对数组元素按列求和:
[ 6 15 24]
```

2. 求平均值 mean() 函数

实例 3.62 对数组元素求平均值、对数组 ⊙ **实例位置：资源包 \Code\03\62**
元素按行和按列求平均值

对数组元素求平均值、对数组元素按行和按列求平均值，关键代码如下。

```
01 print(' 对数组元素求平均值: ')
02 print(n.mean())
03 print(' 对数组元素按行求平均值: ')
04 print(n.mean(axis=0))
05 print(' 对数组元素按列求平均值: ')
06 print(n.mean(axis=1))
```

↻ 运行程序，输出结果为

```
对数组元素求平均值:
5.0
对数组元素按行求平均值:
[4. 5. 6.]
对数组元素按列求平均值:
[2. 5. 8.]
```

3. 最大值和最小值

实例 3.63 ⊙ **实例位置：资源包 \Code\03\63**
对数组元素求最大值和最小值

对数组元素求最大值和最小值，关键代码如下。

```
01 print(' 数组元素最大值: ')
02 print(n.max())
03 print(' 数组中每一行的最大值: ')
04 print(n.max(axis=0))
05 print(' 数组中每一列的最大值: ')
06 print(n.max(axis=1))
07 print(' 数组元素最小值: ')
```

```
08 print(n.min())
09 print(' 数组中每一行的最小值: ')
10 print(n.min(axis=0))
11 print(' 数组中每一列的最小值: ')
12 print(n.min(axis=1))
```

⟳ 运行程序，输出结果为

```
数组元素最大值:
9
数组中每一列的最大值:
[7 8 9]
数组中每一行的最大值:
[3 6 9]
数组元素最小值:
1
数组中每一列的最小值:
[1 2 3]
数组中每一行的最小值:
[1 4 7]
```

对二维数组求最大值在实际应用中非常广泛，如统计销售冠军。

4. 加权平均 average() 函数

在日常生活中，常用平均数表示一组数据的"平均水平"。在一组数据里，一个数据出现的次数称为权。将一组数据与出现的次数相乘再平均就是"加权平均"。加权平均能够反映一组数据中各个数据的重要程度，以及对整体趋势的影响。加权平均在日常生活应用非常广泛，如考试成绩、股票价格、竞技比赛等。

实例 3.64 计算电商各活动销售的加权平均价

◉ 实例位置：资源包 \Code\03\64

某电商在开学季、6.18、双十一、双十二等活动设置的价格都不同，下面计算加权平均价，程序代码如下。

```
01 import numpy as np
02 price=np.array([34.5,36,37.8,39,39.8,33.6])     # 创建 " 单价 " 数组
03 number=np.array([900,580,230,150,120,1800])     # 创建 " 销售数量 " 数组
04 print(' 加权平均价: ')
05 print(np.average(price,weights=number))
```

⟳ 运行程序，输出结果为

```
加权平均价:
34.84  920634920635
```

5. 中位数 median() 函数

中位数用来衡量数据取值的中等水平或一般水平，可以避免极端值的影响。在数据处理过程中，当数据中存在少量异常值时，中位数不受其影响，基于这一特点，一般使用中位数来评价分析结果。

那么，什么是中位数？将各个变量值按大小顺序排列起来，形成一个数列，居于数列中间位置的那个数即为中位数。例如，1、2、3、4、5 这 5 个数，中位数就是中间的数字 3，而 1、2、3、4、5、6 这 6 个数，中位数则是中间两个数的平均值，即 3.5。

技巧

> 中位数与平均数不同，它不受异常值的影响。例如，将 1、2、3、4、5、6 改为 1、2、3、4、5、288，中位数依然是 3.5。

实例 3.65

计算电商活动价格的中位数

◉ **实例位置：资源包 \Code\03\65**

计算电商在开学季、6.18、双十一、双十二等活动设置的价格的中位数，程序代码如下。

```
01 import numpy as np
02 n=np.array([34.5,36,37.8,39,39.8,33.6])  # 创建 " 单价 " 数组
03 # 数组排序后、查找中位数
04 sort_n = np.msort(n)
05 print(' 数组排序: ')
06 print(sort_n)
07 print(' 数组中位数为: ')
08 print(np.median(sort_n))
```

⏻ 运行程序，输出结果为

```
数组排序:
[33.6 34.5 36. 37.8 39. 39.8]
数组中位数为:
36.9
```

6. 方差、标准差

方差用于衡量一组数据的离散程度，即各组数据与它们的平均数的差的平方，用这个结果来衡量这组数据的波动大小，并把它叫作这组数据的方差，方差越小越稳定。通过方差可以了解一个问题的波动性。

标准差又称均方差，是方差的平方根，用来表示数据的离散程度。

实例 3.66

求数组的方差和标准差

◉ **实例位置：资源包 \Code\03\66**

在 NumPy 中实现方差和标准差，程序代码如下。

```
01 import numpy as np
02 n=np.array([34.5,36,37.8,39,39.8,33.6])  # 创建 " 单价 " 数组
03 print(' 数组方差: ')
04 print(np.var(n))
05 print(' 数组标准差: ')
06 print(np.std(n))
```

⏻ 运行程序，输出结果为

```
数组方差:
5.16  8055555555551
数组标准差:
2.27  33357771247853
```

3.5.3 数组的排序

数组的排序是对数组元素进行排序。

1. sort() 函数

使用 sort() 函数进行排序，直接改变原数组，参数 axis 指定按行排序还是按列排序。

实例 3.67

对数组元素排序

👁 实例位置：资源包 \Code\03\67

对数组元素排序，程序代码如下。

```
01 import numpy as np
02 n=np.array([[4,7,3],[2,8,5],[9,1,6]])
03 print(' 数组排序: ')
04 print(np.sort(n))
05 print(' 按行排序: ')
06 print(np.sort(n,axis=0))
07 print(' 按列排序: ')
08 print(np.sort(n,axis=1))
```

⟳ **运行程序，输出结果为**

```
数组排序:
[[3 4 7]
 [2 5 8]
 [1 6 9]]
按行排序:
[[2 1 3]
 [4 7 5]
 [9 8 6]]
按列排序:
[[3 4 7]
 [2 5 8]
 [1 6 9]]
```

2. argsort() 函数

使用 argsort() 函数对数组进行排序，返回升序排序之后数组值从小到大的索引值。

实例 3.68

对数组元素升序排序

👁 实例位置：资源包 \Code\03\68

对数组元素排序，程序代码如下。

```
01 import numpy as np
02 x=np.array([4,7,3,2,8,5,1,9,6])
03 print(' 升序排序后的索引值 ')
04 y = np.argsort(x)
05 print(y)
06 print(' 排序后的顺序重构原数组 ')
07 print(x[y])
```

⟳ **运行程序，输出结果为**

```
升序排序后的索引值:
[6 3 2 0 5 8 1 4 7]
排序后的顺序重构原数组:
[1 2 3 4 5 6 7 8 9]
```

3. lexsort() 函数

lexsort() 函数用于对多个序列进行排序。可以把它当作是对电子表格进行排序，每一列代表一个序列，排序时优先照顾靠后的列。

 **实例 3.69**　　　　通过排序解决成绩相同　　👁 **实例位置：资源包 \Code\03\69**
　　　　　　　　　　　　　　　学生的录取问题

某重点高中，精英班录取学生按照总成绩录取，由于名额有限，总成绩相同时，数学成绩高的优先录取，总成绩和数学成绩都相同时，英语成绩高的优先录取。下面使用 lexsort() 函数对学生成绩进行排序，程序代码如下。

```
01 import numpy as np
02 math=np.array([101,109,115,108,118,118])    # 创建数学成绩
03 en=np.array([117,105,118,108,98,109])        # 创建英语成绩
04 total=np.array([621,623,620,620,615,615])    # 创建总成绩
05 sort_total=np.lexsort((en,math,total))
06 print(' 排序后的索引值 ')
07 print(sort_total)
08 print (' 通过排序后的索引获取排序后的数组：')
09 print(np.array([[en[i],math[i],total[i]] for i in sort_total]))
```

⟳ 运行程序，输出结果为

```
排序后的索引值
[4 5 3 2 0 1]
通过排序后的索引获取排序后的数组：
[[ 98 118 615]
 [109 118 615]
 [108 108 620]
 [118 115 620]
 [117 101 621]
 [105 109 623]]
```

上述举例，按照数学、英语和总分进行升序排序，总成绩 620 分的 2 名同学，按照数学成绩高的优先录取原则进行第一轮排序，总分 615 分的 2 名同学，同时他们的数学成绩也相同，则按照英语成绩高的优先录取原则进行第二轮排序。

3.6　综合案例——NumPy 用于图像灰度处理

首先了解一下图像，图像其实是由若干像素组成的，每一个像素都有明确的位置和被分配的颜色值，因此一张图像也就构成了一个像素矩阵。例如，一张灰度图片的像素块如图 3.29 所示。

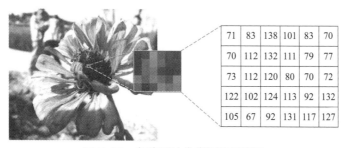

图 3.29　灰度图片像素矩阵示意图

从图 3.29 得知，灰度图的数据是一个二维数组，颜色取值为 0 ～ 255，其中，0 为黑色，255 为白色，从 0 ～ 255 逐渐由暗色变为亮色。由此可见，图像灰度处理是不是就可以通过数组计算来实现呢？

接下来，了解一个公式，RGB 转换成灰度图像的常用公式如下。

Gray = R×0.299 + G×0.587 + B×0.114

其中，Gray 表示灰度值，R、G、B 分别表示红、绿、蓝颜色值，0.299、0.587、0.114 分别表示灰度公式的固定值。

下面使用 NumPy 结合 Matplotlib 实现图像的灰度处理，程序代码如下。

```
10 import numpy as np
11 import matplotlib.pyplot as plt
12 n1=plt.imread("flower.jpg")          #读取图片返回三维数组
13 plt.imshow(n1)   #传入数组显示对应颜色
14 #n1 为三维数组，最高维是图像的高，次高维是图像的宽，最低维 [R,G,B] 是颜色值
15 n2=np.array([0.299,0.587,0.114])     # 灰度公式的固定值
16 x=np.dot(n1,n2)   #将数组 n1（RGB 颜色值）和数组 n2（灰度公式的固定值）中的每个元素进行点乘运算
17 plt.imshow(x,cmap="gray")            #传入数组显示灰度
18 plt.show()   # 显示图像
```

上述代码，显示灰度图时，需要在 imshow 中设置参数 cmap="gray"。

运行程序，对比效果如图 3.30 和图 3.31 所示。

图 3.30　原图

图 3.31　灰度图像

3.7　实战练习

通过上述案例了解了 NumPy 在图像处理方面的应用，下面要实现的是调整图像亮度，如图 3.32 所示。设计思路为：首先获取图像得到三维数组，然后对三维数组进行一个简单的乘法运算，调整 R、G、B 颜色值，从而达到调整图片亮度的目的。这里需要注意的是，由于计算后得到的数组的值都非常大，而 RGB 像素值必须在 0 ～ 255 之间，因此还需要使用 NumPy 的 clip() 函数对数组进行裁剪。clip() 函数主要用于将数组中的值限定在给定的范围内，语法格式如下。

np.clip(a, a_min, a_max, out=None)

- a：原数组。
- a_min：设定的下界。
- a_max：设定的上界。

◎ out：可选参数，将处理后的矩阵存放在 out 中指定的矩阵中，注意存放的矩阵尺寸要相同。

图 3.32　调整图像亮度效果

 小结

　　NumPy 主要用于数组矩阵数据计算，多用于图像处理。通过本章的学习，读者能够掌握用多种方式创建数组、数组的基本操作（如数组的索引和切片、数组重塑、数组的增删改查等）、NumPy 矩阵的基本操作、NumPy 常用的统计分析函数，最后通过一个综合案例，使读者可以熟练掌握 NumPy 在图像处理方面的应用。

扫码领取
· 教学视频
· 配套源码
· 实战练习答案
· ……

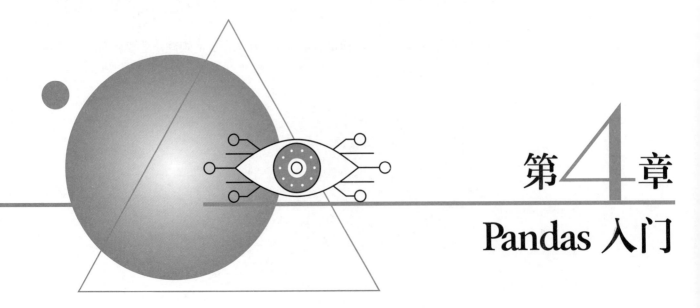

第4章

Pandas 入门

Pandas 是 Python 的核心数据分析支持库，它提供了大量能快速、便捷地处理表格数据的函数和方法。本章从安装开始，逐步介绍 Pandas 相关的入门知识，主要包括 Pandas 的两大数据结构，即 Series 对象和 DataFrame 对象，还有索引的相关知识。

4.1 初识 Pandas

4.1.1 Pandas 概述

2008 年，美国纽约的一家量化投资公司的分析师韦斯·麦金尼（Wes McKinney）由于在日常数据分析工作中备受 Excel 与 SQL 等工具的折磨，于是他开始构建了一个新项目——Pandas，用来解决数据处理过程中遇到的全部任务，就这样 Pandas 诞生了。

那么，什么是 Pandas？

Pandas 是面板数据和 Python 数据分析的简称（见图 4.1），是 Python 的核心数据分析库，它提供了快速、灵活、明确的数据结构，能够简单、直观、快速地处理和分析各种类型的数据。

$$
\text{Pandas的名字} \begin{cases} \text{Panel data 面板数据，表示多维数据结构} \\ \text{Python data analysis Python数据分析} \end{cases}
$$

图 4.1　Pandas 名字的由来

Pandas 的功能和优势如下。

① 成熟的导入、导出工具，导入文本文件（CSV 等支持分隔符的文件）、Excel 文件、数据库等来源的数据，导出 Excel 文件、文本文件等，利用超快的 HDF5 格式保存或加载数据。

② 类似于 SQL 的表查询功能，使数据查询事半功倍。

③ 基于 NumPy 数值计算，高效进行数据汇总与运算。

④ 灵活处理重复、缺失、异常数据，快速完成数据探查。

⑤ 支持数字、文本等多种类型数据，能够轻松实现数据清洗。

⑥ 支持日期范围生成、频率转换、移动窗口统计、移动窗口线性回归、日期位移等时间序列功能。

4.1.2　安装 Pandas

下面介绍两种安装 Pandas 的方法。

1. 使用 pip 工具安装

在系统"开始"菜单的搜索文本框中输入"cmd"，打开"命令提示符"窗口，输入如下安装命令。

```
pip install Pandas
```

2. 在 PyCharm 中安装

运行 PyCharm，选择"File"→"Settings"菜单项，打开"Settings"窗口，选择工程下的"Python Interpreter"选项，然后单击添加模块的按钮（"+"），如图 4.2 所示。这里要注意，在"Python Interpreter"列表中应选择当前工程项目使用的 Python 版本。

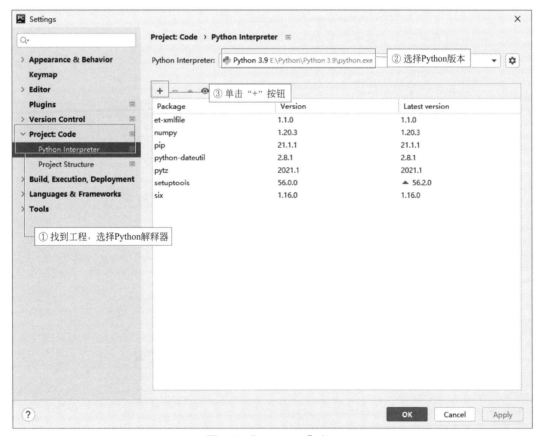

图 4.2　"Settings"窗口

单击"+"按钮打开"Available Packages"窗口，在搜索文本框中输入需要添加的模块名称为"pandas"，然后在列表中选择该模块，如图 4.3 所示，单击"Install Package"按钮即可安装 Pandas 模块。

图 4.3　在 PyCharm 中安装 Pandas 模块

Pandas 模块安装完成后，还需要注意一点：Pandas 有一些依赖库，主要包括 xlrd、xlwt 和 openpyxl，这三个模块主要用于读写 Excel 操作，本书后续内容对 Excel 的读写操作非常多，因此安装完成 Pandas 模块后，还需要安装这三个模块（见图 4.4），安装方法同上。

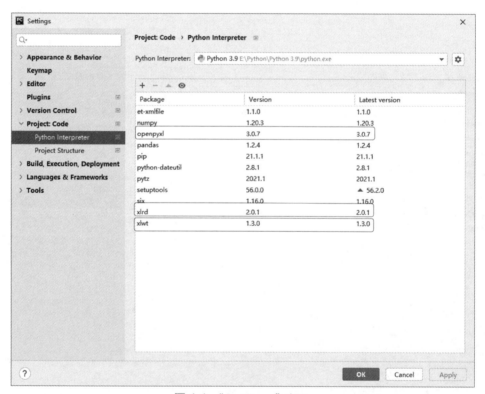

图 4.4　"Settings" 窗口

4.2　Pandas 家族成员

Pandas 家族主要由两大核心成员 Series 对象和 DataFrame 对象组成。

☞ Series 对象：带索引的一维数组结构，也就是一列数据。

⟳ DataFrame 对象：带索引的二维数组结构，表格型数据，也就是包括行和列的数据，像 Excel 一样。举个简单的例子，以"学生成绩表"为例，Series 对象和 DataFrame 对象如图 4.5 所示。

DataFrame 对象

	0	1	2	3
0	甲	110	105	99
1	乙	105	88	115
2	丙	109	120	130

=

Series 对象

	0
0	甲
1	乙
2	丙

Series 对象

	1
0	110
1	105
2	109

Series 对象

	2
0	105
1	88
2	120

Series 对象

	3
0	99
1	115
2	130

共用一个索引

图 4.5　Series 对象和 DataFrame 对象

Series 对象包含一些属性和函数，主要用来对每一列数据中的字符串数据进行操作，包括查找、替换、切分等。

DataFrame 对象主要对表格数据进行操作，如底层数据和属性（行数、列数、数据维数等）、数据的输入和输出、数据类型转换、缺失数据检测和处理、索引设置、数据选择筛选、数据计算、数据分组统计、数据重塑排序与转换、数据增加与合并、日期时间数据的处理及绘制图表等。

4.2.1　Series 对象

Series 对象是 Pandas 库中的一种数据结构，它类似一维数组，由一组数据以及与这组数据相关的索引组成，或者仅有一组数据没有索引也可以创建一个简单的 Series 对象。Series 对象可以存储整数、浮点数、字符串、Python 对象等多种类型的数据。

Series 对象可以通过 Pandas 的 Series 类来创建，也可以是 DataFrame 对象的一些方法的返回值，具体要看 API 文档对于该方法返回值的描述。

创建 Series 对象也就是创建一列数据，使用 Pandas 的 Series 类创建 Series 对象的语法如下。

```
s=pandas.Series(data,index=index)
```

💬 **参数说明**：

⟳ data：表示数据，支持 Python 列表、字典、NumPy 数组、标量值。
⟳ index：表示行标签（索引）。

📑 **说明**

　　当 data 参数是多维数组时，index 长度必须与 data 长度一致。如果没有指定 index 参数，自动创建数值型索引（从 0 ~ data 数据长度 -1）。

实例 4.1

创建一列数据

👁 **实例位置：资源包 \Code\04\01**

下面分别使用列表和字典创建 Series 对象，也就是一列数据。程序代码如下。

```
01 import pandas as pd
02 # 使用列表创建 Series 对象
03 s1=pd.Series([1,2,3])
04 print(s1)
```

```
05  # 使用字典创建 Series 对象
06  s2 = pd.Series({"A":1,"B":2,"C":3})
07  print(s2)
```

⚙ 运行程序，输出结果为

```
0    1
1    2
2    3
dtype: int64
A    1
B    2
C    3
dtype: int64
```

实例 4.2

创建一列"物理"成绩

👁 **实例位置：资源包 \Code\04\02**

下面创建一列"物理"成绩。程序代码如下。

```
01  import pandas as pd
02  wl=pd.Series([88,60,75])
03  print(wl)
```

⚙ 运行程序，输出结果为

```
0    88
1    60
2    75
dtype: int64
```

上述举例，如果通过 Pandas 模块引入 Series 对象，那么就可以直接在程序中使用 Series 对象了。关键代码如下。

```
01  from pandas import Series
02  wl=Series([88,60,75])
```

4.2.2 DataFrame 对象

DataFrame 对象也是 Pandas 库中的一种数据结构，它是由多种类型的列组成的二维数组结构，类似于 Excel、SQL 或 Series 对象构成的字典。DataFrame 是 Pandas 最常用的一个对象，它与 Series 对象一样支持多种类型的数据。

DataFrame 对象是一个二维表数据结构，是由行、列数据组成的表格数据。DataFrame 对象既有行索引，也有列索引，它可以被看作是由 Series 对象组成的字典，不过这些 Series 对象共用一个索引，如图 4.6 所示。

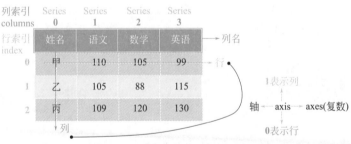

图 4.6 DataFrame 对象（成绩表）

📖 说明

关于索引我们将在 4.3 节进行介绍。

创建 DataFrame 对象也就是创建表格数据，主要使用 Pandas 的 DataFrame 类，语法如下。

```
pandas.DataFrame(data,index,columns,dtype,copy)
```

参数说明：

- data：表示数据，可以是 ndarray 数组、Series 对象、列表、字典等。
- index：表示行标签（索引）。
- columns：列标签（索引）。
- dtype：每一列数据的数据类型，其与 Python 数据类型有所不同，如 object 数据类型对应的是 Python 的字符型。如表 4.1 所示是 Pandas 数据类型与 Python 数据类型的对应表。

表 4.1　数据类型对应表

Pandas 数据类型	Python 数据类型
object	str
int64	int
float64	float
bool	bool
datetime64	datetime64[ns]
timedelta[ns]	NA
category	NA

- copy：用于复制数据。

下面分别使用列表和字典创建 DataFrame 对象。

（1）通过列表创建 DataFrame 对象

实例 4.3　　　　　　　**通过列表创建成绩表**　　　👁 **实例位置：资源包 \Code\04\03**

通过列表创建"成绩表"，包括语文、数学和英语，程序代码如下。

```
01 import pandas as pd
02 # 解决数据输出时列名不对齐的问题
03 pd.set_option('display.unicode.east_asian_width', True)
04 # 创建数据
05 data = [['甲',110,105,99],
06         ['乙',105,88,115],
07         ['丙',109,120,130]]
08 # 指定列名
09 columns = ['姓名','语文','数学','英语']
10 # 创建 DataFrame 数据
11 df = pd.DataFrame(data=data,columns=columns)
12 print(df)
```

⏻ **运行程序，输出结果为**

```
   姓名  语文  数学  英语
0  甲   110  105   99
1  乙   105   88  115
2  丙   109  120  130
```

（2）通过字典创建 DataFrame 对象

通过字典创建 DataFrame 对象时需要注意：字典中的 value 值只能是一维数组或单个的简单数据类型，如果是数组，要求所有数组长度一致；如果是单个数据，则每行都添加相同数据。

通过字典创建成绩表

实例位置：资源包 \Code\04\04

通过字典创建"成绩表"，包括语文、数学和英语，程序代码如下。

```
01 import pandas as pd
02 #解决数据输出时列不对齐的问题
03 pd.set_option('display.unicode.east_asian_width', True)
04 df = pd.DataFrame({
05     '姓名':['甲','乙','丙'],
06     '语文':[110,105,109],
07     '数学':[105,88,120],
08     '英语':[99,115,130]})
09 print(df)
```

⟳ 运行程序，输出结果为

```
    姓名  语文  数学  英语
0   甲   110  105   99
1   乙   105   88  115
2   丙   109  120  130
```

通过以上两种方法的对比，使用字典创建 DataFrame 对象的代码看上去更直观。

4.3 索引

4.3.1 什么是索引

前面学习了如何创建 Series 对象（一列数据）和 DataFrame 对象（表格数据），在相关的运行结果中，最左边出现了一列编号 0、1、2，如图 4.7 所示，而在代码中并没有这样的数据，因为它是自动生成的，这个就是索引，索引也可以自己设置。那么，索引的好处是什么呢？它能够帮助用户快速定位数据从而找到数据。

设置索引

实例位置：资源包 \Code\04\05

例如，设置"姓名"为索引。

```
01 df=df.set_index('姓名')
02 print(df)
```

运行程序，设置索引后"姓名"从原来位置变到了最左边，如图 4.8 所示，此时"姓名"就不是一个普通的列了，而是一个索引列。

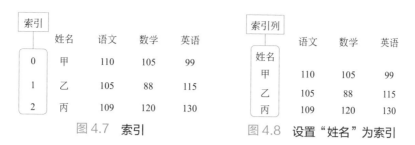

图 4.7　索引　　　　　　　　　图 4.8　设置"姓名"为索引

索引主要用于定位数据，它分为隐式索引和显式索引。

🔁 隐式索引：默认的索引，也可以叫作"位置索引"，它是系统自动生成的索引，其值为 0，1，2…
依次类推。

🔁 显式索引：手动设置的索引，也可以叫作"标签索引"，主要通过 index 参数或者 set_index() 方法
设置，如"甲"、"乙"和"丙"。

4.3.2　索引的作用

索引的作用相当于图书的目录，可以根据目录快速找到所需要的内容。而在 Pandas 中索引的作用如下。

① 更方便定位数据和查找数据。

② 使用索引可以提升查询性能。

如果索引是唯一的，Pandas 会使用哈希表优化，查找
数据的时间复杂度为 $O(1)$；如果索引不是唯一的，但是有
序，Pandas 会使用二分查找算法，查找数据的时间复杂度
为 $O(\log N)$；如果索引是完全随机的，那么每次查询都要
扫描数据表，查找数据的时间复杂度为 $O(N)$。

③ 自动的数据对齐功能，示意图如图 4.9 所示。

实现上述效果，程序代码如下。

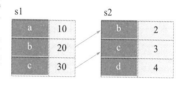

图 4.9　自动数据对齐示意图

```
01 import pandas as pd
02 s1 = pd.Series([10,20,30],index= list("abc"))
03 s2 = pd.Series([2,3,4],index=list("bcd"))
04 print(s1 + s2)
```

④ 强大的数据结构。

基于分类数的索引，提升性能；多维索引，用于 group by 多维聚合结果等；时间类型索引，强大的
日期和时间的方法支持。

4.3.3　Series 对象的索引

1. 设置索引

创建 Series 对象时会自动生成隐式索引，默认值从 0 开始至数据长度减 1，如 0、1、2。除了使用默
认索引，还可以通过 index 参数手动设置索引，这个索引是显式索引。

实例 4.6

手动设置索引

👁 **实例位置：资源包 \Code\04\06**

下面手动设置索引，将物理成绩的索引设置为 1、2、3，也可以是"甲""乙""丙"。程序代码如下。

```
01  import pandas as pd
02  s1=pd.Series([88,60,75],index=[1,2,3])
03  s2=pd.Series([88,60,75],index=['甲','乙','丙'])
04  print(s1)
05  print(s2)
```

运行程序，输出结果为

```
1    88
2    60
3    75
dtype: int64
甲    88
乙    60
丙    75
dtype: int64
```

2. 重新设置索引

Pandas 有一个很重要的方法是 reindex()，它的作用是创建一个适应新索引的新对象。语法如下。

```
DataFrame.reindex(labels = None,index = None,column = None,axis = None,method = None,copy =
True,level = None,fill_value = nan,limit = None,tolerance = None)
```

参数说明：

- labels：标签，可以是数组，默认值为 None。
- index：行索引，默认值为 None。
- columns：列索引，默认值为 None。
- axis：轴，0 表示行，1 表示列，默认值为 None。
- method：默认值为 None，重新设置索引时，选择插值（一种填充缺失数据的方法）方法，其值可以是 None、bfill/backfill（向后填充）、ffill/pad（向前填充）等。
- fill_value：缺失值要填充的数据。如果缺失值不用 NaN 填充，而用 0 填充，设置 fill_value=0 即可。

实例 4.7

重新设置物理成绩的索引

实例位置：资源包 \Code\04\07

前面已经建立了一组学生物理成绩，下面使用 Series 对象的 reindex() 方法重新设置索引，程序代码如下。

```
01  import pandas as pd
02  s1=pd.Series([88,60,75],index=[1,2,3])
03  print(s1)
04  print(s1.reindex([1,2,3,4,5]))
```

运行程序，对比效果如图 4.10 和图 4.11 所示。

1	88
2	60
3	75

1	88.0
2	60.0
3	75.0
4	NaN
5	NaN

图 4.10　原数据　　图 4.11　重新设置索引

从运行结果得知，reindex() 方法根据新索引进行了重新排序，并且对缺失值自动填充 NaN。如果不想用 NaN 填充，可以为 fill_value 参数指定值，如指定为 0，关键代码如下。

```
s1.reindex([1,2,3,4,5],fill_value=0)
```

而对于一些有一定顺序的数据，我们可能需要插值填充缺失的数据，可以使用 method 参数。

实例 4.8　向前和向后填充数据

⊙ **实例位置：资源包 \Code\04\08**

向前填充（和前面数据一样）和向后填充（和后面数据一样），关键代码如下。

```
01 print(s1.reindex([1,2,3,4,5],method='ffill'))    # 向前填充
02 print(s1.reindex([1,2,3,4,5],method='bfill'))    # 向后填充
```

3. 通过索引获取数据

通过索引获取数据，用 [ ] 表示，里面是位置索引或者是标签索引。例如，位置索引从 0 开始，那么，[0] 是 Series 对象的第一个数，[1] 是 Series 对象的第二个数，依次类推。如果需要获取多个索引值，用 [[ ]] 表示（相当于列表 [ ] 中包含一个列表）。

实例 4.9　通过位置索引获取学生物理成绩

⊙ **实例位置：资源包 \Code\04\09**

获取第一个学生的物理成绩。程序代码如下。

```
01 import pandas as pd
02 wl=pd.Series([88,60,75])
03 print(wl[0])                # 通过一个位置索引获取索引值
04 print(wl[[0,2]])            # 通过多个位置索引获取索引值
```

⟳ 运行程序，输出结果为

```
88
0    88
2    75
dtype: int64
```

⚡ 注意

Series 对象不能使用 [−1] 定位索引。

实例 4.10　通过标签索引获取学生物理成绩

⊙ **实例位置：资源包 \Code\04\10**

通过"姓名"获取学生的物理成绩，程序代码如下。

```
01 import pandas as pd
02 wl=pd.Series([88,60,75],index=['甲','乙','丙'])
03 print(wl['甲'])                    #通过一个标签索引获取索引值
04 print(wl[['甲','丙']])             #通过多个标签索引获取索引值
```

☑ 运行程序，输出结果为

```
88
甲    88
丙    75
dtype: int64
```

获取数据还有两个重要的属性：loc 属性和 iloc 属性。loc 属性是通过显式索引（标签索引）获取数据，iloc 属性是通过隐式索引（位置索引）获取数据。例如：

```
01 print(wl.iloc[[0,2]])              #使用 iloc 属性对隐式索引进行相关操作，跟 s[[0,2]]一样
02 print(wl.loc[["甲","丙"]])          #使用 loc 属性对显式索引进行相关操作，跟 wl[['甲','丙']])一样
```

4. 通过切片获取数据

切片就是将数据切分开，主要用于获取多条数据。例如，wl[0:2] 就是一个切片操作，它取到的数据是索引为 0 和 1 的数据，而不包括索引为 2 的数据，官方说法叫作"左闭右开"，我们可以理解为顾头不顾尾（包含索引开始位置的数据，但不包含索引结束位置的数据）。

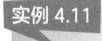 **实例 4.11**

通过标签切片获取数据

👁 **实例位置：资源包 \Code\04\11**

下面获取从"甲"至"戊"的数据。程序代码如下。

```
01 import pandas as pd
02 wl=pd.Series([88,60,75,66,34],index=['甲','乙','丙','丁','戊'])
03 print(wl['甲':'戊'])
```

☑ 运行程序，输出结果为

```
甲    88
乙    60
丙    75
丁    66
戊    34
dtype: int64
```

用位置索引做切片，和 list 列表用法一样，即包含索引开始位置的数据，但不包含索引结束位置的数据。

 **实例 4.12**

通过位置切片获取数据

👁 **实例位置：资源包 \Code\04\12**

获取从 0 至 4 的数据，程序代码如下。

```
01 wl=pd.Series([88,60,75,66,34]])
02 print(wl[0:4])
```

⚙ 运行程序，输出结果为

```
0    88
1    60
2    75
3    66
dtype: int64
```

从运行结果看，得到了 4 条数据，索引为 4 的数据没有获取到。这也是位置索引切片和标签索引切片的区别。

4.3.4　DataFrame 对象的索引

1. 设置某列为索引

设置某列为索引主要使用 set_index() 方法。

实例 4.13　　　　　　　　　　　　**设置"姓名"为索引**　　　　　**◉ 实例位置：资源包 \Code\04\13**

首先创建"学生成绩表"，程序代码如下。

```
01 import pandas as pd
02 #解决数据输出时列不对齐的问题
03 pd.set_option('display.unicode.east_asian_width', True)
04 df = pd.DataFrame({
05     '姓名':['甲','乙','丙'],
06     '语文':[110,105,109],
07     '数学':[105,88,120],
08     '英语':[99,115,130]})
09 print(df)
```

运行程序，输出结果如图 4.12 所示。

此时默认行索引为 0、1、2，下面将"姓名"作为索引，关键代码如下。

```
df=df.set_index(['姓名'])
```

运行程序，输出结果如图 4.13 所示。

	姓名	语文	数学	英语
0	甲	110	105	99
1	乙	105	88	115
2	丙	109	120	130

图 4.12　学生成绩表

姓名	语文	数学	英语
甲	110	105	99
乙	105	88	115
丙	109	120	130

图 4.13　设置"姓名"为索引

如果在 set_index() 方法中传入参数 drop=True，那么则会删除"姓名"；如果传入参数 drop=False，则会保留"姓名"。默认为 False。

2. 重新设置索引

对于 DataFrame 对象，reindex() 方法用于修改行索引和列索引。

实例 4.14 重新为"学生成绩表"设置索引

● 实例位置：资源包 \Code\04\14

创建"学生成绩表"，程序代码如下。

```
01 import pandas as pd
02 #解决数据输出时列不对齐的问题
03 pd.set_option('display.unicode.east_asian_width', True)
04 df = pd.DataFrame({
05     '姓名':['甲','乙','丙'],
06     '语文':[110,105,109],
07     '数学':[105,88,120],
08     '英语':[99,115,130]})
09 # 设置"姓名"为索引
10 df=df.set_index('姓名')
```

运行程序，输出结果如图 4.14 所示。

通过 reindex() 方法重新设置行索引，关键代码如下。

```
df_row=df.reindex(['甲','乙','丙','丁','戊'])
```

运行程序，输出结果如图 4.15 所示。

姓名	语文	数学	英语
甲	110	105	99
乙	105	88	115
丙	109	120	130

图 4.14　原始"学生成绩表"

姓名	语文	数学	英语
甲	110.0	105.0	99.0
乙	105.0	88.0	115.0
丙	109.0	120.0	130.0
丁	NaN	NaN	NaN
戊	NaN	NaN	NaN

图 4.15　重新设置行索引

通过 reindex() 方法重新设置列索引，关键代码如下。

```
df_col=df.reindex(columns=['语文','物理','数学','英语'])
```

运行程序，输出结果如图 4.16 所示。

通过 reindex() 方法还可以同时对行索引和列索引进行设置，关键代码如下。

```
df=df.reindex(index=['甲','乙','丙','丁','戊'],columns=['语文','物理','数学','英语'])
```

运行程序，输出结果如图 4.17 所示。

姓名	语文	物理	数学	英语
甲	110	NaN	105	99
乙	105	NaN	88	115
丙	109	NaN	120	130

图 4.16　重新设置列索引

姓名	语文	物理	数学	英语
甲	110.0	NaN	105.0	99.0
乙	105.0	NaN	88.0	115.0
丙	109.0	NaN	120.0	130.0
丁	NaN	NaN	NaN	NaN
戊	NaN	NaN	NaN	NaN

图 4.17　重新设置行索引和列索引

通过上述举例，可以看出 reindex() 方法的作用不仅可以重新设置索引，而且还可以创建一个能够适应新索引的新的 DataFrame 对象。

3. 索引重置

索引重置就是恢复默认索引的状态，即连续编号的索引。那么，在什么情况下需要进行索引重置呢？

一般数据清洗后会重新设置连续的行索引。当用户对 DataFrame 对象进行数据清洗之后，如删除包含空值的数据之后，发现行索引还是原来的行索引，对比效果如图4.18和图4.19所示，此时就需要进行索引重置。

	姓名	语文	数学	英语
0	甲	110.0	105.0	99.0
1	乙	105.0	88.0	115.0
2	丙	109.0	120.0	130.0
3	丁	NaN	NaN	NaN
4	戊	120.0	90.0	60.0

图 4.18　原始成绩表

	姓名	语文	数学	英语
0	甲	110.0	105.0	99.0
1	乙	105.0	88.0	115.0
2	丙	109.0	120.0	130.0
4	戊	120.0	90.0	60.0

图 4.19　数据清洗后还是原来的行索引

实例 4.15

删除数据后索引重置

👁 **实例位置：资源包 \Code\04\15**

删除含有空值的数据后，使用 reset_index() 方法重新设置连续的行索引，关键代码如下。

```
df=df.dropna().reset_index(drop=True)
```

运行程序，输出结果如图 4.20 所示。

	姓名	语文	数学	英语
0	甲	110.0	105.0	99.0
1	乙	105.0	88.0	115.0
2	丙	109.0	120.0	130.0
3	戊	120.0	90.0	60.0

图 4.20　重新设置连续的行索引

另外，对于分组统计后的数据，有时也需要进行索引重置，方法同上。

4.4　综合案例——构建身体数据并计算体质指数

通过DataFrame可以创建数据集，接下来结合NumPy构建一组数据，随机生成50个身高和体重数据，并通过身高和体重数据计算体质指数（BMI）。

首先了解一下 BMI 的计算公式：

```
BMI= 体重 / 身高的平方
```

下面使用 DataFrame 对象结合 NumPy 创建身高和体重数据并计算 BMI，程序代码如下。

```
01 import pandas as pd
02 from numpy import random
03 # 设置数据显示的编码格式为东亚宽度，以使列对齐
04 pd.set_option('display.unicode.east_asian_width', True)  # 对齐
05 # 创建 DataFrame 对象
06 df=pd.DataFrame()
07 # 构建数据（随机生成身高和体重）
08 height = [random.randint(low=160,high=180) for a in range(50)]
09 weight = [random.randint(low=40,high=90) for b in range(50)]
10 df[' 身高 ']=height
11 df[' 体重 ']=weight
12 # 计算 BMI
13 df['BMI']=df[' 体重 ']/(df[' 身高 ']/100)**2 # BMI= 体重 / 身高的平方
14 print(df.head())
```

运行程序，效果如图 4.21 所示。

	身高	体重	BMI
0	165	42	15.426997
1	178	46	14.518369
2	167	52	18.645344
3	178	59	18.621386
4	171	66	22.571048
5	178	57	17.990153
6	162	46	17.527816
7	172	77	26.027582
8	168	76	26.927438
9	177	41	13.086916

图 4.21　部分数据

4.5　实战练习

为综合案例中的身体数据增加"性别"列，同样使用 DataFrame 对象和 NumPy，效果如图 4.22 所示。

	身高	体重	性别	BMI
0	176	41	女	13.236054
1	161	60	女	23.147255
2	168	70	男	24.801587
3	165	59	男	21.671258
4	174	75	男	24.772097
5	161	65	男	25.076193
6	161	73	女	28.162494
7	169	43	男	15.055495
8	163	57	男	21.453574
9	171	49	女	16.757293

图 4.22　增加"性别"列（部分数据）

注意

> 由于数据是随机生成的，因此每一次运行结果都不同。

小结

本章主要介绍了 Pandas 入门的必备知识点，从如何安装 Pandas 模块，到认识 Pandas 模块，以及了解 Pandas 家族的两大成员——Series 对象和 DataFrame 对象，通过这两个对象实现创建一列数据和表格数据，以及认识索引，设置索引，通过索引获取数据等。另外，在综合案例中还结合 NumPy 实现了随机构建数据集，通过案例中的方法可以帮助读者解决日常练习中没有数据集的问题。

扫码领取
· 教学视频
· 配套源码
· 实战练习答案
· ……

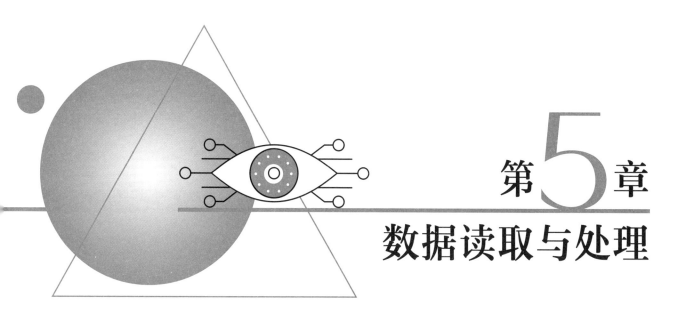

第5章

数据读取与处理

在数据分析过程中，数据读取与处理是首要任务。本章主要介绍读取 Excel 文件、CSV 文件、HTML 网页以及数据库中的数据。并不是所有读取的数据都是需要的，因此还要对数据进行简单的处理，主要包括数据抽取及数据的增、删、改、查等。

5.1 数据读取与写入

数据可以存储成许多不同的格式和文件类型，某些格式的数据很容易通过程序读取，而另一些格式的数据则需要人工读取。本节主要介绍通过 Python 读取与写入 Excel 文件、CSV 文件，读取文本文件和 HTML 网页。

5.1.1 读取与写入 Excel 文件

Excel 是大家熟知且应用非常广泛的办公软件，因此我们日常所见的数据大多数情况下都来源于 Excel。如果要对这一类型的数据进行处理和统计分析，那么首要任务是将它从 Excel 文件中读取出来转换成 Python 可以识别的数据。Excel 文件一般包括 .xls 和 .xlsx 文件，读取 Excel 文件主要使用 Pandas 的 read_excel() 函数，语法格式如下。

```
pandas.read_excel(io,sheetname=0,header=0,names=None,index_col=None,
usecols=None,squeeze=False,dtype=None,engine=None,converters=None,
true_values=None,false_values=None,skiprows=None,nrow=None,na_values=
None,keep_default_na=True,verbose=False,parse_dates=False,date_parser=
None,thousands=None,comment=None,skipfooter=0,conver_
float=True,mangle_dupe_cols=True,**kwds)
```

参数说明：

- io：字符串，.xls 或 .xlsx 文件路径或类文件对象。
- sheet_name：None、字符串、整数、字符串列表或整数列表，默认值为 0。字符串是工作表名称；整数为索引，表示工作表位置；字符串列表或整数列表用于请求多个工作表；None 用于获取所有工作表。参数值如表 5.1 所示。

表 5.1 sheet_name 参数值

参数值	说明
sheet_name=0	第一个 Sheet 页中的数据作为 DataFrame
sheet_name=1	第二个 Sheet 页中的数据作为 DataFrame
sheet_name="Sheet1"	名为"Sheet1"的 Sheet 页中的数据作为 DataFrame
sheet_name=[0,1,'Sheet3']	第一个、第二个和名为"Sheet3"的 Sheet 页中的数据作为 DataFrame

- header：指定作为列名的行，默认值为 0，即取第一行的值为列名，数据为除列名以外的数据。若数据不包含列名，则设置 header=None。
- names：默认值为 None，表示要使用的列名列表。
- index_col：指定列为索引列，默认值为 None，索引 0 是 DataFrame 的行标签。
- usecols：int、列表或字符串，默认值为 None。如果为 None，则解析所有列；如果为 int，则解析最后一列；如果为列表，则解析列号列表的列；如果为字符串，则表示以逗号分隔的 Excel 列字母和列范围列表，如"A：E"或"A，C，E：F"。
- squeeze：布尔值，默认值为 False，如果解析的数据只包含一列，则返回一个 Series 对象。
- dtype：列的数据类型的名称，多列的数据类型的名称可以使用字典，如 {'a'：np.float64，'b'：np.int32}。默认值为 None。
- engine：字符串，默认为 None。如果 io 参数值不是缓冲区或文件路径，则必须将其设置为标识 io。可接收的值是 None 或 xlrd。
- converters：字典，默认为 None。转换函数，键可以是整数或列标签，值是一个函数。
- true_values：列表，默认为 None，值为 True。
- false_values：列表，默认为 None，值为 False。
- skiprows：省略指定行数的数据，从第一行开始。
- na_values：标量、字符串、列表或字典，默认为 None。某些字符串可能被识别为 NA 或 NaN。默认情况下，以下值被视为 NaN(空值)："、# N/A、# N/AN/A、#NA、-1. # IND、1. # QNAN、-NNN、-nan、1. # IND、1. # QNAN、N/A、NA、NULL、NaN、n/a、nan、null。
- keep_default_na：布尔值，默认为 True。如果指定了 na_values 参数，并且 keep_default_na 参数值为 False，那么默认的 NaN 值将被重写。
- verbose：布尔值，默认为 False。显示数据中除去数字列，空值的数量。
- parse_dates：将数据中的时间字符串转换成日期格式。
- skipfooter：省略指定行数的数据，从最后一行开始。
- convert_float：布尔值，默认为 True，将浮点数转换为整数（如 1.0 转换后为 1）。如果为 False，则所有数字数据都将作为浮点数读取。
- 返回值：返回一个 DataFrame 对象。

下面通过实例的形式，详细介绍如何读取 Excel 文件。

1. 常规读取

读取 Excel 文件

读取文件名为"1 月 .xlsx"的 Excel 文件，程序代码如下。

```
01 import pandas as pd
02 # 设置数据显示的编码格式为东亚宽度，以使列对齐
03 pd.set_option('display.unicode.east_asian_width', True)
04 # 读取 Excel 文件
05 df=pd.read_excel('1 月 .xlsx')
06 print(df.head())          #输出前 5 条数据
```

运行程序，输出部分数据，结果如图 5.1 所示。

✍ **技巧**

> 上述代码中，读取 Excel 文件涉及文件路径的问题，也就是在程序中若要找到指定的文件就必须指定一个路径。那么问题来了，细心的读者可能会发现，示例程序中并没有指定文件路径，这是为什么呢？下面进行详细的说明。

	买家会员名	买家实际支付金额	收货人姓名	宝贝标题
0	mrhy1	41.86	周某某	零基础学Python
1	mrhy2	41.86	杨某某	零基础学Python
2	mrhy3	48.86	刘某某	零基础学Python
3	mrhy4	48.86	张某某	零基础学Python
4	mrhy5	48.86	赵某某	C#项目开发实战入门

图 5.1 "1 月 .xlsx"中的部分数据

文件路径分为相对路径和绝对路径。

（1）相对路径

相对路径是指以当前文件为基准进行一级级目录指向被引用的资源文件。以下是常用的表示当前目录和当前目录的父级目录的标识符。

- ↻ ../：表示当前程序文件所在目录的上一级目录。例如，程序文件在 1.1 文件夹中，Excel 文件在 "data" 文件夹中，如图 5.2 所示，那么代码中的文件路径为 pd.read_excel('../data/1 月 .xlsx')。
- ↻ ./：表示当前程序文件所在的目录（重点：可以省略，如实例 5.1 中的代码）。例如，程序文件和 Excel 文件在同一路径下，如图 5.3 所示，那么代码中的文件路径为 pd.read_excel('1 月 .xlsx')。
- ↻ /：表示当前程序文件的根目录（域名映射或硬盘目录）。例如，Excel 文件在 D 盘根目录，如图 5.4 所示，那么代码中的文件路径为 pd.read_excel('/1 月 .xlsx')。

图 5.2 文件夹　　　　图 5.3 当前程序所在文件夹　　　　图 5.4 根目录

（2）绝对路径

绝对路径是指硬盘中文件的完整路径，是文件真正存在的路径，如 r"D:\Python 日常练习 \ 程序 \01\1.1\1 月 .xlsx"。

💡 **注意**

> 如果使用本地电脑默认的文件路径符号 \，那么，在 Python 中则需要在路径最前面加一个 r，以避免路径里面的 \ 被转义。

2. 读取指定 Sheet 页中的数据

众所周知，一个 Excel 文件包含多个 Sheet 页，通过设置 sheet_name 参数就可以读取指定 Sheet 页中的数据。

读取指定 Sheet 页中的数据

◉ **实例位置：资源包 \Code\05\02**

Excel 文件中包含多家店铺的销售数据，读取其中一家店铺（莫寒）的销售数据，如图 5.5 所示。

	A	B	C	D	E	
1	买家会员名	买家支付宝账号	买家实际支付	订单状态	收货人姓名	收货地址
2	mmbooks101	********	41.86	交易成功	赵某人	贵州省 贵阳市 花溪区
3	mmbooks102	********	41.86	交易成功	李某某	新疆维吾尔自治区 乌鲁木齐市 水磨沟区
4	mmbooks103	********	48.86	交易成功	高某某	云南省 红河哈尼族彝族自治州 开远市
5	mmbooks104	********	48.86	交易成功	高某某	云南省 红河哈尼族彝族自治州 开远市
6	mmbooks105	********	48.86	交易成功	高某某	云南省 红河哈尼族彝族自治州 开远市
7	mmbooks106	********	48.86	交易成功	高某某	云南省 红河哈尼族彝族自治州 开远市

明日　莫寒　白桦　⊕

图 5.5　**原始数据**

程序代码如下。

```
01 import pandas as pd
02 #设置数据显示的编码格式为东亚宽度，以使列对齐
03 pd.set_option('display.unicode.east_asian_width', True)
04 df=pd.read_excel('1月.xlsx',sheet_name='莫寒')
05 print(df.head())          #输出前5条数据
```

运行程序，输出部分数据，结果如图 5.6 所示。

	买家会员名	买家支付宝账号	买家实际支付金额	订单状态	…	订单备注	宝贝数量	类别	图书编号
0	mmbooks101	********	41.86	交易成功	…	'null	1	全彩系列	B16
1	mmbooks102	********	41.86	交易成功	…	'null	1	全彩系列	B16
2	mmbooks103	********	48.86	交易成功	…	'null	1	全彩系列	B17
3	mmbooks104	********	48.86	交易成功	…	'null	1	全彩系列	B17
4	mmbooks105	********	48.86	交易成功	…	'null	1	全彩系列	B18

图 5.6　**读取指定 Sheet 页中的数据（部分数据）**

除了指定 Sheet 页的名字，还可以指定 Sheet 页的顺序，从 0 开始。例如，sheet_name=0 表示导入第一个 Sheet 页的数据，sheet_name=1 表示导入第二个 Sheet 页的数据，依次类推。

如果不指定 sheet_name 参数，则默认导入第一个 Sheet 页的数据。

3. 通过行、列索引读取指定的行、列数据

DataFrame 对象是一个表格数据，因此它既有行索引又有列索引。当读取 Excel 文件时，行索引会自动生成，如 0、1、2，而列索引则默认将第 1 行作为列索引（如 A,B,…,J），如图 5.7 所示。

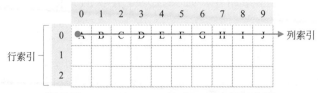

图 5.7　**DataFrame 对象行、列索引示意图**

读取 Excel 文件并指定行索引

● **实例位置：资源包 \Code\05\03**

通过指定行索引读取 Excel 数据，则需要设置 index_col 参数。下面将 "买家会员名" 作为行索引（位于第 0 列），读取 Excel 文件，程序代码如下。

```
01 import pandas as pd
02 #设置数据显示的编码格式为东亚宽度，以使列对齐
03 pd.set_option('display.unicode.east_asian_width', True)
04 df1=pd.read_excel('1月.xlsx',index_col=0)  #"买家会员名"为行索引
05 print(df1.head())                          #输出前5条数据
```

运行程序，输出结果如图 5.8 所示。

通过指定列索引读取 Excel 数据，则需要设置 header 参数，关键代码如下。

```
df2=pd.read_excel('1月.xlsx',header=1) #设置第1行为列索引
```

运行程序，输出结果如图 5.9 所示。

如果将数字作为列索引，可以设置 header 参数为 None，关键代码如下。

```
df3=pd.read_excel('1月.xlsx',header=None)  #列索引为数字
```

运行程序，输出结果如图 5.10 所示。

买家会员名	买家实际支付金额	收货人姓名	宝贝标题
mrhy1	41.86	周某某	零基础学Python
mrhy2	41.86	杨某某	零基础学Python
mrhy3	48.86	刘某某	零基础学Python
mrhy4	48.86	张某某	零基础学Python
mrhy5	48.86	赵某某	C#项目开发实战入门

图 5.8　通过设置行索引导入 Excel 数据

	mrhy1	41.86	周某某	零基础学Python
0	mrhy2	41.86	杨某某	零基础学Python
1	mrhy3	48.86	刘某某	零基础学Python
2	mrhy4	48.86	张某某	零基础学Python
3	mrhy5	48.86	赵某某	C#项目开发实战入门
4	mrhy6	48.86	李某某	C#项目开发实战入门

图 5.9　通过设置列索引导入 Excel 数据

	0	1	2	3
0	买家会员名	买家实际支付金额	收货人姓名	宝贝标题
1	mrhy1	41.86	周某某	零基础学Python
2	mrhy2	41.86	杨某某	零基础学Python
3	mrhy3	48.86	刘某某	零基础学Python
4	mrhy4	48.86	张某某	零基础学Python

图 5.10　设置列索引

通过索引可以快速地定位数据，如 df3[0]，就可以快速定位到 "买家会员名" 这一列数据。

4. 读取指定列的数据

一个 Excel 文件往往包含多列数据，如果只需要其中的几列，可以通过 usecols 参数指定需要的列，从 0 开始（表示第 1 列，依次类推）。

读取 Excel 文件中的第 1 列数据

● **实例位置：资源包 \Code\05\04**

下面读取 Excel 文件中的第 1 列数据（索引为 0），即 "买家会员名"，程序代码如下。

```
01 import pandas as pd
02 #设置数据显示的编码格式为东亚宽度，以使列对齐
03 pd.set_option('display.unicode.east_asian_width', True)
04 df1=pd.read_excel('1月.xlsx',usecols=[0])    #读取第1列
05 print(df1.head())
```

运行程序，输出结果如图 5.11 所示。

如果读取多列数据，可以在列表中指定多个值。例如，导入第 1 列和第 4 列，关键代码如下。

```
df1=pd.read_excel('1月.xlsx',usecols=[0,3])
```

也可以指定列名称，关键代码如下。

```
df1=pd.read_excel('1月.xlsx',usecols=['买家会员名','宝贝标题'])
```

运行程序，输出结果如图 5.12 所示。

5. 将数据写入 Excel 文件

若要保留处理结果，可以将处理结果写入 Excel 文件中，可以使用 DataFrame 对象的 to_excel() 函数。该函数主要用于将数据写入到 Excel 文件中，语法格式如下。

	买家会员名
0	mrhy1
1	mrhy2
2	mrhy3
3	mrhy4
4	mrhy5

图 5.11　读取第 1 列

	买家会员名	宝贝标题
0	mrhy1	零基础学Python
1	mrhy2	零基础学Python
2	mrhy3	零基础学Python
3	mrhy4	零基础学Python
4	mrhy5	C#项目开发实战入门

图 5.12　导入第 1 列和第 4 列数据

```
DataFrame.to_excel(excel_writer,sheet_name='Sheet1',na_rep='',float_format=None,columns=None,header=True,
    index=True,index_label=None,startrow=0,startcol=0,engine=None,merge_cells=True,encoding=None,inf_rep=
    'inf',verbose=True,freeze_panes=None)
```

💬 参数说明：

- ⟳ excel_writer：字符串或 ExcelWriter 对象。
- ⟳ sheet_name：字符串，默认为"Sheet1"，将包含 DataFrame 的表的名称。
- ⟳ na_rep：字符串，默认为' '，表示缺失数据。
- ⟳ float_format：字符串，默认为 None。格式化浮点数的字符串。
- ⟳ columns：序列，可选参数，要编写的列。
- ⟳ header：布尔值或字符串列表，默认为 True。写出列名。如果给定字符串列表，则假定它是列名称的别名。
- ⟳ index：布尔值，默认为 True。行名（行索引）。
- ⟳ index_label：字符串或序列，默认为 None。如果需要，可以使用索引列的列标签。如果没有给出，标题和索引为 True，则使用索引名称。如果数据文件使用多索引，则需使用序列。
- ⟳ startrow：从哪一行开始写入数据。
- ⟳ startcol：从哪一列开始写入数据。
- ⟳ engine：字符串，默认为没有。使用写引擎，也可以通过选项 io.excel.xlsx.writer, io.excel.xls.writer 和 io.excel.xlsm.writer 进行设置。
- ⟳ merge_cells：布尔值，默认为 True。编码生成的 Excel 文件。只有 xlwt 模块需要，其他编写者本地支持 unicode。
- ⟳ inf_rep：字符串，默认为"正"，表示无穷大。
- ⟳ freeze_panes：整数的元组（长度 2），默认为 None。指定要冻结的基于 1 的最底部行和最右边的列。

实例 5.5

将数据写入 Excel 文件中

👁 **实例位置：资源包 \Code\05\05**

下面读取 Excel 文件中需要的列，并设置"买家会员名"为索引，然后将处理后的数据保存到 Excel 文件中，程序代码如下。

```
01 import pandas as pd
02 # 设置数据显示的编码格式为东亚宽度，以使列对齐
03 pd.set_option('display.unicode.east_asian_width', True)
04 # 设置 " 买家会员名 " 为索引，并读取指定列的数据
05 df1=pd.read_excel('1 月 .xlsx',index_col=' 买家会员名 ',usecols=[' 买家会员名 ',' 买家实际支付金额 ',' 宝贝标题 '])
06 print(df1.head())
07 # 将数据写入 Excel 文件
08 df1.to_excel("data1.xlsx")
```

运行程序，程序所在文件夹将自动生成一个名为
"data1.xlsx" 的 Excel 文件，效果如图 5.13 所示。

5.1.2　读取与写入 CSV 文件

CSV 文件是以纯文本的形式存储表格数据（数字和文本）的文件类型，其简单、通用，支持很多软件，而且适合在不同操作系统之间交换数据，因此一般网站上提供下载的数据大多数是 CSV 文件。

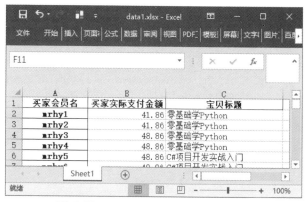

图 5.13　将数据写入到 Excel 文件中

1.　读取 CSV 文件

在 Python 中读取 CSV 文件，主要使用 Pandas 的
read_csv() 函数，语法格式如下。

```
pandas.read_csv(filepath_or_buffer,sep=',',delimiter=None,header='infer',names=None,index_col=None,usecols=
    None,squeeze=False,prefix=None,mangle_dupe_cols=True,dtype=None,engine=None,converters=None,true_values=
    None,false_values=None,skipinitialspace=False,skiprows=None,nrows=None,na_values=None,keep_default_na=
    True,na_filter=True,verbose=False,skip_blank_lines=True,parse_dates=False,infer_datetime_format=False,keep_
    date_col=False,date_parser=None,dayfirst=False,iterator=False,chunksize=None,compression='infer',thousands=
    None,decimal=b'.',lineterminator=None,quotechar='"',quoting=0,escapechar=None,comment=None, encoding=None)
```

💬 **参数说明：**

♻ filepath_or_buffer：字符串，文件路径，也可以是 URL（统一资源定位系统）链接。

♻ delimiter：用于指定分隔符，一般为逗号 (,)，但是由于操作系统的不同，CSV 文件的分隔符也会有所不同，若要正确读取 CSV 文件就必须指定与其一致的分隔符。例如，Mac 系统下的 CSV 文件的分隔符一般为分号 (;)，那么在 Mac 系统中读取 CSV 文件时就必须指定分号作为分隔符。

♻ header：指定作为列名的行，默认值为 0，即取第一行的值为列名，数据为除列名以外的数据。若数据不包含列名，则设置 header=None。

♻ names：默认值为 None，表示要使用的列名列表。

♻ index_col：指定列为索引列，默认值为 None，索引 0 是 DataFrame 的行标签。

♻ usecols：int、列表或字符串，默认值为 None。如果为 None，则解析所有列；如果为 int，则解析最后一列；如果为列表，则解析列号列表的列；如果为字符串，则表示以逗号分隔的 Excel 列字母和列范围列表（如 "A：E" 或 "A，C，E：F"）。范围包括双方。

♻ parse_dates：布尔类型值、int 类型值的列表、列表或字典，默认值为 False。可以通过 parse_dates 参数直接将某列转换成 datetime64 日期类型。例如，df1=pd.read_csv('1 月 .csv', parse_dates=[' 订单付款时间 '])。

parse_dates 为 True 时，尝试解析索引；parse_dates 为 int 类型值组成的列表时，如 [1,2,3]，则解析 1，2，3 列的值作为独立的日期列；parse_date 为列表组成的列表时，如 [[1,3]]，则将 1，3 列合并，作为一个日期列使用；parse_date 为字典时，如 { ' 总计 '：[1,3]}，则将 1，3 列合并，合并后的列名为 "总计"。

♻ encoding：字符串，默认值为 None，用于指定 CSV 文件所使用的编码格式。编码格式一般包括

UTF-8、GB2312、GBK 等。

🔄 返回值：返回一个 DataFrame 对象。

实例 5.6

读取 CSV 文件

👁 **实例位置：资源包 \Code\05\06**

读取 CSV 文件，程序代码如下。

```
01 import pandas as pd
02 # 设置数据显示的编码格式为东亚宽度，以使列对齐
03 pd.set_option('display.unicode.east_asian_width', True)
04 df1=pd.read_csv('1 月 .csv',encoding='gbk')          # 读取 CSV 文件，并指定编码格式
05 print(df1.head())                                    # 输出前 5 条数据
```

运行程序，输出结果如图 5.14 所示。

	买家会员名	买家实际支付金额	收货人姓名	宝贝标题	订单付款时间
0	mrhy1	41.86	周某某	零基础学Python	2018/5/16 9:41
1	mrhy2	41.86	杨某某	零基础学Python	2018/5/9 15:31
2	mrhy3	48.86	刘某某	零基础学Python	2018/5/25 15:21
3	mrhy4	48.86	张某某	零基础学Python	2018/5/25 15:21
4	mrhy5	48.86	赵某某	C#项目开发实战入门	2018/5/25 15:21

图 5.14 **读取 CSV 文件**

💡 **注意**

上述代码中指定了编码格式，即 encoding='gbk'。Python 常用的编码格式是 UTF-8 和 GBK，默认编码格式为 UTF-8。读取 CSV 文件时，需要通过 encoding 参数指定编码格式。当我们将 Excel 文件另存为 CSV 文件时，默认编码格式为 GBK，此时编写代码读取 CSV 文件时，就需要设置编码格式为 GBK，与原文件编码格式保持一致，否则会提示如下所示的错误信息或者出现乱码。

```
01 UnicodeDecodeError: 'utf-8' codec can't decode byte 0xd0 in position 0: invalid continuation byte
```

2. 将数据写入 CSV 文件

将数据写入 CSV 文件主要使用 DataFrame 对象的 to_csv() 函数，写入过程中会涉及默认索引的问题。如果不需要默认的索引，可以在写入 CSV 文件时，设置 index 参数为 False，即忽略索引。

下面介绍 to_csv() 函数的常用功能，举例如下。

① 相对位置。保存在程序所在路径下。

```
02 df1.to_csv('result.csv')
```

② 绝对位置。

```
03 df1.to_csv('d:\result.csv')
```

③ 分隔符。使用问号（?）分隔符分隔需要保存的数据。

```
04 df1.to_csv('result.csv',sep='?')
```

④ 替换空值。缺失值保存为 NA。

```
05 df1.to_csv('result.csv',na_rep='NA')
```

⑤ 格式化数据。保留两位小数。

```
06 df1.to_csv('result.csv',float_format='%.2f')
```

⑥ 保留某列数据。保存索引列和 name 列。

```
07 df1.to_csv('result.csv',columns=['name'])
```

⑦ 是否保留列名。不保留列名。

```
08 df1.to_csv('result.csv',header=0)
```

⑧ 是否保留行索引。不保留行索引。

```
09 df1.to_csv('result.csv',index=0)
```

5.1.3　读取文本文件

读取文本文件（*.txt）有两种方法，即 Pandas 的 read_table() 函数和 read_csv() 函数，其区别在于使用 read_table() 函数读取文本文件时默认以 "\t" 分隔文件中的数据，而使用 read_csv() 函数读取文本文件时默认以逗号 (,) 分隔文件中的数据。举个简单的例子，文本文件以逗号作为分隔符，如图 5.15 所示，此时使用read_csv()函数，则直接读取文件即可，因为 read_csv() 函数默认就是以逗号分隔文件中的数据的，而使用 read_table() 函数就需要设置 sep 参数为逗号 (,)。除此之外，这两种方法的用法基本相同。另外，无论使用哪种方法读取文本文件都将返回一个 DataFrame 对象，如图 5.16 所示。

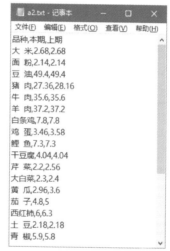

图 5.15　文本文件（以逗号分隔数据）

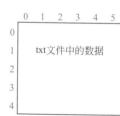

图 5.16　文本文件的形式

实例 5.7

读取文本文件

👁 **实例位置：资源包 \Code\05\07**

下面使用 read_table() 函数读取 a1.txt 文件，程序代码如下。

```
01 import pandas as pd
02 #设置数据显示的编码格式为东亚宽度，以使列对齐
03 pd.set_option('display.unicode.east_asian_width', True)
04 df=pd.read_table('a1.txt',encoding='gb2312',sep='\t')
05 print(df.head())
```

运行程序，输出结果如图 5.17 所示。

	品种	本期	上期
0	大米	2.68	2.68
1	面粉	2.14	2.14
2	豆油	49.40	49.40
3	猪肉	27.36	28.16
4	牛肉	35.60	35.60

图 5.17　读取文本文件

技巧

文本文件中不同的分隔符主要通过 sep 参数设置。sep 参数用于指定分隔符，如果文本文件中的数据是以其他分隔符来分隔数据的，那么需要设置 sep 参数为指定的分隔符。例如，文本文件中的分隔符既有空格又有制表符（/t），则需要指定 sep 参数为"/s+"，以匹配任何空格。另外，它还可以是一个正则表达式，一般在分析日志文件 log 时会用到。

5.1.4　读取 HTML 网页

读取 HTML 网页数据主要使用 Pandas 的 read_html() 函数，该函数用于读取带有 table 标签的网页表格数据，语法如下。

```
pandas.read_html(io,match='.+',flavor=None,header=None,index_col=None,skiprows=None,attrs=None,parse_dates=False,thousands=',',encoding=None,decimal='.',converters=None,na_values=None,keep_default_na=True,displayed_only=True)
```

参数说明：

- io：字符串，文件路径，也可以是 URL 链接。网址不接受 https，可以尝试去掉 https 中的 s 后爬取，如 http://www.mingribook.com。
- match：正则表达式，返回与正则表达式匹配的表格。
- flavor：解析器默认为"lxml"。
- header：指定列标题所在的行，列表 list 为多重索引。
- index_col：指定行标题对应的列，列表 list 为多重索引。
- encoding：字符串，默认为 None，文件的编码格式。
- 返回值：返回一个 DataFrame 对象。

使用 read_html() 函数前，首先要确定网页表格是否为 table 类型。因为只有这种类型的网页表格才能被 read_html() 函数获取到其中的数据。下面介绍如何判断网页表格是否为 table 类型，以"NBA 球员薪资"网页（http://www.espn.com/nba/salaries）为例，右击该网页中的表格，在弹出的快捷菜单中选择"检查"菜单项，查看代码中是否含有表格标签 <table>……</table> 的字样，如图 5.18 所示，确定后再使用 read_html() 函数。

图 5.18　<table>…</table> 表格标签

实例 5.8

Pandas 也可以实现的简单爬虫

● 实例位置：资源包 \Code\05\08

下面使用 read_html() 函数实现简单的爬虫，爬取 "NBA 球员薪资" 数据，程序代码如下：

```python
01 import pandas as pd
02 # 设置数据显示的编码格式为东亚宽度，以使列对齐
03 pd.set_option('display.unicode.east_asian_width', True)
04 # 创建空的 DataFrame 对象
05 df=pd.DataFrame()
06 # 创建空列表，以保持网页地址
07 url_list=[]
08 # 获取网页地址，将地址保存在列表中
09 for i in range(1,14):
10     # 网页地址字符串，使用 str 函数将整型变量 i 转换为字符串
11     url='http://www.espn.com/nba/salaries/_/page/'+str(i)
12     url_list.append(url)
13 # 遍历列表读取网页数据
14 for url in url_list:
15     df=df.append(pd.read_html(url),ignore_index=True)
16 print(df)
17 df=df[[x.startswith('$') for x in df[3]]]
18 print(df)
19 df.to_excel('NBA.xlsx',header=['RK','NAME','TEAM','SALARY'],index=False)
```

运行程序，输出结果如图 5.19 所示。

从运行结果可以看出，数据中存在着一些无用的数据，如表头为数字 0，1，2，3 不能表明每列数据的作用，其次数据存在重复的表头，如 "RK"、"NAME"、"TEAM" 和 "SALARY"。

接下来进行数据清洗，首先去掉重复的表头数据，主要使用字符串函数 startswith()，遍历 DataFrame 对象的第 4 列（也就是索引为 3 的列），将以 "$" 字符开头的数据筛出来，这样便去除了重复的表头，程序代码如下：

```python
df=df[[x.startswith('$') for x in df[3]]]
```

再次运行程序，会发现数据条数发生了变化，重复的表头被去除了。最后，重新赋予表头以说明每列的作用，方法是：在数据导出为 Excel 文件时，通过 DataFrame 对象的 to_excel() 方法的 header 参数指定表头，程序代码如下：

```python
df.to_excel('NBA.xlsx',header=['RK','NAME','TEAM','SALARY'],index=False)
```

运行程序，程序所在文件夹将自动生成一个名为 "NBA.xlsx" 的 Excel 文件，打开该文件，结果如图 5.20 所示。

	0	1	2	3
0	RK	NAME	TEAM	SALARY
1	1	Stephen Curry, PG	Golden State Warriors	$45,780,966
2	2	James Harden, SG	Brooklyn Nets	$44,310,840
3	3	John Wall, PG	Houston Rockets	$44,310,840
4	4	Russell Westbrook, PG	Los Angeles Lakers	$44,211,146
..	...	...	...	...
525	478	Brandon Boston Jr., SG	LA Clippers	$925,258
526	479	Luka Garza, C	Detroit Pistons	$925,258
527	480	Marko Simonovic, C	Chicago Bulls	$925,258
528	RK	NAME	TEAM	SALARY
529	481	Ayo Dosunmu, SG	Chicago Bulls	$925,258

图 5.19　读取到的网页数据

图 5.20　NBA 球员薪资

说明

> 有关数据删除的内容可参考 5.4 节，数据清洗的内容可参考第 6 章。

注意

> 运行程序，如果出现 ImportError: lxml not found, please install it 错误提示信息，则需要安装 lxml 模块。

5.2 读取数据库中的数据

大数据一般被保存到数据库中，本节主要介绍如何通过 Python 读取 MySQL 数据库中的数据和 MongoDB 数据库中的数据。

5.2.1 读取 MySQL 数据库中的数据

1. 导入 MySQL 数据库

导入 MySQL 数据库前，应首先确认安装了 MySQL 数据库应用软件，然后按照下面的步骤进行操作。

（1）设置密码

安装 MySQL 数据库应用软件，设置密码（本项目密码为"root"，也可以是其他密码）。一定要记住该密码，连接 MySQL 数据库时会用到，其他设置采用默认设置即可。

（2）创建数据库

运行 MySQL，在系统"开始"菜单中找到 MySQL 8.0 Command Line Client，单击启动 MySQL 8.0 Command Line Client，然后输入密码（如"root"），如图 5.21 所示。进入 MySQL 命令提示符，如图 5.22 所示，然后使用 CREATE DATABASE 命令创建数据库。例如，创建数据库 test 的命令如下。

```
CREATE DATABASE test;
```

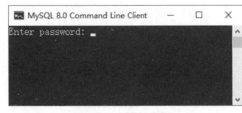

图 5.21　输入密码

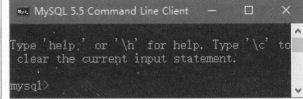

图 5.22　MySQL 命令提示符

（3）导入 SQL 文件（user.sql）

在 MySQL 命令提示符下通过 use 命令进入对应的数据库。例如，进入数据库 test 的命令如下。

```
use test;
```

出现 Database changed，说明已经进入数据库。接下来使用 source 命令指定 SQL 文件，然后导入该文件。例如，导入 user.sql 的命令如下。

```
source D:/user.sql
```

下面预览导入的数据表，使用 SQL 查询语句（select 语句）查询表中前 5 条数据，命令如下。

```
select * from user limit 5;
```

运行结果如图 5.23 所示。

至此，导入 MySQL 数据库的任务就完成了。

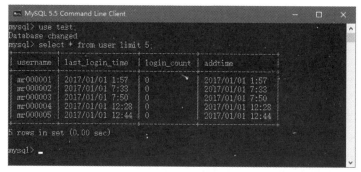

图 5.23　导入成功后的 MySQL 数据

2. Python 连接 MySQL 数据库

Python 连接 MySQL 数据库主要使用 pymysql 模块，该模块是一个用于操作 MySQL 数据库的模块，能够帮助用户解决 SQL 注入问题，以及实现数据的增、删、改、查等，是一个非常实用的模块。

pymysql 模块的基本使用步骤如图 5.24 所示。

图 5.24　pymysql 模块的基本使用步骤

下面介绍 pymysql 模块的使用方法。

（1）安装 pymysql 模块

运行 cmd 命令提示符窗口，输入如下命令。

```
pip install pymysql
```

（2）连接数据库

连接数据库主要使用 connect() 方法，代码如下。

```
conn = pymysql.connect(host=" 数据库地址 ",user=" 用户名 ",password=" 密码 ",database=" 数据库名 ",charset="utf8")
```

（3）创建游标

创建游标，通过 cursor() 方法得到一个可以执行 SQL 语句的游标对象，代码如下。

```
cursor = conn.cursor()
```

（4）执行 SQL 语句

通过游标对象的 execute() 方法执行 SQL 语句，返回 SQL 查询成功的记录数，代码如下。

```
cursor.execute(sql)
result=cursor.execute(sql)
```

（5）关闭连接

关闭游标、关闭数据库连接，代码如下。

```
cursor.close()
conn.close()
```

3. 读取 MySQL 数据库中的数据

Pandas 的 read_sql() 函数主要用于将 SQL 查询或数据库表读入 DataFrame 对象，语法格式如下。

```
pandas.read_sql(sql, con, index_col=None, coerce_float=True, params=None, parse_dates=None, columns=None,
chunksize=None)
```

💬 **参数说明：**

- ☯ sql：SQL 查询语句。
- ☯ con：连接 SQL 数据库的引擎，一般使用 SQLalchemy 连接池或者 pymysql 模块建立。
- ☯ index_col：指定某一列作为索引列。
- ☯ coerce_float：非常有用，将数字形式的字符串直接以 float 型读入。
- ☯ parse_dates：将某一列日期型字符串转换为 datetime 型数据。
- ☯ columns：要选取的列。很少用，因为在 SQL 语句里面一般就指定了要选择的列。
- ☯ chunksize：块大小（每次输出的行数），用于分块读取数据，节约内存。

实例 5.9

👁 **实例位置：资源包 \Code\05\09**

读取 MySQL 数据库中的数据

读取 MySQL 数据库中的数据，首先连接 MySQL 数据库，然后通过 Pandas 的 read_sql() 函数读取 MySQL 数据库中的数据，具体实现步骤如下。

① 下载安装 pymysql 模块。运行 cmd 命令提示符窗口，输入"pip install pymysql"命令。

② 导入 pymysql 模块和 pandas 模块，代码如下。

```
01 import pymysql
02 import pandas as pd
```

③ 连接 MySQL 数据库，代码如下。

```
conn = pymysql.connect(host = "localhost",user = 'root',passwd ='root',db = 'test',charset="utf8")
```

④ 使用 pandas 模块的 read_sql() 函数读取 MySQL 数据库中的数据，代码如下。

```
01 sql_query = 'SELECT * FROM test.user'          #SQL 查询语句
02 df = pd.read_sql(sql_query, con=conn)           # 读取 MySQL 数据
03 conn.close()                                     # 关闭数据库连接
04 print(df.head())                                 # 显示部分数据
```

运行程序，输出结果如图 5.25 所示。

	username	last_login_time	login_count	addtime
0	mr000001	2017/01/01 1:57	0	2017/01/01 1:57
1	mr000002	2017/01/01 7:33	0	2017/01/01 7:33
2	mr000003	2017/01/01 7:50	0	2017/01/01 7:50
3	mr000004	2017/01/01 12:28	0	2017/01/01 12:28
4	mr000005	2017/01/01 12:44	0	2017/01/01 12:44

图 5.25 **读取到的 MySQL 数据库中的数据**

5.2.2 读取 MongoDB 数据库中的数据

MongoDB 是一个基于分布式文件存储的数据库，旨在为 Web 应用提供可扩展的高性能数据存储解决方案，它支持的数据结构非常松散，类似 JSON 格式，可以存储比较复杂的数据类型，因此很多 Web 应用使用 MongoDB 数据库。

读取 MongoDB 数据库中的数据主要使用 PyMongo 模块，该模块是 Python 专门用于操作 MongoDB 数据库的模块，主要包括连接数据库、指定数据库、指定数据表、插入数据、查询数据、修改数据、删除数据、数据库导入和导出、数据库备份与恢复等。

读取 MongoDB 数据库的基本流程如图 5.26 所示。

图 5.26　读取 MongoDB 数据库的基本流程

实例 5.10　读取 MongoDB 数据库中的数据

实例位置：资源包 \Code\05\10

读取 MongoDB 数据库中的数据，首先应导入 MongoDB 数据库，然后使用 PyMongo 模块连接 MongoDB 数据库，最后使用 Python 读取 MongoDB 数据库中的数据，具体实现步骤如下。

1. 导入 MongoDB 数据库

① 下载 MongoDB 数据库。打开网址 "https://www.mongodb.com/download-center/community" 下载 MongoDB 数据库，如图 5.27 所示。

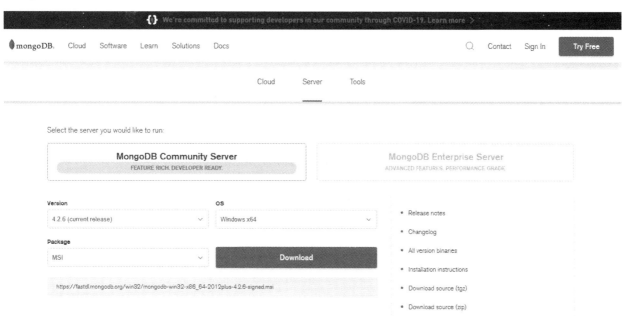

图 5.27　打开官网

② 单击 "Download" 按钮，根据计算机操作系统的位数选择下载 32 位或 64 位的 MSI 文件到计算机指定位置，下载后按提示操作，采用默认设置安装即可。

③ 安装过程中，通过单击 "Custom（自定义）" 按钮选择安装路径，如图 5.28 所示。这里选择安装在 D 盘的指定位置，如图 5.29 所示。

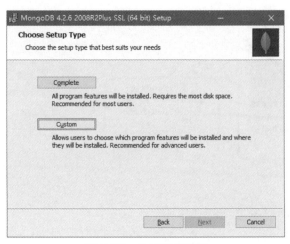

图 5.28　选择安装类型

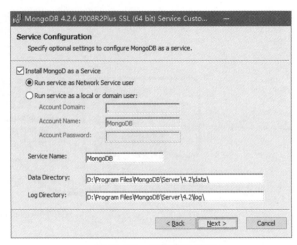

图 5.29　选择安装路径

④ 继续安装，注意到安装图形界面管理工具时，取消勾选 "Install MongoDB Compass" 复选框，如图 5.30 所示（当然也可以选择安装，但是安装的时间会长一些）。MongoDB Compass 是一个图形界面管理工具，如果需要后期可以到官网下载安装，下载地址为 "https://www.mongodb.com/download-center/compass"。

⑤ 单击 "Install" 按钮开始安装，安装完成后单击 "Finsh" 按钮。

⑥ 导入数据库文件。以 MongoDB 数据库 mrbooks 为例，首先打开 cmd 命令提示符，在 cmd 命令提示符下进入 MongoDB 数据库安装目录，如此处的安装目录为 "D:\Program Files\MongoDB\Server\4.2\bin>"，因此方法如下。

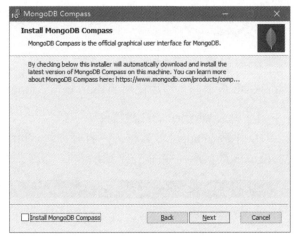

图 5.30　安装图形界面管理工具

```
C:\Windows\system32>d:
D:\>cd D:\Program Files\MongoDB\Server\4.2\bin
```

⑦ 在 "D:\Program Files\MongoDB\Server\4.2\bin>" 目录下，使用 MongoDB 数据库的 mongoimport 命令导入数据库文件 books.json（注意：这里应首先保证将源码文件夹中提供的数据库文件 books.json 拷贝到 D 盘根目录下）。

导入命令如下。

```
mongoimport --db mrbooks --collection books --jsonArray d:\books.json
```

⑧ 导入成功后会出现类似如图 5.31 所示的提示信息，提示 5 个文档导入成功。

```
D:\Program Files\MongoDB\Server\4.2\bin>mongoimport --db mrbooks1 --collection books --jsonArray C:\bf\books.json
2020-05-06T13:47:36.086+0800    connected to: mongodb://localhost/
2020-05-06T13:47:36.558+0800    5 document(s) imported successfully. 0 document(s) failed to import.
```

图 5.31　提示信息

⑨ 查看数据。首先在 cmd 命令提示符下输入如下命令，进入 MongoDB 数据库。

```
D:\Program Files\MongoDB\Server\4.2\bin>mongo
```

然后使用 "use mrbooks" 命令打开数据库，提示 "switched to db mrbooks"（切换到 mrbooks 数据库），使用如下命令查看该数据库中表 books 中的数据。

```
db.books.find();
```

结果如图 5.32 所示。这说明数据库 mrbooks 已经导入到了 MongoDB 数据库中。

图 5.32　查看数据

接下来通过 Python 读取 MongoDB 数据库中的数据。

2. 读取 MongoDB 数据库中的数据

① 安装 PyMongo 模块。运行 cmd 命令提示符窗口，输入如下命令。

```
pip install pymongo
```

② 导入相关模块，代码如下。

```
01 import pymongo
02 import pandas as pd
```

③ 连接 MongoDB 数据库，指定数据库和表，代码如下。

```
03 # 连接 MongoDB 数据库
04 client = pymongo.MongoClient('localhost', 27017)
05 db = client['mrbooks']    # 指定数据库
06 table = db['books']       # 指定数据表
```

④ 使用 Pandas 读取表 books 中的数据，代码如下。

```
07 # 读取表 books 中的数据
08 df = pd.DataFrame(list(table.find()))
09 print(df)
```

运行程序，输出结果如图 5.33 所示。

⑤ 从上述结果得知，"_id" 列对于数据分析来说属于无用数据，下面通过 Pandas 进行简单的数据清洗，删除 "_id" 列，代码如下。

```
01 # 删除 "_id" 列
02 del df['_id']
03 print(df)
```

5.3　数据抽取

在数据分析过程中，并不是所有读取的数据都是所需要的，此时可以抽取部分数据，主要使用 DataFrame 对象的 loc 属性和 iloc 属性，示意图如图 5.34 所示。

通过 DataFrame 对象的 loc 属性和 iloc 属性都可以抽取数据，区别如下。

- ↻ loc 属性：以列名（columns）和行名（index）作为参数，当只有一个参数时，默认是行名，即抽取整行数据，包括所有列，如 df.loc['A']。

	_id	图书名称	定价	销量	类别
0	5eb211b27c22dfdaa2c328cf	Android精彩编程200例	89.8	1300	Ardroid
1	5eb2125b7c22dfdaa2c328d0	零基础学Python	79.8	4500	Python
2	5eb2130e7c22dfdaa2c328d1	Python从入门到项目实践	99.8	2300	Python
3	5eb2132f7c22dfdaa2c328d2	Python项目开发案例集锦	128.0	2200	Python
4	5eb213fa7c22dfdaa2c328d5	零基础学Android	89.8	2800	Ardroid

图 5.33 通过 Python 读取到的 MongoDB 数据库中的数据

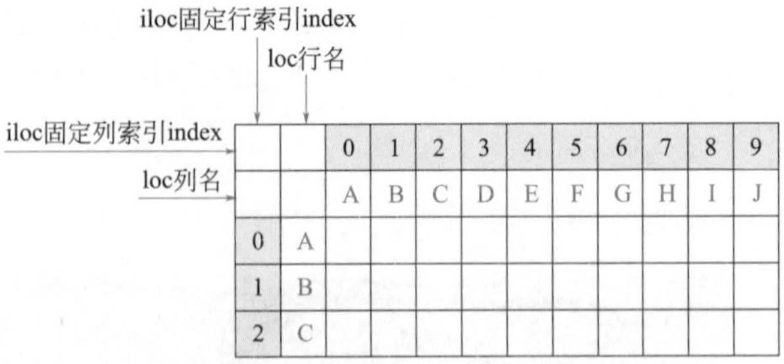

图 5.34 loc 属性和 iloc 属性示意图

🔁 iloc 属性：以行和列位置索引（0，1，2，…）作为参数，0 表示第一行，1 表示第二行，依次类推。当只有一个参数时，默认是行索引，即抽取整行数据，包括所有列，如抽取第一行数据，df.iloc[0]。

5.3.1 按行抽取数据

抽取一行数据主要使用 loc 属性。

实例 5.11　　　抽取一行学生成绩数据　　　　　👁 **实例位置：资源包 \Code\05\11**

抽取一行名为"甲"的学生的成绩数据（包括所有列），程序代码如下。

```python
01 import pandas as pd
02 #设置数据显示的编码格式为东亚宽度，以使列对齐
03 pd.set_option('display.unicode.east_asian_width', True)
04 data = [[110,105,99],[105,88,115],[109,120,130],[112,115]]
05 name = ['甲','乙','丙','丁']
06 columns = ['语文','数学','英语']
07 df = pd.DataFrame(data=data, index=name, columns=columns)
08 print(df.loc['甲'])
```

运行程序，输出结果如图 5.35 所示。

使用 iloc 属性抽取第一行数据，指定行索引即可，如 df.iloc[0]，输出结果同图 5.25 一样。

```
语文      110.0
数学      105.0
英语       99.0
Name：明日，dtype：float64
```

图 5.35 抽取一行数据

5.3.2 抽取多行数据

1. 抽取任意多行数据

通过 loc 属性和 iloc 属性指定行名和行索引即可实现抽取任意多行数据。

实例 5.12　　　抽取多行学生成绩数据　　　　　👁 **实例位置：资源包 \Code\05\12**

抽取名为"甲"和"丙"（第 1 行和第 3 行数据）的学生的成绩数据，关键代码如下。

```python
01 print(df.loc[['甲','丙']])
02 print(df.iloc[[0,2]])
```

运行程序，输出结果如图 5.36 所示。

2．抽取连续任意多行数据

在 loc 属性和 iloc 属性中合理地使用冒号（:），即可抽取连续任意多行数据。

	语文	数学	英语	
甲	110	105	99.0	loc属性
丙	109	120	130.0	
	语文	数学	英语	
甲	110	105	99.0	iloc属性
丙	109	120	130.0	

图 5.36　抽取多行数据

实例 5.13

抽取多个连续的学生成绩数据

⊙ **实例位置：资源包 \Code\05\13**

下面抽取多个连续的学生成绩数据，关键代码如下。

```
01 print(df.loc['甲':'丁'])          # 从 "甲" 到 "丁"
02 print(df.loc[:'乙':])             # 第 1 行到 "乙"
03 print(df.iloc[0:4])              # 第 1 行到第 4 行
04 print(df.iloc[1::])              # 第 2 行到最后一行
```

运行程序，输出结果如图 5.37 所示。

	语文	数学	英语	
甲	110	105	99.0	"甲" 到 "丁"
乙	105	88	115.0	
丙	109	120	130.0	
丁	112	115	NaN	
	语文	数学	英语	
甲	110	105	99.0	第1行到"乙"
乙	105	88	115.0	
	语文	数学	英语	
甲	110	105	99.0	第1行到第4行
乙	105	88	115.0	
丙	109	120	130.0	
丁	112	115	NaN	
	语文	数学	英语	
乙	105	88	115.0	第2行到最后一行
丙	109	120	130.0	
丁	112	115	NaN	

图 5.37　抽取连续任意多行数据

5.3.3　抽取指定列数据

抽取指定列数据，可以直接使用列名，也可以使用 loc 属性和 iloc 属性。

1．直接使用列名

实例 5.14

抽取学生的"语文"和"数学"成绩

⊙ **实例位置：资源包 \Code\05\14**

抽取列名为"语文"和"数学"的成绩数据，程序代码如下。

```
import pandas as pd
# 设置数据显示的编码格式为东亚宽度，以使列对齐
pd.set_option('display.unicode.east_asian_width', True)
data = [[110,105,99],[105,88,115],[109,120,130],[112,115]]
name = ['甲','乙','丙','丁']
columns = ['语文','数学','英语']
df = pd.DataFrame(data=data, index=name, columns=columns)
print(df[['语文','数学']])
```

运行程序，输出结果如图 5.38 所示。

	语文	数学
甲	110	105
乙	105	88
丙	109	120
丁	112	115

图 5.38　列名为“语文”和“数学”的成绩数据

2. 使用 loc 属性和 iloc 属性

前面介绍 loc 属性和 iloc 属性都有两个参数，第一个参数代表行，第二个参数代表列，那么这里抽取指定列数据时，行参数不能省略。

实例 5.15　抽取指定学科的成绩

实例位置：资源包 \Code\05\15

下面使用 loc 属性和 iloc 属性抽取指定列数据，关键代码如下。

```
print(df.loc[:,['语文','数学']])     # 抽取 "语文" 和 "数学" 列
print(df.iloc[:,[0,1]])             # 抽取第 1 列和第 2 列
print(df.loc[:,'语文':])             # 抽取从 "语文" 列开始到最后一列
print(df.iloc[:,:2])                # 连续抽取从第 1 列开始到第 3 列，但不包括第 3 列
```

运行程序，输出结果如图 5.39 所示。

抽取“语文”和“数学”列

	语文	数学
甲	110	105
乙	105	88
丙	109	120
丁	112	115

抽取第1列和第2列

	语文	数学
甲	110	105
乙	105	88
丙	109	120
丁	112	115

抽取从“语文”列开始到最后一列

	语文	数学	英语
甲	110	105	99.0
乙	105	88	115.0
丙	109	120	130.0
丁	112	115	NaN

连续抽取从第1列开始到第3列，但不包括第3列

	语文	数学
甲	110	105
乙	105	88
丙	109	120
丁	112	115

图 5.39　抽取指定学科的成绩

5.3.4　抽取指定的行、列数据

抽取指定的行、列数据主要使用 loc 属性和 iloc 属性，同时指定这两个属性的两个参数就可以实现指定行、列数据的抽取。

实例 5.16

抽取指定学科和指定学生的成绩

◉ **实例位置：资源包 \Code\05\16**

使用 loc 属性和 iloc 属性抽取指定的行、列数据，程序代码如下。

```
01 import pandas as pd
02 #设置数据显示的编码格式为东亚宽度，以使列对齐
03 pd.set_option('display.unicode.east_asian_width', True)
04 data = [[110,105,99],[105,88,115],[109,120,130],[112,115]]
05 name = ['甲','乙','丙','丁']
06 columns = ['语文','数学','英语']
07 df = pd.DataFrame(data=data, index=name, columns=columns)
08 print(df.loc['乙','英语'])                    #"英语"成绩
09 print(df.loc[['乙'],['英语']])                 #"乙"的"英语"成绩
10 print(df.loc[['乙'],['数学','英语']])           #"乙"的"数学"和"英语"成绩
11 print(df.iloc[[1],[2]])                       # 第2行第3列
12 print(df.iloc[1:,[2]])                        # 第2行到最后一行的第3列
13 print(df.iloc[1:,[0,2]])                      # 第2行到最后一行的第1列和第3列
14 print(df.iloc[:,2])                           #所有行的第3列
```

运行程序，输出结果如图 5.40 所示。

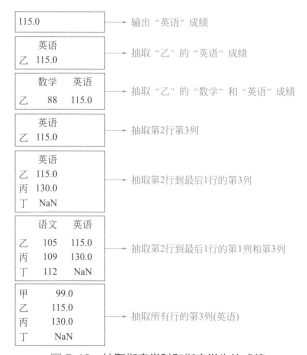

图 5.40　抽取指定学科和指定学生的成绩

在上述结果中，第一个输出结果是一个数，不是数据，是由于"df.loc['乙','英语']"没有使用方括号，导致输出的数据不是 DataFrame 类型。

5.4　数据的增、删、改、查

本节主要介绍 DataFrame 对象实现数据的增加、删除、修改和查询。

5.4.1 增加数据

DataFrame 对象增加数据主要包括列数据增加和行数据增加。首先看下原始数据，如图 5.41 所示。

1. 按列增加数据

按列增加数据，可以通过以下 3 种方式实现。

（1）直接为 DataFrame 对象赋值

实例 5.17　　　　增加一列"物理"成绩　　　　👁 **实例位置：资源包 \Code\05\17**

增加一列"物理"成绩，程序代码如下。

```python
01 import pandas as pd
02 # 设置数据显示的编码格式为东亚宽度，以使列对齐
03 pd.set_option('display.unicode.east_asian_width', True)
04 data = [[110,105,99],[105,88,115],[109,120,130],[112,115,140]]
05 name = ['甲','乙','丙','丁']
06 columns = ['语文','数学','英语']
07 df = pd.DataFrame(data=data, index=name, columns=columns)
08 df['物理']=[88,79,60,50]
09 print(df)
```

运行程序，输出结果如图 5.42 所示。

```
      语文  数学  英语              语文  数学  英语 │物理│
甲    110   105   99          甲   110   105   99 │ 88 │
乙    105    88   115         乙   105    88   115 │ 79 │
丙    109   120   130         丙   109   120   130 │ 60 │
丁    112   115   140         丁   112   115   140 │ 50 │
```

图 5.41　原始数据　　　　图 5.42　增加一列"物理"成绩

（2）使用 loc 属性在 DataFrame 对象的最后增加一列

实例 5.18　　　使用 loc 属性增加一列"物理"成绩　　👁 **实例位置：资源包 \Code\05\18**

使用 loc 属性在 DataFrame 对象的最后增加一列。例如，增加"物理"列，关键代码如下。

```python
df.loc[:,'物理'] = [88,79,60,50]
```

（3）在指定位置插入一列

在指定位置插入一列，主要使用 insert() 函数。

实例 5.19　　　在第一列后面插入"物理"成绩　　👁 **实例位置：资源包 \Code\05\19**

例如，在第一列后面插入"物理"成绩，其值为 wl 的数值，关键代码如下。

```python
01 wl =[88,79,60,50]
02 df.insert(1,'物理',wl)
03 print(df)
```

运行程序，输出结果如图 5.43 所示。

2. 按行增加数据

按行增加数据，可以通过以下两种方式实现。

（1）增加一行数据

增加一行数据主要使用 loc 属性实现。

	语文	物理	数学	英语
甲	110	88	105	99
乙	105	79	88	115
丙	109	60	120	130
丁	112	50	115	140

图 5.43　在第一列后面
插入"物理"成绩

实例 5.20　　　　**在成绩表中增加一行数据**　　👁 **实例位置：资源包 \Code\05\20**

在成绩表中增加一行数据，即"戊"同学的成绩，关键代码如下。

```
df.loc['戊'] = [100,120,99]
```

运行程序，输出结果如图 5.44 所示。

（2）增加多行数据

增加多行数据主要使用字典结合 append() 函数实现。

实例 5.21　　　　**在成绩表中增加多行数据**　　👁 **实例位置：资源包 \Code\05\21**

在原始数据中增加"戊""己"和"庚"3 名同学的成绩，关键代码如下。

```
01 df_insert=pd.DataFrame({'语文':[100,123,138],'数学':[99,142,60],'英语':[98,139,99]},index = ['戊','己','庚'])
02 df1 = df.append(df_insert)
```

运行程序，输出结果如图 5.45 所示。

	语文	数学	英语
甲	110	105	99
乙	105	88	115
丙	109	120	130
丁	112	115	140
戊	100	120	99

图 5.44　增加一行数据

	语文	数学	英语
甲	110	105	99
乙	105	88	115
丙	109	120	130
丁	112	115	140
戊	100	99	98
己	123	142	139
庚	138	60	99

图 5.45　增加多行数据

5.4.2　删除数据

删除数据主要使用 DataFrame 对象的 drop() 方法。语法如下。

```
DataFrame.drop(labels=None, axis=0, index=None, columns=None, level=None, inplace=False, errors='raise')
```

💬 **参数说明：**

- ♻ labels：表示行标签或列标签。
- ♻ axis：axis = 0，表示按行删除；axis = 1，表示按列删除。默认值为 0。
- ♻ index：删除行，默认值为 None。

◌ columns：删除列，默认值为 None。

◌ level：针对有两级索引的数据。level = 0，表示按第 1 级索引删除整行；level = 1，表示按第 2 级索引删除整行。默认值为 None。

◌ inplace：可选参数，对原数组做出修改并返回一个新数组。默认值为 False，如果值为 True，那么原数组直接就被替换。

◌ errors：参数值为 ignore 或 raise，默认值为 raise。如果值为 ignore，则取消错误。

1. 删除行、列数据

实例 5.22

删除学生成绩数据

◉ **实例位置：：资源包 \Code\05\22**

删除指定的学生成绩数据，关键代码如下。

```
01 df.drop(['数学'],axis=1,inplace=True)           #删除某列
02 df.drop(columns='数学',inplace=True)            #删除 columns 为 " 数学 " 的列
03 df.drop(labels='数学', axis=1,inplace=True)     #删除列标签为 " 数学 " 的列
04 df.drop(['甲','乙'],inplace=True)               #删除某行
05 df.drop(index='甲',inplace=True)                #删除 index 为 " 甲 " 的行
06 df.drop(labels='甲', axis=0,inplace=True)       #删除行标签为 " 甲 " 的行
```

以上代码中的方法都可以实现删除指定的行、列数据，读者选择一种就可以。

2. 删除满足特定条件的行
删除满足特定条件的行，首先找到满足该条件的行索引，然后再使用 drop() 方法将其删除。

实例 5.23

删除符合条件的学生成绩数据

◉ **实例位置：资源包 \Code\05\23**

删除"数学"中包含 88 的行、"语文"中小于 110 的行，关键代码如下。

```
01 df.drop(index=df[df['数学'].isin([88])].index[0],inplace=True)   # 删除 " 数学 " 中包含 88 的行
02 df.drop(index=df[df['语文']<110].index[0],inplace=True)          # 删除 " 语文 " 中小于 110 的行
```

5.4.3 修改数据

修改数据包括行、列标题和数据的修改，首先看下原始数据，如图 5.46 所示。

1. 修改列标题
修改列标题主要使用 DataFrame 对象的 cloumns 属性，直接赋值即可。

	语文	数学	英语
甲	110	105	99
乙	105	88	115
丙	109	120	130
丁	112	115	140

图 5.46　原始数据

实例 5.24

修改"数学"的列名

◉ **实例位置：资源包 \Code\05\24**

将"数学"修改为"数学（上）"，关键代码如下。

```
df.columns=['语文','数学（上）','英语']
```

运行程序，输出结果如图 5.47 所示。

上述代码中，即使我们只修改"数学"为"数学（上）"，但是也要将所有列的标题全部写上，否则将报错。

下面再介绍一种方法，使用 DataFrame 对象的 rename() 方法修改列标题。

实例 5.25 修改多个学科的列名

⊙ **实例位置：资源包 \Code\05\25**

将"语文"修改为"语文（上）"、"数学"修改为"数学（上）"、"英语"修改为"英语（上）"，关键代码如下。

```
df.rename(columns = {' 语文 ':' 语文（上）',' 数学 ':' 数学（上）',' 英语 ':' 英语（上）'},inplace = True )
```

上述代码中，参数 inplace 为 True，表示直接修改 df，否则，不修改 df，只返回修改后的数据。

运行程序，输出结果如图 5.48 所示。

	语文	数学(上)	英语
甲	110	105	99
乙	105	88	115
丙	109	120	130
丁	112	115	140

图 5.47　修改"数学"的列名

	语文(上)	数学(上)	英语(上)
甲	110	105	99
乙	105	88	115
丙	109	120	130
丁	112	115	140

图 5.48　修改多个学科的列名

2. 修改行标题

修改行标题主要使用 DataFrame 对象的 index 属性，直接赋值即可。

实例 5.26 将行标题统一修改为数字编号

⊙ **实例位置：资源包 \Code\05\26**

将行标题统一修改为数字编号，关键代码如下。

```
df.index=list('1234')
```

使用 DataFrame 对象的 rename() 方法也可以修改行标题。例如，将行标题统一修改为数字编号，关键代码如下。

```
df.rename({' 甲 ':1,' 乙 ':2,' 丙 ':3,' 丁 ':4},axis =0,inplace = True )
```

3. 修改数据

修改数据主要使用 DataFrame 对象的 loc 属性和 iloc 属性。

实例 5.27 修改学生成绩数据

⊙ **实例位置：资源包 \Code\05\27**

（1）修改整行数据

例如，修改"甲"同学的各科成绩，关键代码如下。

5

```
df.loc['甲']=[120,115,109]
```

如果各科成绩均加 10 分，可以直接在原有值上加 10，关键代码如下。

```
df.loc['甲']=df.loc['甲']+10
```

（2）修改整列数据

例如，修改所有同学的"语文"成绩，关键代码如下。

```
df.loc[:,'语文']=[115,108,112,118]
```

（3）修改某一数据

例如，修改"甲"同学的"语文"成绩，关键代码如下。

```
df.loc['甲','语文']=115
```

（4）使用 iloc 属性修改数据

通过 iloc 属性指定行、列位置实现修改数据，关键代码如下。

```
01 df.iloc[0,0]=115                     # 修改某一数据
02 df.iloc[:,0]=[115,108,112,118]       # 修改整列数据
03 df.iloc[0,:]=[120,115,109]           # 修改整行数据
```

5.4.4 查询数据

DataFrame 对象查询数据主要是通过运算符和方法对数据进行筛选。

- 逻辑运算符：>、>=、<、<=、==（等于）、!=（不等于）。
- 复合逻辑运算符：&（并且）、|（或者）。
- 逻辑运算方法：query() 方法、isin() 方法、between() 方法。其中，query() 方法主要用于简化查询代码，isin() 方法表示包含，between() 方法表示区间。

实例 5.28　　**通过逻辑运算符查询数据**　　👁 **实例位置：资源包 \Code\05\28**

下面通过逻辑运算符查询学生成绩数据，程序代码如下。

```
01 import pandas as pd
02 # 设置数据显示的编码格式为东亚宽度，以使列对齐
03 pd.set_option('display.unicode.east_asian_width', True)
04 df= pd.DataFrame({'name':['甲','乙','丙'],
05                    '语文':[110,105,109],
06                    '数学':[105,88,120],
07                    '英语':[99,115,130]})
08 print(df)
09 ''' 逻辑运算符号：> 、>=、<、<=、==（双等于）、!=（不等于）'''
10 print(df[df['语文']>105])
11 print(df[df['英语']>=115])
12 print(df[df['英语']==115])
13 print(df[df['英语']!=115])
```

运行程序，输出结果如图 5.49 所示。

	姓名	语文	数学	英语
0	甲	110	105	99
1	乙	105	88	115
2	丙	109	120	130
	姓名	语文	数学	英语
0	甲	110	105	99
2	丙	109	120	130
	姓名	语文	数学	英语
1	乙	105	88	115
2	丙	109	120	130
	姓名	语文	数学	英语
1	乙	105	88	115
	姓名	语文	数学	英语
0	甲	110	105	99
2	丙	109	120	130

图 5.49　通过逻辑运算符
查询数据

实例 5.29

通过复合运算符查询数据

◉ **实例位置：资源包 \Code\05\29**

下面通过复合运算符分别查询"语文"大于 105 并且"数学"大于 88 的学生成绩数据和"语文"大于 105 或者"数学"大于 88 的学生成绩数据，程序代码如下。

```
01 import pandas as pd
02 #设置数据显示的编码格式为东亚宽度，以使列对齐
03 pd.set_option('display.unicode.east_asian_width', True)
04 df= pd.DataFrame({'姓名':['甲','乙','丙','丁'],
05                    '语文':[110,105,109,99],
06                    '数学':[105,88,120,90],
07                    '英语':[99,115,130,120]})
08
09 '''复合逻辑运算符：&（并且）、|（或者）'''
10 '''查询"语文"大于105并且"数学"大于88'''
11 print(df[(df['语文']>105) & (df['数学']>88)])
12 '''查询"语文"大于105或者"数学"大于88'''
13 print(df[(df['语文']>105) | (df['数学']>88)])
```

运行程序，输出结果如图 5.50 所示。

下面重点介绍一下逻辑运算方法。

（1）query() 方法

	姓名	语文	数学	英语
0	甲	110	105	99
2	丙	109	120	130

	姓名	语文	数学	英语
0	甲	110	105	99
2	丙	109	120	130
3	丁	99	90	120

图 5.50　通过复合运算符查询数据

实例 5.30

使用 query() 方法简化查询代码

◉ **实例位置：资源包 \Code\05\30**

在前面的示例中查询"语文"大于 105 的学生成绩数据时，代码如下。

```
df[df['语文']>105]
```

下面使用 query() 方法进行简化，代码如下。

```
df.query('语文>105')
```

（2）isin() 方法

isin() 方法不仅可以针对整个 DataFrame 对象进行操作，也可以针对 DataFrame 对象中的某一列（Series 对象）进行操作，而针对 Series 对象的操作才是最常用的。

isin() 方法的作用如下。

① 判断整个 DataFrame 对象中是否包含某个值或某些值。

② 判断 DataFrame 对象中的某一列（Series 对象）是否包含某个值或某些值。

③ 利用一个 DataFrame 对象中的某一列，对另一个 DataFrame 对象中的数据进行过滤，这一点非常重要。

实例 5.31

使用 isin() 方法查询数据

◉ **实例位置：资源包 \Code\05\31**

下面使用 isin() 方法查询两种数据：一是查询所有数据中包含 45 和 60 的数据；二是查询"化学"中

包含 45 和 60 的数据。程序代码如下。

```
01 import pandas as pd
02 # 设置数据显示的编码格式为东亚宽度，以使列对齐
03 pd.set_option('display.unicode.east_asian_width', True)
04 df= pd.DataFrame({'姓名':['甲','乙','丙'],
05                   '语文':[110,105,109],
06                   '数学':[105,60,120],
07                   '英语':[99,115,130],
08                   '物理':[60,89,99],
09                   '化学':[45,60,70]})
10 ''' 逻辑运算方法：isin() 方法 '''
11 ''' 判断整个数据中包含 45 和 60 的数据 '''
12 df1=df[df.isin([45,60])]
13 print(df1)
14 ''' 判断 "化学" 中包含 45 和 60 的数据 '''
15 df2=df[df['化学'].isin([45,60])]
16 print(df2)
```

运行程序，输出结果如图 5.51 所示。

	name	语文	数学	英语	物理	化学
0	NaN	NaN	NaN	NaN	60.0	45.0
1	NaN	NaN	60.0	NaN	NaN	60.0
2	NaN	NaN	NaN	NaN	NaN	NaN
	name	语文	数学	英语	物理	化学
0	甲	110	105	99	60	45
1	乙	105	60	115	89	60

图 5.51　使用 isin() 方法查询数据

isin() 方法的另外一种用法是，利用一个 DataFrame 对象中的某一列，对另一个 DataFrame 对象中的数据进行过滤。

实例 5.32

查询女生的学习成绩数据

👁 **实例位置：资源包 \Code\05\32**

通过学生基本信息数据（df2）中的"性别"，对学生成绩数据（df1）进行筛选，查询出所有女生的学习成绩数据，程序代码如下。

```
01 import pandas as pd
02 # 设置数据显示的编码格式为东亚宽度，以使列对齐
03 pd.set_option('display.unicode.east_asian_width', True)
04 df1= pd.DataFrame({'姓名':['甲','乙','丙'],
05                    '语文':[110,105,109],
06                    '数学':[105,60,120],
07                    '英语':[99,115,130],
08                    '物理':[60,89,99],
09                    '化学':[45,60,70]})
10 print(df1)
11 df2=pd.DataFrame({'姓名':['甲','乙','丙'],
12                   '性别':['男','女','女'],
13                   '年龄':[16,15,16]})
14 print(df2)
15 ''' 逻辑运算方法：isin() 方法 '''
16 ''' 利用 df2 中的 "性别" 列，对 df1 中的数据进行筛选 '''
17 df1=df1[df2['性别'].isin(['女'])]
18 print(df1)
```

运行程序，输出结果如图 5.52 所示。

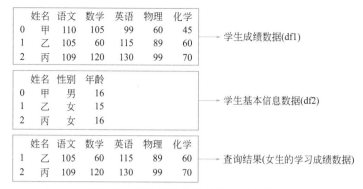

图 5.52　查询所有女生的学习成绩数据

（3）between() 方法

between() 方法用于查询指定范围内的数据，返回布尔值。

实例 5.33

使用 between() 方法查询数据　　◉ **实例位置：资源包 \Code\05\33**

下面使用 between() 方法查询"语文"在 100 ～ 120 分之间的数据，程序代码如下。

```
01 import pandas as pd
02 # 设置数据显示的编码格式为东亚宽度，以使列对齐
03 pd.set_option('display.unicode.east_asian_width', True)
04 df= pd.DataFrame({'姓名':['甲','乙','丙'],
05                   '语文':[110,105,109],
06                   '数学':[105,88,120],
07                   '英语':[99,115,130]})
08 ''' 逻辑运算方法: between() 方法 '''
09 df1=df[df['语文'].between(100,120)]
10 print(df1)
```

运行程序，输出结果如图 5.53 所示。

5.5　数据排序与排名

	姓名	语文	数学	英语
0	甲	110	105	99
1	乙	105	88	115
2	丙	109	120	130

图 5.53　使用 between()
方法查询数据

本节主要介绍数据的各种排序和排名方法。

5.5.1　数据排序

DataFrame 数据排序主要使用 sort_values() 方法，该方法类似于 SQL 中的 order by。sort_values() 方法可以根据指定的行、列进行排序，语法如下。

```
DataFrame.sort_values(by,axis=0,ascending=True,inplace=False,kind='quicksort',na_position='last',ignore_
index=False)
```

💬 **参数说明：**

↻ by：要排序的名称列表。

↻ axis：轴，0 表示行，1 表示列，默认按行排序。

- ✷ ascending：升序或降序排序，布尔值，指定多个排序可以使用布尔值列表。默认值为 True。
- ✷ inplace：布尔值，默认值为 False。如果值为 True，则就地排序。
- ✷ kind：指定排序算法，值为 "quicksort"（快速排序）、"mergesort"（混合排序）或 "heapsort"（堆排），默认值为 "quicksort"。
- ✷ na_position：空值（NaN）的位置。值为 "first"，空值在数据开头；值为 "last"，空值在数据最后。默认值为 "last"。
- ✷ ignore_index：布尔值，是否忽略索引。值为 True，标记索引（从 0 开始顺序的整数值）；值为 False，则忽略索引。

1. 按一列数据排序

按 "销量" 降序排序

◉ 实例位置：资源包 \Code\05\34

按 "销量" 降序排序，排序对比效果如图 5.54 和图 5.55 所示。

序号	书号	图书名称	定价	销量	类别
1	9787569204537	Android精彩编程200例	89.8	1300	Android
2	9787567787421	Android项目开发实战入门	59.8	2355	Android
3	9787567799424	ASP.NET项目开发实战入门	69.8	120	ASP.NET
4	9787569210453	C#精彩编程200例	89.8	120	C#
5	9787567790988	C#项目开发实战入门	69.8	120	C#
6	9787567787445	C++项目开发实战入门	69.8	120	C语言C++
7	9787569208696	C语言精彩编程200例	79.8	271	C语言C++
8	9787567787414	C语言项目开发实战入门	59.8	625	C语言C++
9	9787567787438	JavaWeb项目开发实战入门	69.8	129	JavaWeb
10	9787569206081	Java精彩编程200例	79.8	241	Java
11	9787567787407	Java项目开发实战入门	59.8	120	Java
12	9787567790315	JSP项目开发实战入门	69.8	120	JSP
13	9787567790971	PHP项目开发实战入门	69.8	120	PHP
14	9787569221237	SQL即查即用	49.8	120	SQL
15	9787569222258	零基础学Python	79.8	888	Python
16	9787569208542	零基础学Android	89.8	110	Android
17	9787569221220	零基础学ASP.NET	79.8	120	ASP.NET
18	9787569210477	零基础学C#	79.8	120	C#
19	9787569208535	零基础学C语言	69.8	888	C语言C++
20	9787569212709	零基础学HTML5+CSS3	79.8	456	HTML5+CSS3
21	9787569205688	零基础学Java	69.8	663	Java
22	9787569210460	零基础学Javascript	79.8	322	Javascript
23	9787569212693	零基础学Oracle	79.8	148	Oracle
24	9787569208689	零基础学PHP	79.8	248	PHP
25	9787569226614	零基础学C++	79.8	333	C语言C++
26	9787569226607	Python从入门到项目实践	99.8	559	Python
27	9787569244403	Python项目开发案例集锦	128	281	Python

图 5.54 原始数据

序号		书号	图书名称	定价	销量	类别	大类
1	B02	9787567787421	Android项目开发实战入门	59.8	2355	Android	程序设计
0	B01	9787569204537	Android精彩编程200例	89.8	1300	Android	程序设计
9	B19	9787569208535	零基础学C语言	69.8	888	C语言C++	程序设计
14	B15	9787569222258	零基础学Python	79.8	888	Python	程序设计
13	B21	9787569205688	零基础学Java	69.8	663	Java	程序设计
8	B08	9787567787414	C语言项目开发实战入门	59.8	625	C语言C++	程序设计
15	B26	9787569226607	Python从入门到项目实践	99.8	559	Python	程序设计
4	B05	9787567790988	C#项目开发实战入门	69.8	541	C#	程序设计
19	B20	9787569212709	零基础学HTML5+CSS3	79.8	456	HTML5+CSS3	网页
25	B13	9787569206081	PHP项目开发实战入门	69.8	354	PHP	网站
10	B25	9787569226614	零基础学C++	79.8	333	C语言C++	程序设计
20	B22	9787569210460	零基础学Javascript	79.8	322	Javascript	网页
16	B27	9787569244403	Python项目开发案例集锦	128.0	281	Python	程序设计
7	B07	9787569208696	C语言精彩编程200例	79.8	271	C语言C++	程序设计
26	B24	9787569208689	零基础学PHP	79.8	248	PHP	网站
11	B10	9787569206081	Java精彩编程200例	79.8	241	Java	程序设计
17	B23	9787569212693	零基础学Oracle	79.8	148	Oracle	数据库
23	B09	9787567787438	JavaWeb项目开发实战入门	69.8	129	JavaWeb	网站
6	B06	9787567787445	C++项目开发实战入门	69.8	120	C语言C++	程序设计
18	B14	9787569221237	SQL即查即用	49.8	120	SQL	数据库
3	B04	9787569210453	C#精彩编程200例	89.8	120	C#	程序设计
12	B11	9787567787407	Java项目开发实战入门	59.8	120	Java	程序设计
22	B03	9787567799424	ASP.NET项目开发实战入门	69.8	120	ASP.NET	网站
22	B17	9787569221220	零基础学ASP.NET	79.8	120	ASP.NET	网站
24	B12	9787567790315	JSP项目开发实战入门	69.8	120	JSP	网站
5	B18	9787569210477	零基础学C#	79.8	120	C#	程序设计
2	B16	9787569208542	零基础学Android	89.8	110	Android	程序设计

图 5.55 按 "销量" 降序排序

程序代码如下。

```
01 import pandas as pd
02 excelFile = 'mrbook.xlsx'
03 df = pd.DataFrame(pd.read_excel(excelFile))
04 # 设置数据显示的列数和宽度
05 pd.set_option('display.max_columns',500)
06 pd.set_option('display.width',1000)
07 # 设置数据显示的编码格式为东亚宽度，以使列对齐
08 pd.set_option('display.unicode.ambiguous_as_wide', True)
09 pd.set_option('display.unicode.east_asian_width', True)
10 # 按 " 销量 " 降序排序
11 df=df.sort_values(by=' 销量 ',ascending=False)
12 print(df)
```

2. 按多列数据排序

多列排序是按照给定列的先后顺序进行排序的。

实例 5.35　　按照"图书名称"和　　👁 **实例位置：资源包 \Code\05\35**
　　　　　　　　　　　　"销量"降序排序

按照"图书名称"和"销量"降序排序，首先按"图书名称"降序排序，然后再按"销量"降序排序，排序后的效果如图 5.56 所示。

	序号	书号	图书名称 ❶	定价	销量 ❷	类别	大类
14	B15	9787569222258	零基础学Python	79.8	888	Python	程序设计
26	B24	9787569208689	零基础学PHP	79.8	248	PHP	网站
17	B23	9787569212693	零基础学Oracle	79.8	148	Oracle	数据库
20	B22	9787569210460	零基础学Javascript	79.8	322	Javascript	网页
13	B21	9787569205688	零基础学Java	69.8	663	Java	程序设计
19	B20	9787569212709	零基础学HTML5+CSS3	79.8	456	HTML5+CSS3	网页
9	B19	9787569208535	零基础学C语言	69.8	888	C语言C++	程序设计
10	B25	9787569226614	零基础学C++	79.8	333	C语言C++	程序设计
5	B18	9787569210477	零基础学C#	79.8	120	C#	程序设计
2	B16	9787569208542	零基础学Android	89.8	110	Android	程序设计
22	B17	9787569221220	零基础学ASP.NET	79.8	120	ASP.NET	网站
18	B14	9787569221237	SQL即查即用	49.8	120	SQL	数据库
16	B27	9787569244403	Python项目开发案例集锦	128.0	281	Python	程序设计
15	B26	9787569226607	Python从入门到项目实践	99.8	559	Python	程序设计
25	B13	9787567790971	PHP项目开发实战入门	69.8	354	PHP	网站
12	B11	9787567787407	Java项目开发实战入门	59.8	120	Java	程序设计
11	B10	9787569206081	Java精彩编程200例	79.8	241	Java	程序设计
23	B09	9787567787438	JavaWeb项目开发实战入门	69.8	129	JavaWeb	网站
24	B12	9787567790315	JSP项目开发实战入门	69.8	120	JSP	网站
8	B08	9787567787414	C语言项目开发实战入门	59.8	625	C语言C++	程序设计
7	B07	9787569208696	C语言精彩编程200例	79.8	271	C语言C++	程序设计
6	B06	9787567787445	C++项目开发实战入门	69.8	120	C语言C++	程序设计
4	B05	9787567790988	C#项目开发实战入门	69.8	541	C#	程序设计
3	B04	9787569210453	C#精彩编程200例	89.8	120	C#	程序设计
1	B02	9787567787421	Android项目开发实战入门	59.8	2355	Android	程序设计
0	B01	9787569204537	Android精彩编程200例	89.8	1300	Android	程序设计
21	B03	9787567799424	ASP.NET项目开发实战入门	69.8	120	ASP.NET	网站

图 5.56　按照"图书名称"和"销量"降序排序

关键代码如下。

```
df.sort_values(by=['图书名称','销量'],ascending=[False,False])
```

3. 对统计结果排序

实例 5.36　　　　　　　　　　　　👁 **实例位置：资源包 \Code\05\36**
　　　　　　对分组统计数据进行排序

按"类别"分组统计销量并进行降序排序，统计排序后的效果如图 5.57 所示。

```
        类别    销量
1       Android  3765
3       C语言C++  2237
11      Python   1728
6       Java     1024
2       C#        781
10      PHP       602
4       HTML5+CSS3 456
8       Javascript 322
0       ASP.NET   240
9       Oracle    148
7       JavaWeb   129
5       JSP       120
12      SQL       120
```

图 5.57　按"类别"分组统计销量并降序排序

关键代码如下。

```
01 df1=df.groupby(["类别"])["销量"].sum().reset_index()
02 df2=df1.sort_values(by='销量',ascending=False)
```

4. 按行数据排序

实例 5.37

按行数据排序

◉ **实例位置：资源包 \Code\05\37**

按行排序，关键代码如下。

```
dfrow.sort_values(by=0,ascending=True,axis=1)
```

💡 **注意**

> 按行排序的数据类型要一致，否则会出现错误提示。

5.5.2　数据排名

排名是指根据 Series 对象或 DataFrame 对象的某几列的值进行排名，主要使用 rank() 方法，语法如下。

```
DataFrame.rank(axis=0,method='average',numeric_only=None,na_option='keep',ascending=True,pct=False)
```

💬 **参数说明：**

- ↻ axis：轴，0 表示行，1 表示列，默认按行排序。
- ↻ method：表示在具有相同值的情况下所使用的排序方法。设置值如下。
  - ↻ average：默认值，平均排名。
  - ↻ min：最小值排名。
  - ↻ max：最大值排名。
  - ↻ first：按值在原始数据中出现的顺序分配排名。
  - ↻ dense：密集排名，类似最小值排名，但是排名每次只增加 1，即排名相同的数据只占一个名次。

- numeric_only：对于 DataFrame 对象，如果设置值为 True，则只对数字列进行排序。
- na_option：空值的排序方式，设置值如下。
  - keep：保留，将空值等级赋值给 NaN 值。
  - top：如果按升序排序，则将最小排名赋值给 NaN 值。
  - bottom：如果按升序排序，则将最大排名赋值给 NaN 值。
- ascending：升序或降序排序，布尔值，指定多个排序可以使用布尔值列表。默认值为 True。
- pct：布尔值，是否以百分比形式返回排名。默认值为 False。

1. 顺序排名

实例 5.38　　　　**对产品销量按顺序进行排名**　　👁 **实例位置：资源包 \Code\05\38**

对产品销量按降序排序，排名相同的，按照出现的顺序排名，程序代码如下。

```python
01 import pandas as pd
02 excelFile = 'mrbook.xlsx'
03 df = pd.DataFrame(pd.read_excel(excelFile))
04 # 设置数据显示的最大列数和宽度
05 pd.set_option('display.max_columns',500)
06 pd.set_option('display.width',1000)
07 # 设置数据显示的编码格式为东亚宽度，以使列对齐
08 pd.set_option('display.unicode.ambiguous_as_wide', True)
09 pd.set_option('display.unicode.east_asian_width', True)
10 # 按 " 销量 " 列降序排序
11 df=df.sort_values(by=' 销量 ',ascending=False)
12 # 顺序排名
13 df[' 顺序排名 '] = df[' 销量 '].rank(method="first", ascending=False)
14 print(df[[' 图书名称 ', ' 销量 ', ' 顺序排名 ']])
```

2. 平均排名

实例 5.39　　　　**对产品销量进行平均排名**　　👁 **实例位置：资源包 \Code\05\39**

对产品销量按降序排序，排名相同的，按顺序排名的平均值作为平均排名，关键代码如下。

```python
df[' 平均排名 ']=df[' 销量 '].rank(ascending=False)
```

运行程序，下面对比一下顺序排名与平均排名的不同，效果分别如图 5.58 和图 5.59 所示。

3. 最小值排名

对产品销量按降序排序，排名相同的，按顺序排名取最小值作为排名，关键代码如下。

```python
df[' 销量 '].rank(method="min",ascending=False)
```

4. 最大值排名

对产品销量按降序排序，排名相同的，按顺序排名取最大值作为排名，关键代码如下。

```python
df[' 销量 '].rank(method="max",ascending=False)
```

	图书名称	销量	顺序排名
1	Android项目开发实战入门	2355	1.0
0	Android精彩编程200例	1300	2.0
9	零基础学C语言	888	3.0
14	零基础学Python	888	4.0
13	零基础学Java	663	5.0
8	C语言项目开发实战入门	625	6.0
15	Python从入门到项目实践	559	7.0
4	C#项目开发实战入门	541	8.0
19	零基础学HTML5+CSS3	456	9.0
25	PHP项目开发实战入门	354	10.0
10	零基础学C++	333	11.0
20	零基础学Javascript	322	12.0
16	Python项目开发案例集锦	281	13.0
7	C语言精彩编程200例	271	14.0
26	零基础学PHP		
11	Java精彩编程200例		
17	零基础学Oracle	148	17.0
23	JavaWeb项目开发实战入门	129	18.0
6	C++项目开发实战入门	120	19.0
18	SQL即查即用	120	20.0
3	C#精彩编程200例	120	21.0
12	Java项目开发实战入门	120	22.0
21	ASP.NET项目开发实战入门	120	23.0
22	零基础学ASP.NET	120	24.0
24	JSP项目开发实战入门	120	25.0
5	零基础学C#	120	26.0
2	零基础学Android	110	27.0

销量相同时，按出现的先后顺序排名

	图书名称	销量	平均排名
1	Android项目开发实战入门	2355	1.0
0	Android精彩编程200例	1300	2.0
9	零基础学C语言	888	3.5
14	零基础学Python	888	3.5
13	零基础学Java	663	5.0
8	C语言项目开发实战入门	625	6.0
15	Python从入门到项目实践	559	7.0
4	C#项目开发实战入门	541	8.0
19	零基础学HTML5+CSS3	456	9.0
25	PHP项目开发实战入门	354	10.0
10	零基础学C++	333	11.0
20	零基础学Javascript	322	12.0
16	Python项目开发案例集锦	281	13.0
7	C语言精彩编程200例		
26	零基础学PHP		
11	Java精彩编程200例		16.0
17	零基础学Oracle	148	17.0
23	JavaWeb项目开发实战入门	129	18.0
6	C++项目开发实战入门	120	22.5
18	SQL即查即用	120	22.5
3	C#精彩编程200例	120	22.5
12	Java项目开发实战入门	120	22.5
21	ASP.NET项目开发实战入门	120	22.5
22	零基础学ASP.NET	120	22.5
24	JSP项目开发实战入门	120	22.5
5	零基础学C#	120	22.5
2	零基础学Android	110	27.0

销量相同时，以顺序排名的平均值作为平均排名

图 5.58　销量相同按出现的先后顺序排名　　图 5.59　销量相同按顺序排名的平均值排名

5.6　综合案例——电商产品转化率分析

经过前面几章的学习，读者对创建数据、读取数据、数据处理及数据排序等相关内容都已经掌握了，接下来牛刀小试，实现一个简单的数据分析案例，分析电商产品转化率。该案例主要实现线上图书在每一个环节的转化率计算，即浏览→访客→加购→成交，如图 5.60 所示。那么，通过各个环节转化率的计算，可以分析出哪一个环节转化率低，为什么低，然后找出问题所在，提高用户从浏览页面到购买的转化率，从而提高产品销量。

下面分别计算单一环节转化率和总体转化率，程序代码如下。

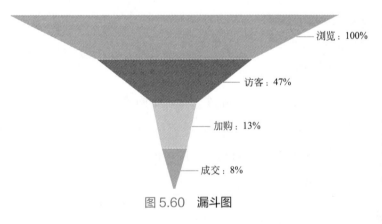

图 5.60　漏斗图

浏览：100%
访客：47%
加购：13%
成交：8%

```
01 import pandas as pd
02 # 设置数据显示的编码格式为东亚宽度，以使列对齐
03 pd.set_option('display.unicode.east_asian_width', True)
04 # 读取 Excel 文件
05 df = pd.read_excel('mrbooks12-01.xlsx')
06 # 抽取数据
07 df1=df[df['商品名称']=='Python 数据分析从入门到实践（全彩版）']
```

```
08 df1=df1[['浏览量','访客数','加购人数','成交商品件数']]
09 # 重新设置列名
10 df1.columns=['浏览','访客','加购','成交']
11 # 数据转换重新设置索引（通过 T 属性进行行列转置）
12 data=df1.T.reset_index()
13 # 重新设置列名
14 data.columns=['环节','人数']
15 # 计算每一个环节的转化率
16 single_convs=data['人数']/data['人数'].shift()
17 # 填充空值为 1 代表第一个环节的转化率
18 single_convs=single_convs.fillna(1)
19 # 利用 round() 函数将转化率保留 2 位小数
20 single_convs = [round(x,2) for x in single_convs]
21 data['单一环节转化率'] = single_convs
22 # 将单一环节转化率格式化为百分比
23 data['单一环节转化率']=data['单一环节转化率'].apply(lambda x: format(x,'.0%'))
24 # 计算总体转化率
25 total_convs = data['人数'] / data['人数'][0]
26 total_convs = [round(x,2) for x in total_convs]
27 data['总体转化率'] = total_convs
28 # 将总体转化率格式化为百分比
29 data['总体转化率']=data['总体转化率'].apply(lambda x: format(x,'.0%'))
30 print(data)
```

运行程序，效果如图 5.61 所示。

```
   环节  人数  单一环节转化率  总体转化率
0  浏览  788      100%    100%
1  访客  372       47%     47%
2  加购  106       28%     13%
3  成交   64       60%      8%
```

图 5.61　转化率

5.7　实战练习

根据前面所学内容及综合案例中提供的数据集实现 TOP10 商品日销量榜单，要求程序实现查看数据状况、分析成交商品件数 TOP10 的商品。首先使用 info() 方法查看数据，了解数据状况，然后抽取商品名称、成交商品件数，最后按成交商品件数进行排名，显示 TOP10 商品，效果如图 5.62 所示。

```
                          TOP10商品日销量榜单
排名                                                     商品名称  成交商品件数
  1                      零基础学Python（全彩版）Python3.8 全新升级       135
  2                           Python数据分析从入门到实践（全彩版）        64
  3   Python网络爬虫从入门到实践（全彩版）赠实物魔卡、e学版电子书及完整程序源码……        40
  4                             Python编程超级魔卡（全彩版）        36
  5                        Python实效编程百例·综合卷（全彩版）         27
  6   Python GUI设计PyQt5从入门到实践（全彩版）赠纸质专属魔卡、PPT课件……        15
  7            Python项目开发实战入门（全彩版）赠e学版电子书、源码……        14
  8                          Java项目开发实战入门（全彩版）        13
  9        零基础学Java（全彩版）赠小白实战手册 电子版魔卡、必刷题……        12
 10   零基础学C语言（全彩版）赠e学版电子书、电子版魔卡、必刷题 小白实战手册……        11
```

图 5.62　TOP10 商品日销量榜单

◇ 小结

本章介绍了数据读取与写入，包括 Excel 文件、文本文件、网页数据和数据库中的数据，之后学习了简单的数据处理，包括数据抽取和数据的增、删、改、查及排序等。通过本章的学习，读者对 Pandas 模块有了更进一步的了解，同时还能够对数据进行简单的分析。

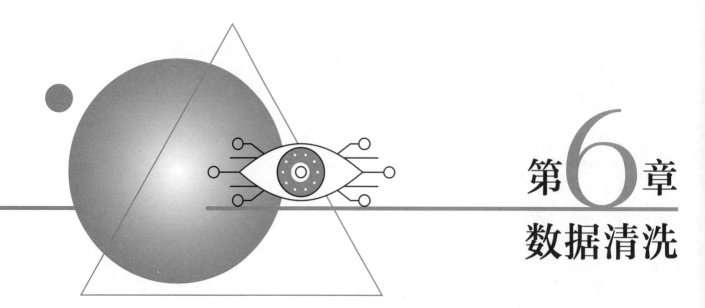

第6章

数据清洗

数据清洗是数据分析的一个重要工作，因为数据的质量直接影响数据分析或者算法模型的结果。本章主要介绍如何处理缺失值、重复值和异常值，以及字符串操作和数据转换。

6.1 处理缺失值

6.1.1 什么是缺失值

缺失值指的是由于某种原因导致数据为空。以下 3 种情况可能会造成数据为空。

① 人为因素导致数据丢失。

② 在数据采集过程中，因各种原因导致数据缺失。例如，调查问卷，被调查者不愿意分享数据；医疗数据涉及患者隐私，患者不愿意提供。

③ 系统或者设备出现故障。

实际上缺失值就是空值，它的存在可能会造成数据分析过程陷入混乱，从而导致不可靠的分析结果。那么，在 Python 中缺失值是什么样子的呢？如图 6.1 所示。

	0	1	2	...	5	6	7
0	USER LOGIN	用户名：	密码：	...	忘记密码?	设为首页	加入收藏
0	品名	最低价	平均价	...	单位	发布日期	NaN
1	大白菜	0.25	0.30	...	斤	2021-05-22	NaN
2	娃娃菜	0.40	0.50	...	斤	2021-05-22	NaN
3	小白菜	0.40	0.55	...	斤	2021-05-22	NaN

图 6.1 Python 中的缺失值

在 Python 中，缺失值一般由 NaN 表示，即 not a number。NaN

不是一个数，它就是空值，也可能是 None、NaT（日期型，not a time）等类似的数据。

6.1.2 查看缺失值

在 Python 中查找数据中的缺失值有以下 3 种方法。

↻ info() 方法：查看索引、列数、每一列的数据类型、非空值的数量和内存使用量。

↻ isnull() 方法：空值返回 True，非空值返回 False。

↻ notnull() 方法：与 isnull() 方法相反，空值返回 False，非空值返回 True。

 实例 6.1

查看数据概况

👁 **实例位置：资源包 \Code\06\01**

以淘宝销售数据为例，首先输出数据，然后使用 info() 方法查看数据，程序代码如下。

```
01 import pandas as pd
02 df=pd.read_excel('TB2018.xls')
03 print(df)
04 rint(df.info())
```

运行程序，输出结果如图 6.2 所示。

```
   买家会员名  买家实际支付金额  宝贝总数量        宝贝标题             类别      订单付款时间
0  mr001     143.50      2.0       Python黄金组合       图书  2018-10-09 22:54:26
1  mr002      78.80      1.0       Python编程锦囊       NaN  2018-10-09 22:52:42
2  mr003      48.86      1.0       零基础学C语言         图书  2018-01-19 12:53:01
3  mr004      81.75      NaN  SQL Server应用与开发范例宝典  图书  2018-06-30 11:46:14
4  mr005     299.00      1.0    Python程序开发资源库     NaN  2018-03-23 18:25:45
5  mr006      41.86      1.0       零基础学Python      图书  2018-03-24 19:25:45
6  mr007      55.86      1.0     C语言精彩编程200例      图书  2018-03-25 11:00:45
7  mr008      41.86      NaN   C语言项目开发实战入门     图书  2018-03-26 23:11:11
8  mr009      41.86      1.0    Java项目开发实战入门     图书  2018-03-27 07:25:30
9  mr010      34.86      1.0       SQL即查即用        图书  2018-03-28 18:09:12
<class 'pandas.core.frame.DataFrame'>
RangeIndex: 10 entries, 0 to 9
Data columns (total 6 columns):
买家会员名        10 non-null object
买家实际支付金额    10 non-null float64
宝贝总数量        8 non-null float64
宝贝标题         10 non-null object
类别           8 non-null object
订单付款时间       10 non-null datetime64[ns]
dtypes: datetime64[ns](1), float64(2), object(3)
memory usage: 560.0+ bytes
None
```

图 6.2　查看缺失值

在图 6.2 中，通过 info() 方法我们看到"买家会员名"、"买家实际支付金额"、"宝贝标题"和"订单付款时间"的非空数量是 10，而"宝贝总数量"和"类别"的非空数量是 8，那么说明这两项存在缺失值。

 实例 6.2

判断数据是否存在缺失值

👁 **实例位置：资源包 \Code\06\02**

判断数据是否存在缺失还可以使用 isnull() 方法和 notnull() 方法，关键代码如下。

```
01 print(df.isnull())
02 print(df.notnull())
```

运行程序，输出结果如图 6.3 所示。

	买家会员名	买家实际支付金额	宝贝总数量	宝贝标题	类别	订单付款时间
0	False	False	False	False	False	False
1	False	False	False	False	True	False
2	False	False	False	False	False	False
3	False	False	True	False	False	False
4	False	False	False	False	True	False
5	False	False	False	False	False	False
6	False	False	False	False	False	False
7	False	False	True	False	False	False
8	False	False	False	False	False	False
9	False	False	False	False	False	False

	买家会员名	买家实际支付金额	宝贝总数量	宝贝标题	类别	订单付款时间
0	True	True	True	True	True	True
1	True	True	True	True	False	True
2	True	True	True	True	True	True
3	True	True	False	True	True	True
4	True	True	True	True	False	True
5	True	True	True	True	True	True
6	True	True	True	True	True	True
7	True	True	False	True	True	True
8	True	True	True	True	True	True
9	True	True	True	True	True	True

图 6.3　判断缺失值

使用 isnull() 方法时，缺失值返回 True，非缺失值返回 False；而 notnull() 方法与 isnull() 方法正好相反，缺失值返回 False，非缺失值返回 True。

如果使用 df[df.isnull() == False]，则会将所有不是缺失值的数据找出来（只针对 Series 对象）。

6.1.3　处理缺失值

1. 删除缺失值

通过前面的判断得知了数据缺失情况，下面将缺失值删除。删除缺失值主要使用 dropna() 方法，该方法用于删除含有缺失值的行，关键代码如下。

```
df.dropna()
```

运行程序，输出结果如图 6.4 所示。

	买家会员名	买家实际支付金额	宝贝总数量	宝贝标题	类别	订单付款时间
0	mr001	143.50	2.0	Python黄金组合	图书	2018-10-09 22:54:26
2	mr003	48.86	1.0	零基础学C语言	图书	2018-01-19 12:53:01
5	mr006	41.86	1.0	零基础学Python	图书	2018-03-24 19:25:45
6	mr007	55.86	1.0	C语言精彩编程200例	图书	2018-03-25 11:00:45
8	mr009	41.86	1.0	Java项目开发实战入门	图书	2018-03-27 07:25:30
9	mr010	34.86	1.0	SQL即查即用	图书	2018-03-28 18:09:12

图 6.4　删除缺失值 1

📖 说明

有些时候数据可能存在整行为空的情况，此时可以在 dropna() 方法中指定参数 how='all'，删除所有空行。

从运行结果得知,dropna() 方法将所有包含缺失值的数据全部删除了。如果有些数据虽然存在缺失值,但是不影响数据分析,那么可以使用以下方法处理。例如,上述数据中只保留"宝贝总数量"不存在缺失值的数据,而"类别"是否缺失无所谓,则可以使用 notnull() 方法,关键代码如下。

```
df1=df[df['宝贝总数量'].notnull()]
```

运行程序,输出结果如图 6.5 所示。

2. 填充缺失值

对于缺失数据,如果比例高于 30% 可以选择放弃这个指标,做删除处理;低于 30% 则尽量不要删除,而是选择将这部分数据填充,一般以 0、均值、众数(大多数)填充。DataFrame 对象中的 fillna() 函数可以实现填充

	买家会员名	买家实际支付金额	宝贝总数量	宝贝标题	类别	订单付款时间
0	mr001	143.50	2.0	Python黄金组合	图书	2018-10-09 22:54:26
1	mr002	78.80	1.0	Python编程锦囊	NaN	2018-10-09 22:52:42
2	mr003	48.86	1.0	零基础学C语言	图书	2018-01-19 12:53:01
4	mr005	299.00	1.0	Python程序开发资源库	NaN	2018-03-23 18:25:45
5	mr006	41.86	1.0	零基础学Python	图书	2018-03-24 19:25:45
6	mr007	55.86	1.0	C语言精彩编程200例	图书	2018-03-25 11:00:45
8	mr009	41.86	1.0	Java项目开发实战入门	图书	2018-03-27 07:25:30
9	mr010	34.86	1.0	SQL即查即用	图书	2018-03-28 18:09:12

图 6.5 删除缺失值 2

缺失值。其中,pad/ffill 表示用前一个非缺失值填充该缺失值;backfill/bfill 表示用下一个非缺失值填充该缺失值;None 用于指定一个值替换缺失值。

实例 6.3

将 NaN 填充为 0

👁 **实例位置:资源包 \Code\06\03**

用于计算的数值型数据如果为空,可以选择用"0"填充。例如,将"宝贝总数量"为空的数据填充为"0",关键代码如下。

```
df['宝贝总数量'] = df['宝贝总数量'].fillna(0)
```

运行程序,输出结果如图 6.6 所示。

6.2 处理重复值

对于数据中存在的重复数据,包括重复的行或者几行中某几列的值重复一般做删除处理,主要使用 DataFrame 对象的 drop_duplicates() 方法。

	买家会员名	买家实际支付金额	宝贝总数量	宝贝标题	类别	订单付款时间
0	mr001	143.50	2.0	Python黄金组合	图书	2018-10-09 22:54:26
1	mr002	78.80	1.0	Python编程锦囊	NaN	2018-10-09 22:52:42
2	mr003	48.86	1.0	零基础学C语言	图书	2018-01-19 12:53:01
3	mr004	81.75	0.0	SQL Server应用与开发范例宝典	图书	2018-06-30 11:46:14
4	mr005	299.00	1.0	Python程序开发资源库	NaN	2018-03-23 18:25:45
5	mr006	41.86	1.0	零基础学Python	图书	2018-03-24 19:25:45
6	mr007	55.86	1.0	C语言精彩编程200例	图书	2018-03-25 11:00:45
7	mr008	41.86	0.0	C语言项目开发实战入门	图书	2018-03-25 23:11:11
8	mr009	41.86	1.0	Java项目开发实战入门	图书	2018-03-27 07:25:30
9	mr010	34.86	1.0	SQL即查即用	图书	2018-03-28 18:09:12

图 6.6 填充缺失值

实例 6.4

处理淘宝电商销售数据中的 重复数据

👁 **实例位置:资源包 \Code\06\04**

下面以"1月.xlsx"淘宝销售数据为例,对其中的重复数据进行处理。
① 判断每一行数据是否重复(完全相同)。

```
df1.duplicated()
```

如果返回值为 False,表示不重复;如果返回值为 True,表示重复。
② 去除全部的重复数据。

```
df1.drop_duplicates()
```

③ 去除指定列的重复数据。

```
df1.drop_duplicates(['买家会员名'])
```

④ 保留重复行中的最后一行

```
df1.drop_duplicates(['买家会员名'],keep='last')
```

📋 **说明**

> 以上代码中参数 keep 的值有三个。当 keep='first'，表示保留第一次出现的重复行，是默认值。当 keep='last' 和 keep='False' 时，分别表示保留最后一次出现的重复行和去除所有重复行。

⑤ 直接删除，保留一个副本。

```
df1.drop_duplicates(['买家会员名','买家支付宝账号'],inplace=Fasle)
```

inplace=True 表示直接在原来的 DataFrame 上删除重复项，而默认值 False 表示删除重复项后生成一个副本。

6.3　异常值的检测与处理

首先了解一下什么是异常值。在数据分析中，异常值是指超出或低于正常范围的值，如年龄大于 200、身高大于 3m、宝贝总数量为负数等类似数据。那么这些数据如何检测呢？主要有以下几种方法。

① 根据给定的数据范围进行判断，不在范围内的数据视为异常值。

② 均方差。在统计学中，如果一个数据分布近似正态分布（数据分布的一种形式，呈钟形，两头低，中间高，左右对称），那么大约 68% 的数据会在均值的一个标准差范围内，大约 95% 的数据会在两个标准差范围内，大约 99.7% 的数据会在三个标准差范围内。

③ 箱形图。箱形图是显示一组数据分散情况资料的统计图，它可以将数据通过四分位数的形式进行图形化描述。箱形图通过上限和下限作为数据分布的边界，任何高于上限或低于下限的数据都可以被认为是异常值，如图 6.7 所示。

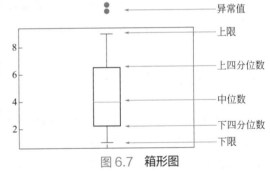

图 6.7　箱形图

📋 **说明**

> 有关箱形图的介绍及如何通过箱形图识别异常值可参见第 9 章可视化数据分析图表。

了解了异常值的检测，接下来介绍如何处理异常值，主要包括以下几种处理方式。

① 最常用的方式是删除。

② 将异常值当缺失值处理，以某个值填充。

③ 将异常值当特殊情况进行分析，研究异常值出现的原因。

6.4　字符串操作

字符串操作也是数据清洗的一部分。在商业数据表中，经常需要处理字符型数据，而 Pandas 中的 Series 对象中的字符串对象 str 下有几十种方法可以用来处理字符串数据。这些方法可以通过 str 字符串对象访问到，并且它们和 Python 内置的字符串处理方法的名字是相同的。

6.4.1 字符串对象方法

Series 对象中的字符串对象 str 的内建方法可以实现大部分文本操作，简单、快捷。字符串对象方法如表 6.1 所示。

表 6.1　**字符串对象方法**

方法	描述
casefold()	将字符串转换为小写，并将任何特定于区域的变量字符组合转换为常见的可比较形式
cat()	用给定的分隔符连接字符串数组
center()	居中，用额外的空格填充左右两边
contains()	检查给定的模式是否包含在数组的每个字符串中
count()	计算每个字符出现的次数
decode()	使用指定的编码将字符串解码为 Unicode 编码格式
encode()	使用指定的编码将字符串编码为其他编码格式
endswith()	返回布尔值，是否以指定的子字符串结尾
startswith()	返回布尔值，是否以指定的子字符串开头
extract()	使用传递的正则表达式在每个字符串中查找组
find()	查询一个字符串在其本身字符串对象中首次出现的索引位置
rfind()	查询一个字符串在其本身字符串对象中最后出现的索引位置
findall()	查找所有出现的模式或正则表达式
get()	从数组中每个元素的列表、元组或字符串中提取元素
join()	拼接字符串，类似于字符串函数 String 中的 join()
len()	计算数据中每个字符串的长度
lower()	将数据中的大写字母转换为小写字母
upper()	将数据中的小写字母转换为大写字母
lstrip()	去除字符串左边的空格
rstrip()	去除字符串右边的空格
match()	使用传递的正则表达式在每个字符串中查找
pad()	带空格的填充字符串
repeat()	按指定的次数复制数据中的每个字符串
replace()	字符串替换
slice()	按下标截取字符串
slice_replace()	按下标替换字符串
ljust()	左对齐，用空格或指定的字符填充
rjust()	右对齐，用空格或指定的字符填充
split()	使用分隔符切分字符串

下面针对常用的字符串对象方法进行举例。

实例 6.5

字符串大小写转换

👁 **实例位置：资源包 \Code\06\05**

下面分别实现将字符串中的大写字母转换为小写字母、小写字母转换为大写字母，程序代码如下。

```
01 import pandas as pd
02 s=pd.Series(["mr","MR-soft","www.MINGRISOFT.COM"])
03 # 原始数据
04 print(' 原始数据: ')
05 print(s)
06 print(' 转换为小写: ')
07 print(s.str.lower())
08 print(' 转换为大写: ')
09 print(s.str.upper())
```

运行程序，输出结果如图 6.8 所示。

实例 6.6

去掉字符串中的空格

● **实例位置：资源包 \Code\06\06**

下面实现去掉字符串中的空格，程序代码如下。

```
01 import pandas as pd
02 s=pd.Series(["mr ","MR soft "," ww w.MINGRISOFT.COM "])
03 # 通过长度检验是否去掉了空格
04 print(' 原始数据及数据长度: ')
05 print(s)
06 print(s.str.len())
07 print(' 去掉两边空格后的长度: ')
08 a=s.str.strip()
09 print(a.str.len())
10 print(' 去掉左边空格后的长度: ')
11 a=s.str.lstrip()
12 print(a.str.len())
13 print(' 去掉右边空格后的长度: ')
14 a=s.str.rstrip()
15 print(a.str.len())
```

运行程序，输出结果如图 6.9 所示。

```
原始数据:
0                       mr
1                  MR-soft
2       www.MINGRISOFT.COM
dtype: object
转换为小写:
0                       mr
1                  mr-soft
2       www.mingrisoft.com
dtype: object
转换为大写:
0                       MR
1                  MR-SOFT
2       WWW.MINGRISOFT.COM
dtype: object
```

图 6.8　字符串大小写转换

```
原始数据及数据长度:
0                       mr
1                  MR soft
2       ww w.MINGRISOFT.COM
dtype: object
0     3
1     8
2    21
dtype: int64
去掉两边空格后的长度:
0     2
1     7
2    19
dtype: int64
去掉左边空格后的长度:
0     3
1     8
2    20
dtype: int64
去掉右边空格后的长度:
0     2
1     7
2    20
dtype: int64
```

图 6.9　去掉字符串中的空格

6.4.2 字符串替换方法

字符串替换方法 replace() 是最常用的方法之一。在数据分析过程中，数据中可能有各种各样的问题，尤其是爬取到的数据，存在一些乱码或者其他的操作符号，这个时候就可以使用 replace() 方法进行替换。

例如，将 "a" 替换为 "明日科技"，代码如下。

```
01 s=pd.Series(['a','b','c'])
02 s=s.str.replace('a','明日科技')
```

 实例 6.7　　　　　　**使用 replace() 方法替换**　　👁 **实例位置：资源包 \Code\06\07**
数据中指定的字符

对爬取后的二手房房价信息进行清理，删除无用的列，并去除房价信息中的单位 "万" 和 "平米"，程序代码如下。

```
01 import pandas as pd
02 # 设置数据显示的编码格式为东亚宽度，以使列对齐
03 pd.set_option('display.unicode.east_asian_width', True)
04 ''' 查找替换 "总价" 中的 "万" '''
05 df=pd.read_csv("data.csv")
06 print(df.head())
07 # 删除无用的列
08 del df['Unnamed: 0']
09 # 去除单位
10 df['总价']=df['总价'].str.replace('万','')
11 df['建筑面积']=df['建筑面积'].str.replace('平米','')
12 print(df.head())
```

运行程序，输出结果如图 6.10（原始数据）和图 6.11（清洗后的数据）所示。

Unnamed: 0		小区名字	总价	户型	建筑面积	单价	朝向	楼层	装修	区域
0	0	中天北湾新城	89万	2室2厅1卫	89平米	10000元/平米	南北	低层	毛坯	高新
1	1	榉林苑	99.8万	3室2厅1卫	143平米	6979元/平米	南北	中层	毛坯	净月
2	2	嘉柏湾	32万	1室1厅1卫	43.3平米	7390元/平米	南	高层	精装修	经开
3	3	中环12区	51.5万	2室1厅1卫	57平米	9035元/平米	南北	高层	精装修	南关
4	4	昊源高格蓝湾	210万	3室2厅2卫	160.8平米	13060元/平米	南北	高层	精装修	二道

图 6.10　原始数据

	小区名字	总价	户型	建筑面积	单价	朝向	楼层	装修	区域
0	中天北湾新城	89	2室2厅1卫	89	10000元/平米	南北	低层	毛坯	高新
1	榉林苑	99.8	3室2厅1卫	143	6979元/平米	南北	中层	毛坯	净月
2	嘉柏湾	32	1室1厅1卫	43.3	7390元/平米	南	高层	精装修	经开
3	中环12区	51.5	2室1厅1卫	57	9035元/平米	南北	高层	精装修	南关
4	昊源高格蓝湾	210	3室2厅2卫	160.8	13060元/平米	南北	高层	精装修	二道

图 6.11　清洗后的数据

利用 replace() 方法除了可以替换掉数据中的字符外，还可以替换掉标题中的字符。

 实例 6.8　　　　　　**使用 replace() 方法替换**　　👁 **实例位置：资源包 \Code\06\08**
标题中指定的字符

首先构建一组随机数据，然后使用 replace() 方法将标题中的空格替换掉，程序代码如下。

```
01 import pandas as pd
02 import numpy as np
03 # 设置数据显示的编码格式为东亚宽度，以使列对齐
04 pd.set_option('display.unicode.east_asian_width', True)
05 # 随机生成4行3列的数据
06 df=pd.DataFrame(np.random.randn(4,3),columns=['高一年级 1班','高一年级 2班','高一年级 3班'])
07 print(df)
08 # 替换掉标题中的空格
09 df.columns=df.columns.str.replace(' ','')
10 print(df)
```

运行程序，输出结果如图 6.12 和图 6.13 所示。

	高一年级 1班	高一年级 2班	高一年级 3班
0	0.564253	-0.997964	0.930524
1	-0.620117	0.157518	-1.130941
2	-1.641593	-1.034245	-0.556063
3	-0.007283	0.596473	0.384578

图 6.12　原始数据

	高一年级1班	高一年级2班	高一年级3班
0	0.564253	-0.997964	0.930524
1	-0.620117	0.157518	-1.130941
2	-1.641593	-1.034245	-0.556063
3	-0.007283	0.596473	0.384578

图 6.13　去除空格后的标题

也可以将空格替换成其他字符，如 "-"，代码如下。

```
df.columns=df.columns.str.replace(' ','-')
```

6.4.3　数据切分方法

在数据分析过程中，数据多种多样，如规格中的长、宽、高及地址中的省、市、区都是在一起的，这时可以使用 split() 方法将规格中的长、宽、高或地址中的省、市、区切分出来。

利用 Series 对象的 str 字符串对象中的 split() 方法可以实现字符串的切分，语法如下。

```
Series.str.split(pat=None, n=-1, expand=False)
```

参数说明：

- pat：字符串、符号或正则表达式，字符串切分的依据，默认以空格切分字符串。
- n：整型，切分次数，默认值是 -1，0 或 -1 都将返回所有拆分。
- expand：布尔型，切分后的结果是否转换为 DataFrame 对象，默认值是 False。
- 返回值：Series 对象、DataFrame 对象、索引或多重索引。

实例 6.9　　　　　　　　　　使用 split() 方法切分地址　　　　实例位置：资源包 \Code\06\09

下面使用 split() 方法将"收货地址"切分为省、市、区、地址，程序代码如下。

```
01 import pandas as pd
02 # 设置数据显示的最大列数和宽度
03 pd.set_option('display.max_columns',20)
04 pd.set_option('display.width',3000)
05 # 设置数据显示的编码格式为东亚宽度，以使列对齐
06 pd.set_option('display.unicode.east_asian_width', True)
07 # 读取 Excel 文件指定列数据（"买家会员名"和"收货地址"）
08 df = pd.read_excel('mrbooks.xls',usecols=['买家会员名','收货地址'])
09 print(df.head())
10 ''' 使用 split() 方法切分"收货地址"'''
11 s=df['收货地址'].str.split(' ',expand=True)
12 df['省']=s[0]
13 df['市']=s[1]
14 df['区']=s[2]
15 df['地址']=s[3]
16 print(df.head())
```

运行程序，输出结果如图 6.14 所示。

上述代码中，直接将特征数据切分出来，即省、市、区和地址，并且"收货地址"被切分后直接转成了 DataFrame 对象，设置 expand 参数为 True。

买家会员名	收货地址	省	市	区	地址
0 mr00001	重庆 重庆市 南岸区	重庆	重庆市	南岸区	
1 mr00003	江苏省 苏州市 吴江区 吴江经济技术开发区亨通路	江苏省	苏州市	吴江区	吴江经济技术开发区亨通路
2 mr00004	江苏省 苏州市 园区 苏州市工业园区唯亭镇阳澄湖大道维纳阳光花园……	江苏省	苏州市	园区	苏州市工业园区唯亭镇阳澄湖大道维纳阳光花园
3 mr00002	重庆 重庆市 南岸区 长生桥镇茶园新区长电路11112号	重庆	重庆市	南岸区	长生桥镇茶园新区长电路11112号
4 mr00005	安徽省 滁州市 明光市 三界镇中心街10001号	安徽省	滁州市	明光市	三界镇中心街10001号

图 6.14　使用 split() 方法切分地址

6.4.4　字符串判断方法

当拿到一份数据时，数据五花八门什么样的都有。在处理这些数据的过程中，可以使用 contains() 方法判断包不包含指定的字符，包不包含前缀、尾缀或者指定的值，这些都可以进行判断。contains() 方法的返回值为布尔型。除此之外，使用 contains() 方法还可以对数据进行筛选归类。

实例 6.10

使用 contains() 方法筛选 数据并归类
👁 **实例位置：资源包 \Code\06\10**

在京东电商销售数据中，首先通过 contains() 方法筛选"商品名称"中包含"Python"的图书，其次实现按照"商品名称"中包含指定的字符串对商品进行归类。例如，"商品名称"中包含"Python"，类别为"Python"，"商品名称"中包含"Java"，类别为"Java"，以此类推。程序代码如下。

```
01 import pandas as pd
02 # 设置数据显示的编码格式为东亚宽度，以使列对齐
03 pd.set_option('display.unicode.east_asian_width', True)
04 # 设置数据显示的宽度和最大列数
05 pd.set_option('display.width', 1000)    # 显示宽度
06 pd.set_option('display.max_columns', 20)    # 显示列数
07 # 读取 Excel 文件
08 df = pd.read_excel('data1.xlsx', usecols=[' 商品名称 ', ' 成交商品件数 ', ' 成交码洋 '])
09 print(df.head())
10 # 使用 contains() 方法筛选包含 "Python" 的数据
11 print(df[df[' 商品名称 '].str.contains('Python')].head())
12 ''' 数据筛选并归类 '''
13 # 筛选符合条件的行的索引，使用 df.loc 属性进行赋值
14 df.loc[df [df[' 商品名称 '].str.contains('Python')].index,' 类别 ']='Python'
15 df.loc[df [df[' 商品名称 '].str.contains('Java')].index,' 类别 ']='Java'
16 df.loc[df [df[' 商品名称 '].str.contains('C#')].index,' 类别 ']='C#'
17 df.loc[df [df[' 商品名称 '].str.contains('PHP')].index,' 类别 ']='PHP'
18 df.loc[df [df[' 商品名称 '].str.contains('JavaWeb')].index,' 类别 ']='JavaWeb'
19 df.loc[df [df[' 商品名称 '].str.contains('C 语言 ')].index,' 类别 ']='C 语言 '
20 df.loc[df [df[' 商品名称 '].str.contains('JSP')].index,' 类别 ']='JSP'
21 df.loc[df[df[' 商品名称 '].str.contains('C\++')].index, ' 类别 '] = 'C++'
22 df.loc[df[df[' 商品名称 '].str.contains('Android')].index, ' 类别 '] = 'Android'
23 df.loc[df[df[' 商品名称 '].str.contains('WEB 前端 ')].index, ' 类别 '] = 'WEB 前端 '
24 print(df.head())
```

运行程序，输出结果如图 6.15 所示。

	商品名称	成交商品件数	成交码洋	类别
0	零基础学Python（全彩版）Python3.8 全新升级	182	14523.6	Python
1	Python数据分析从入门到实践（全彩版）	62	6076.0	Python
2	Python实效编程百例·综合卷（全彩版）	62	4947.6	Python
3	Python编程超级魔卡（全彩版）	52	1549.6	Python
4	Python网络爬虫从入门到实践（全彩版）赠实物魔卡、e学版电子书及完整程序源码……	44	4312.0	Python

图 6.15　使用 contains() 方法筛选数据并归类

技巧

> 在 "df.loc[df[df[' 商品名称 '].str.contains('C\++')].index, ' 类别 '] = 'C++'" 代码中，使用了反斜杠 "\"，它的用法是转义，原因是代码中的字符 "++" 是正则表达式中的符号，表示重复前面一个匹配字符一次或者多次，因此使用了反斜杠 "\" 进行转义。

6.5　数据转换

6.5.1　使用字典映射进行数据转换

在日常的数据处理中，经常需要对数据进行转换，如将性别 "男" 转换为 1，"女" 转换为 2。利用 Series 对象的 map() 函数可以很容易地实现绝大部分类似的数据处理需求。下面简单介绍一下 map() 函数。

map() 函数可以接收一个函数或含有映射关系的字典型对象。使用 map() 函数实现元素级转换及数据处理工作是一种非常便捷的方式。

实例 6.11　使用 map() 函数将数据中的性别转换为数字　　●　实例位置：资源包 \Code\06\11

首先使用 NumPy 创建一组数据，然后使用字典映射将性别 "男" 转换为 1，"女" 转换为 2，程序代码如下。

```
01 import pandas as pd
02 import numpy as np
03 # 设置数据显示的编码格式为东亚宽度，以使列对齐
04 pd.set_option('display.unicode.east_asian_width', True)
05 # 创建数据
06 boolean=[True,False]
07 sex=[" 男 "," 女 "]
08 df=pd.DataFrame({
09     " 身高 ":np.random.randint(150,190,100),
10     " 体重 ":np.random.randint(35,90,100),
11     " 是否接种疫苗 ":[boolean[x] for x in np.random.randint(0,2,100)],
12     " 性别 ":[sex[x] for x in np.random.randint(0,2,100)],
13     " 年龄 ":np.random.randint(18,70,100)
14 })
15 print(df.head())
16 # 创建性别字典
17 sex_mapping={' 男 ':1,' 女 ':2}
18 # 使用字典映射将性别转换为数字
19 df[' 性别 ']=df[' 性别 '].map(sex_mapping)
20 print(df.head())
```

运行程序，输出结果如图 6.16（原始数据）和图 6.17（转换性别后的数据）所示。

	身高	体重	是否接种疫苗	性别	年龄
0	158	49	True	男	54
1	166	50	True	女	66
2	163	38	True	女	18
3	184	76	False	男	24
4	177	43	False	男	55

图 6.16　原始数据

	身高	体重	是否接种疫苗	性别	年龄
0	158	49	True	1	54
1	166	50	True	2	66
2	163	38	True	2	18
3	184	76	False	1	24
4	177	43	False	1	55

图 6.17　转换性别后的数据

6.5.2　数据分割

Pandas 的 cut() 函数的作用是将一组数据分割成离散的区间。例如，一组年龄数据，可以使用 cut() 函

数将年龄数据分割成不同的年龄段并打上标签。依据联合国世卫组织对人类年龄划分的新标准: 0 ～ 17
岁为"未成年人", 18 ～ 65 岁为"青年人", 66 ～ 79 岁为"中年人", 80 ～ 99 岁为"老年人", 100
岁以上为"长寿老人"。cut() 函数的语法格式如下。

```
pandas.cut(x,bins,right=True,labels=None,retbins=False,precision=3,include_lowest=False,
duplicates='raise')
```

参数说明:

- x: 被分割的类数组 (array-like) 数据, 必须是一维的 (不能是 DataFrame 对象)。
- bins: 被分割后的区间 (也被称作"桶"、"箱"或"面元"), 有 3 种形式, 一个 int 型的标量、标量序列 (数组) 或者 pandas.IntervalIndex。
- 一个 int 型的标量: 当 bins 为一个 int 型的标量时, 代表将 x 分成 bins 份。x 的范围在每侧扩展 0.1%, 以包括 x 的最大值和最小值。
- 标量序列: 标量序列定义了被分割后每一个 bin 的区间边缘, 此时 x 没有扩展。
- pandas.IntervalIndex: 定义要使用的精确区间。
- right: bool 型, 默认值为 True, 表示是否包含区间右边的值。例如, 如果 bins=[1,2,3], right=True, 则区间为 (1,2](包括 2)、(2,3](包括 3); right=False, 则区间为 (1,2)(不包括 2)、(2,3)(不包括 3)。
- labels: 给分割后的 bins 打标签。例如, 将年龄 x 分割成年龄段 bins 后, 可以给年龄段打上"未成年人"、"青年人"和"中年人"等标签。labels 的长度必须和划分后的区间长度相等。例如, bins=[1,2,3], 划分后有 2 个区间, 即 (1,2] 和 (2,3], 则 labels 的长度必须为 2。如果指定 labels=False, 则返回 x 中的数据在第几个 bin 中 (从 0 开始)。
- retbins: bool 型, 是否将分割后的 bins 返回。当 bins 为一个 int 型的标量时比较有用, 这样可以得到划分后的区间。默认值为 False。
- precision: 保留区间小数点的位数, 默认值为 3。
- include_lowest: bool 型, 表示区间的左边是开还是闭。默认值为 False, 也就是不包含区间左边的值。
- duplicates: 是否允许重复区间。值为 raise, 表示不允许; 值为 drop, 表示允许。

返回值有以下几种。

- out: 一个 pandas.Categorical、Series 对象或者 ndarray 数组类型的值, 代表分区后 x 中的每个值在哪个区间中。如果指定了 labels 参数, 则返回对应的标签。
- bins: 分割后的区间。当指定 retbins 参数为 True 时, 返回分割后的区间。

**分割成绩数据并标记为
"优秀""良好""一般"**　　👁 **实例位置: 资源包 \Code\06\12**

下面通过 Pandas 的 cut() 函数对学生的英语成绩数据进行分割并标记为"优秀"、"良好"和"一般"。
其中, 0 ～ 59 分为一般, 60 ～ 69 分为良好, 70 ～ 100 分为优秀。程序代码如下。

```
01 import pandas as pd
02 # 设置数据显示的编码格式为东亚宽度, 以使列对齐
03 pd.set_option('display.unicode.east_asian_width', True)
04 # 读取 CSV 文件, 指定编码格式为 gbk
05 df=pd.read_csv('英语成绩报告.csv',encoding='gbk')
06 # 输出前 5 条数据
07 print(df.head())
```

```
08 # 使用 cut() 函数将数据分割成离散的区间并进行标记
09 scores = df[' 得分 ']
10 df[' 标记 ']=pd.cut(scores, [0,60,70,100], labels=[u" 一般 ",u" 良好 ",u" 优秀 "])
11 # 输出前 5 条数据
12 print(df.head())
```

运行程序，输出结果如图 6.18（原始数据）和图 6.19（分割后的数据）所示。

6.5.3 分类数据数字化

在数据分析过程中，经常会遇到用于分类的数据，如性别为"男"或"女"，颜色有"红"、"绿"和"蓝"等。这些数据不是连续的，而是离散的、无序的。如果对这种特征的数据进行分析，则需要将它们数字化，有以下两种方式。

序号		班级	姓名	得分
0	1	高二年级1班	mr01	84
1	2	高二年级1班	mr02	82
2	3	高二年级1班	mr03	78
3	4	高二年级1班	mr04	76
4	5	高二年级1班	mr05	76

图 6.18　原始数据

序号		班级	姓名	得分	标记
0	1	高二年级1班	mr01	84	优秀
1	2	高二年级1班	mr02	82	优秀
2	3	高二年级1班	mr03	78	优秀
3	4	高二年级1班	mr04	76	优秀
4	5	高二年级1班	mr05	76	优秀

图 6.19　分割后的数据

① 如果分类数据的取值不区分大小，那么可以使用 one-hot 编码方式，主要通过 Pandas 的 get_dummies() 函数实现。

② 如果分类数据的取值区分大小，如尺码 XS、S、M、L、XL 是从小到大的，那么需要使用数值的映射（如 {'XL': 5,'L': 4,'M': 3,'S':2,'XS':1}），主要使用 Series 对象的 map() 函数。

实例 6.13

将分类数据转换为数字

◉ 实例位置：资源包 \Code\06\13

假设对购物车中的"连衣裙"进行分析，首先将分类数据"颜色"和"尺码"转换为数字，程序代码如下。

```
01 import pandas as pd
02 # 设置数据显示的编码格式为东亚宽度，以使列对齐
03 pd.set_option('display.unicode.east_asian_width', True)
04 # 创建数据
05 df = pd.DataFrame([
06     ['polo连衣裙 ',' 黑色 ', 'M', 778],
07     ['polo连衣裙 ', ' 浅灰 ', 'S', 778],
08     ['polo连衣裙 ', ' 粉色 ', 'L',778],
09     ['polo连衣裙 ', ' 浅灰 ','S',778],
10     ['polo连衣裙 ', ' 浅灰 ','XS',778],
11     ['polo连衣裙 ', ' 浅灰 ', 'XL', 778]
12 ])
13 # 设置列名
14 df.columns = [' 商品名称 ',' 颜色分类 ', ' 尺码 ', ' 单价 ']
15 # 创建 " 尺码 " 字典
16 size_mapping = {'XL': 5,'L': 4,'M': 3,'S':2,'XS':1}
17 # 将 " 尺码 " 映射为数字
18 df[' 尺码 '] = df[' 尺码 '].map(size_mapping)
19 # 使用 get_dummies() 函数进行编码
20 df1=pd.get_dummies(df)
21 print(df1)
```

运行程序，输出结果如图 6.20（原始数据）和图 6.21（数字化后的数据）所示。

	商品名称	颜色分类	尺码	单价
0	polo连衣裙	黑色	M	778
1	polo连衣裙	浅灰	S	778
2	polo连衣裙	粉色	L	778
3	polo连衣裙	浅灰	S	778
4	polo连衣裙	浅灰	XS	778
5	polo连衣裙	浅灰	XL	778

图 6.20　原始数据

	尺码	单价	商品名称_polo连衣裙	颜色分类_浅灰	颜色分类_粉色	颜色分类_黑色
0	3	778	1	0	0	1
1	2	778	1	1	0	0
2	4	778	1	0	1	0
3	2	778	1	1	0	0
4	1	778	1	1	0	0
5	5	778	1	1	0	0

图 6.21　数字化后的数据

6.6　综合案例——缺失值比例分析

在数据分析中，常常会遇到数据中存在一些空值、0 值及残缺不全或其他异常情况。例如，在分析一组销售数据的过程中，订单付款时间存在空值、买家实际支付金额存在 0 值。另外，在数据较多的情况下，我们很难一眼就看出来哪些数据缺失、一共有多少个缺失值，以及缺失值的位置。

在 Python 中，通过 Pandas 模块可以实现对缺失值的检测，并对缺失值的数量和比例进行统计，效果如图 6.22 所示。

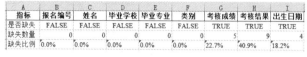

指标	报名编号	姓名	毕业学校	毕业专业	类别	考核成绩	考核结果	出生日期
是否缺失	FALSE	FALSE	FALSE	FALSE	FALSE	TRUE	TRUE	TRUE
缺失数量	0	0	0	0	0	5	9	4
缺失比例	0.0%	0.0%	0.0%	0.0%	0.0%	22.7%	40.9%	18.2%

图 6.22　缺失值比例分析

对于缺失值，如果比例高于 30%，可以选择放弃这个指标，做删除处理；如果比例低于 30%，尽量不要删除，而是选择填充这部分数据。因此，在进行处理前需要计算一下数据的缺失比例。

计算数据缺失比例的公式如下。

数据缺失比例 =（空数据总数 / 数据总行数）×100%

例如，下面的代码。

```
(df.isnull().sum(axis = 0)/df.shape[0]).apply(lambda x: format(x,'.1%'))
```

为了让数据看起来更直观，其中应用 apply() 函数并结合 lambda() 匿名函数将数据格式化为百分比，最后保留小数点后 1 位。

程序代码如下。

```
01 import pandas as pd
02 # 设置数据显示的编码格式为东亚宽度，以使列对齐
03 pd.set_option('display.unicode.east_asian_width', True)
04 df=pd.read_excel("data1.xlsx")          # 导入 Excel 文件
05 print(df.isnull())                      # 缺失值检测
06 df1=df.isnull().any(axis = 0)           # 判断哪些列存在缺失值
07 df2=df.isnull().sum(axis = 0)           # 计算缺失值数量
08 # 计算数据缺失值比例
09 df3=(df.isnull().sum(axis = 0)/df.shape[0]).apply(lambda x: format(x,'.1%'))
10 # 数据合并后使用 T 属性实现行列转置
11 df_merge=pd.concat([df1,df2,df3],axis=1).T
12 # 增加一列
13 s = pd.Series([' 是否缺失 ',' 缺失数量 ',' 缺失比例 '])
14 df_merge.insert(0,' 指标 ',s)
15 print(df_merge)
16 df_merge.to_excel(' 指标 .xlsx',index=False)  # 导出 Excel 文件，不包括索引
```

6.7　实战练习

将"员工表 .xlsx"表中的员工数据按照各个年龄段统计人数，效果如图 6.23 所示。

本章主要介绍了数据清洗，这是数据分析过程中非常重要的部分，只有高质量的数据才能够使数据分析更加准确。本章通过几个经典实例使读者能够掌握数据清洗过程中字符串数据的清洗方法、数据切分方法及分类数据如何数字化，为数据分析、机器学习奠定坚实的基础。

28-32岁	15
32-36岁	11
24-28岁	6
36-40岁	6
> = 40岁	4
20-24岁	1

图 6.23　年龄段统计

鼠扫码领取
· 教学视频
· 配套源码
· 实战练习答案
· ……

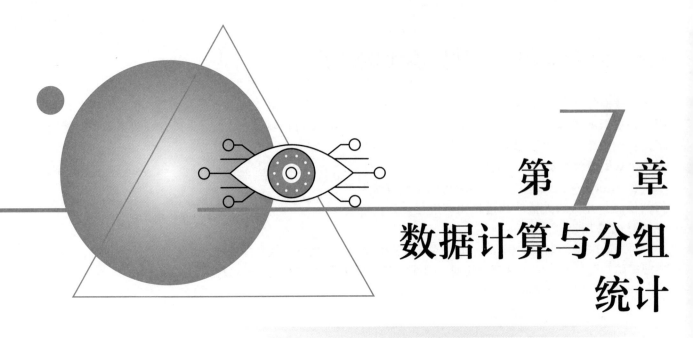

第 7 章
数据计算与分组
统计

数据分析过程中少不了数据计算、数据分组统计和透视表。本章主要介绍数据计算、数据格式化、数据分组统计、数据合并和数据透视表等。

7.1 数据计算

Pandas 提供了大量的数据计算函数，可以实现求和、求均值、求最大值、求最小值、求中位数、求众数、求方差、求标准差等，从而使得数据计算变得简单、高效。

7.1.1 求和

在 Python 中，通过调用 DataFrame 对象的 sum() 函数实现行、列数据的求和运算，语法如下。

```
DataFrame.sum([axis,skipna,level,…])
```

💬 **参数说明**：

↻ axis：axis=0 表示逐行，axis=1 表示逐列，默认逐行。

↻ skipna：skipna=1 表示 NaN 值自动转换为 0，skipna=0 表示 NaN 值不自动转换，默认 NaN 值自动转换为 0。

📋 **说明**

> NaN 表示非数值。在进行数据处理、数据计算时，Pandas 会为缺少的值自动分配 NaN 值。

↻ level：表示索引层级。

↻ 返回值：返回 Series 对象，一组含有行、列小计的数据。

实例 7.1 　　　　　计算语文、数学和英语　　👁 **实例位置：资源包 \Code\07\01**
　　　　　　　　　　　　三科的总成绩

首先，创建一组数据，包括语文、数学和英语三科的成绩，如图 7.1 所示，然后使用 sum() 函数计算语文、数学和英语三科的总成绩。

程序代码如下。

```
01 import pandas as pd
02 # 设置数据显示的编码格式为东亚宽度，以使列对齐
03 pd.set_option('display.unicode.east_asian_width', True)
04 data = [[110,105,99],[105,88,115],[109,120,130]]
05 index = [1,2,3]
06 columns = ['语文','数学','英语']
07 df = pd.DataFrame(data=data, index=index, columns=columns)
08 df['总成绩']=df.sum(axis=1,skipna=1)
09 print(df)
```

运行程序，输出结果如图 7.2 所示。

	语文	数学	英语
1	110	105	99
2	105	88	115
3	109	120	130

	语文	数学	英语	总成绩
1	110	105	99	314
2	105	88	115	308
3	109	120	130	359

图 7.1　DataFrame 数据　　图 7.2　利用 sum() 函数计算三科的总成绩

7.1.2　求均值

在 Python 中，通过调用 DataFrame 对象的 mean() 函数实现行、列数据的平均值运算，语法如下。

```
DataFrame.mean([axis,skipna,level,…])
```

💬 **参数说明**：

🔁 axix：axis=0 表示逐行，axis=1 表示逐列，默认逐行。
🔁 skipna：skipna=1 表示 NaN 值自动转换为 0，skipna=0 表示 NaN 值不自动转换，默认 NaN 值自动转换为 0。
🔁 level：表示索引层级。
🔁 返回值：返回 Series 对象，行、列平均值数据。

实例 7.2 　　　　　计算语文、数学和英语各科 👁 **实例位置：资源包 \Code\07\02**
　　　　　　　　　　　　成绩的平均分

计算语文、数学和英语各科成绩的平均分，程序代码如下。

```
01 import pandas as pd
02 # 设置数据显示的编码格式为东亚宽度，以使列对齐
03 pd.set_option('display.unicode.east_asian_width', True)
04 data = [[110,105,99],[105,88,115],[109,120,130],[112,115]]
05 index = [1,2,3,4]
06 columns = ['语文','数学','英语']
```

```
07 df = pd.DataFrame(data=data, index=index, columns=columns)
08 new=df.mean()
09 # 增加一行数据（语文、数学和英语的平均值，忽略索引）
10 df=df.append(new,ignore_index=True)
11 print(df)
```

运行程序，输出结果如图 7.3 所示。

从运行结果得知，语文平均分为 109 分，数学平均分为 107 分，英语平均分为 114.666667 分。

	语文	数学	英语
0	110.0	105.0	99.000000
1	105.0	88.0	115.000000
2	109.0	120.0	130.000000
3	112.0	115.0	NaN
4	109.0	107.0	114.666667

图 7.3　利用 mean() 函数
计算三科成绩的平均分

7.1.3　求最大值

在 Python 中，通过调用 DataFrame 对象的 max() 函数实现行、列数据的最大值运算，语法如下。

```
DataFrame.max([axis,skipna,level,…])
```

💬 **参数说明：**

- ♻ axix：axis=0 表示逐行，axis=1 表示逐列，默认逐行。
- ♻ skipna：skipna=1 表示 NaN 值自动转换为 0，skipna=0 表示 NaN 值不自动转换，默认 NaN 值自动转换为 0。
- ♻ level：表示索引层级。
- ♻ 返回值：返回 Series 对象，行、列最大值数据。

实例 7.3　　　　　　　**计算语文、数学和英语各科**　◉ **实例位置：资源包 \Code\07\03**
　　　　　　　　　　　　　　成绩的最高分

计算语文、数学和英语各科成绩的最高分，程序代码如下。

```
01 import pandas as pd
02 # 设置数据显示的编码格式为东亚宽度，以使列对齐
03 pd.set_option('display.unicode.east_asian_width', True)
04 data = [[110,105,99],[105,88,115],[109,120,130],[112,115]]
05 index = [1,2,3,4]
06 columns = [' 语文 ',' 数学 ',' 英语 ']
07 df = pd.DataFrame(data=data, index=index, columns=columns)
08 new=df.max()
09 # 增加一行数据（语文、数学和英语的最大值，忽略索引）
10 df=df.append(new,ignore_index=True)
11 print(df)
```

运行程序，输出结果如图 7.4 所示。

从运行结果得知，语文最高分为 112 分，数学最高分为 120 分，英语最高分为 130 分。

	语文	数学	英语
0	110.0	105.0	99.0
1	105.0	88.0	115.0
2	109.0	120.0	130.0
3	112.0	115.0	NaN
4	112.0	120.0	130.0

图 7.4　利用 max() 函数
计算三科成绩的最高分

7.1.4　求最小值

在 Python 中，通过调用 DataFrame 对象的 min() 函数实现行、列数据的最小值运算，语法如下。

```
DataFrame.min([axis,skipna,level,…])
```

💬 **参数说明**：

- ♻ axix：axis=0 表示逐行，axis=1 表示逐列，默认逐行。
- ♻ skipna：skipna=1 表示 NaN 值自动转换为 0，skipna=0 表示 NaN 值不自动转换，默认 NaN 值自动转换为 0。
- ♻ level：表示索引层级。
- ♻ 返回值：返回 Series 对象，行、列最小值数据。

实例 7.4 **计算语文、数学和英语各科** ◉ **实例位置：资源包 \Code\07\04**
成绩的最低分

计算语文、数学和英语各科成绩的最低分，程序代码如下。

```python
01 import pandas as pd
02 #设置数据显示的编码格式为东亚宽度，以使列对齐
03 pd.set_option('display.unicode.east_asian_width', True)
04 data = [[110,105,99],[105,88,115],[109,120,130],[112,115]]
05 index = [1,2,3,4]
06 columns = [' 语文 ',' 数学 ',' 英语 ']
07 df = pd.DataFrame(data=data, index=index, columns=columns)
08 new=df.min()
09 #增加一行数据（语文、数学和英语的最小值，忽略索引）
10 df=df.append(new,ignore_index=True)
11 print(df)
```

运行程序，输出结果如图 7.5 所示。

从运行结果得知，语文最低分为 105 分，数学最低分为 88 分，英语最低分为 99 分。

7.1.5 求中位数

中位数又称中值，是统计学专有名词，是指按顺序排列的一组数据中位于中间位置的数，其不受异常值的影响。例如，在年龄 23、45、35、25、22、34、28 这 7 个数中，中位数就是排序后位于中间的数字，即 28，而在年龄 23、45、35、25、22、34、28、27 这 8 个数中，中位数则是排序后中间两个数的平均值，即 27.5。

	语文	数学	英语
0	110.0	105.0	99.0
1	105.0	88.0	115.0
2	109.0	120.0	130.0
3	112.0	115.0	NaN
4	105.0	88.0	99.0

图 7.5　利用 min() 函数计算三科成绩的最低分

在 Python 中，直接调用 DataFrame 对象的 median() 函数就可以轻松实现中位数的运算，语法如下。

```
DataFrame.median(axis=None,skipna=None,level=None,numeric_only=None,**kwargs)
```

💬 **参数说明**：

- ♻ axis：axis=0 表示行，axis=1 表示列，默认值为 None（无）。
- ♻ skipna：布尔型，表示计算结果是否排除 NaN/Null 值，默认值为 True。
- ♻ level：表示索引层级，默认无。
- ♻ numeric_only：仅数字，布尔型，默认无。
- ♻ **kwargs：要传递给函数的附加关键字参数。
- ♻ 返回值：返回 Series 对象或 DataFrame 对象。

计算学生各科成绩的中位数 1　　　　　　　　⊙ **实例位置：资源包 \Code\07\05**

下面给出一组数据（3 条记录），然后使用 median() 函数计算语文、数学和英语各科成绩的中位数，程序代码如下。

```
01 import pandas as pd
02 data = [[110,120,110],[130,130,130],[130,120,130]]
03 columns = ['语文','数学','英语']
04 df = pd.DataFrame(data=data,columns=columns)
05 print(df.median())
```

◑ 运行程序，输出结果为

```
语文    130.0
数学    120.0
英语    130.0
```

实例 7.6

计算学生各科成绩的中位数 2　　　　　　　　⊙ **实例位置：资源包 \Code\07\06**

下面再给出一组数据（4 条记录），同样使用 median() 函数计算语文、数学和英语各科成绩的中位数，程序代码如下。

```
01 import pandas as pd
02 data = [[110,120,110],[130,130,130],[130,120,130],[113,123,101]]
03 columns = ['语文','数学','英语']
04 df = pd.DataFrame(data=data,columns=columns)
05 print(df.median())
```

◑ 运行程序，输出结果为

```
语文    121.5
数学    121.5
英语    120.0
```

7.1.6　求众数

什么是众数？众数的众字有多的意思，顾名思义，众数就是一组数据中出现次数最多的数，它代表了数据的一般水平。

在 Python 中，通过调用 DataFrame 对象的 mode() 函数可以实现众数运算，语法如下。

```
DataFrame.mode(axis=0,numeric_only=False,dropna=True)
```

● 参数说明：

↻ axis：axis=0 或 'index'，表示获取每一列的众数；axis=1 或 'column'，表示获取每一行的众数。默认值为 0。

↻ numeric_only：仅数字，布尔型，默认为 False。如果为 True，则仅适用于数字列。

↻ dropna：是否删除缺失值，布尔型，默认为 True。

↻ 返回值：返回 DataFrame 对象。

首先看一组原始数据，如图 7.6 所示。

	语文	数学	英语
0	110	120	110
1	130	130	130
2	130	120	130

图 7.6　原始数据

实例 7.7

计算学生各科成绩的众数

👁 实例位置：资源包 \Code\07\07

计算语文、数学和英语三科成绩的众数、每一行的众数和数学成绩的众数，程序代码如下。

```
01 import pandas as pd
02 # 设置数据显示的编码格式为东亚宽度，以使列对齐
03 pd.set_option('display.unicode.east_asian_width', True)
04 data = [[110,120,110],[130,130,130],[130,120,130]]
05 columns = [' 语文 ',' 数学 ',' 英语 ']
06 df = pd.DataFrame(data=data,columns=columns)
07 print(df.mode())               # 三科成绩的众数
08 print(df.mode(axis=1))         # 获取每一行的众数
09 print(df[' 数学 '].mode())     # 数学成绩的众数
```

⚙ **运行程序，输出结果为**

```
   语文  数学  英语
0  130  120  130

0  110
1  130
2  130

0    120
```

7.1.7　求方差

方差用于衡量一组数据的离散程度，即各组数据与它们的平均数的差的平方，我们用这个结果来衡量这组数据的波动大小，并把它叫作这组数据的方差。方差越小，数据的波动越小，数据越稳定；反之，方差越大，数据的波动越大，数据越不稳定。下面简单介绍下方差的意义。

例如，某校两名同学的物理成绩都很优秀，而参加物理竞赛的名额只有一个，那么选谁去获得名次的概率更大呢？于是根据历史数据计算出了两名同学的平均成绩，但结果是实力相当，平均成绩都是 107.6，怎么办呢？这时可以通过方差看看谁的成绩更稳定。首先汇总物理成绩，如图 7.7 所示。

通过方差对比两名同学物理成绩的波动，如图 7.8 所示。

	物理1	物理2	物理3	物理4	物理5
小黑	110	113	102	105	108
小白	118	98	119	85	118

图 7.7　物理成绩

	物理1	物理2	物理3	物理4	物理5
小黑	5.76	29.16	31.36	6.76	0.16
小白	108.16	92.16	129.96	510.76	108.16

图 7.8　方差

接着来看下总体波动（方差和）：小黑的数据是 73.2，小白的数据是 949.2，很明显小黑的物理成绩波动较小，发挥更稳定，所以应该选小黑参加物理竞赛。

以上举例就是方差的意义。大数据时代，它能够帮助我们解决很多身边的问题，协助我们做出合理的决策。

在 Python 中，通过调用 DataFrame 对象的 var() 函数可以实现方差运算，语法如下。

```
DataFrame.var(axis=None,skipna=None,level=None,ddof=1,numeric_only=None,**kwargs)
```

💬 **参数说明：**

- ♻ axis：axis=0 表示行，axis=1 表示列，默认值为 None（无）。
- ♻ skipna：布尔型，表示计算结果是否排除 NaN/Null 值，默认值为 True。
- ♻ level：表示索引层级，默认值为 None（无）。
- ♻ ddof：整型，默认为 1。自由度，计算中使用的除数是 N-ddof，其中 N 表示元素的数量。
- ♻ numeric_only：仅数字，布尔型，默认无。
- ♻ **kwargs：要传递给函数的附加关键字参数。
- ♻ 返回值：返回 Series 对象或 DataFrame 对象。

实例 7.8　　通过方差判断谁的物理成绩更稳定　　👁 实例位置：资源包 \Code\07\08

计算小黑和小白物理成绩的方差，程序代码如下。

```
01 import pandas as pd
02 #设置数据显示的编码格式为东亚宽度，以使列对齐
03 pd.set_option('display.unicode.east_asian_width', True)
04 data = [[110,113,102,105,108],[118,98,119,85,118]]
05 index=[' 小黑 ',' 小白 ']
06 columns = [' 物理 1',' 物理 2',' 物理 3',' 物理 4',' 物理 5']
07 df = pd.DataFrame(data=data,index=index,columns=columns)
08 print(df.var(axis=1))
```

⚙ **运行程序，输出结果为**

```
小黑    18.3
小白    237.3
```

从运行结果得知，小黑的物理成绩波动较小，发挥更稳定。这里需要注意的是，在 Pandas 中计算的方差为无偏样本方差（方差和 / 样本数 −1），NumPy 中计算的方差就是样本方差本身（方差和 / 样本数）。

7.1.8　标准差

标准差又称均方差，是方差的平方根，用来表示数据的离散程度。

在 Python 中，通过调用 DataFrame 对象的 std() 函数求标准差，语法如下。

```
DataFrame.std(axis=None,skipna=None,level=None,ddof=1,numeric_only=None,**kwargs)
```

std() 函数的参数与 var() 函数一样，这里不再赘述。

实例 7.9　计算各科成绩的标准差

实例位置：资源包 \Code\07\09

使用 std() 函数计算标准差，程序代码如下。

```
01 import pandas as pd
02 #设置数据显示的编码格式为东亚宽度，以使列对齐
03 pd.set_option('display.unicode.east_asian_width', True)
04 data = [[110,120,110],[130,130,130],[130,120,130]]
05 columns = ['语文','数学','英语']
06 df = pd.DataFrame(data=data,columns=columns)
07 print(df.std())
```

运行程序，输出结果为

```
语文    11.547005
数学     5.773503
英语    11.547005
```

7.1.9　求分位数

分位数也称分位点，它以概率依据将数据分割为几个等份，常用的有中位数（二分位数）、百分位数等。分位数是数据分析中常用的一个统计量，经过抽样得到一个样本值。例如，经常会听老师说："这次考试竟然有 20% 的同学不及格！"，那么这句话就体现了分位数的应用。

在 Python 中，通过调用 DataFrame 对象的 quantile() 函数求分位数，语法如下。

```
DataFrame.quantile(q=0.5,axis=0,numeric_only=True, interpolation='linear')
```

参数说明：

- q：浮点型或数组，默认为 0.5（50% 分位数），其值在 0 ～ 1 之间。
- axis：axis=0 表示行，axis=1 表示列，默认值为 0。
- numeric_only：仅数字，布尔型，默认值为 True。
- interpolation：内插值，可选参数，用于指定要使用的插值方法，当期望的分位数位于两个数据点 i 和 j 之间时：
- 线性：$i+(j-i)\times$ 分数，其中分数是计算结果中的小数部分。
- 较低：i。
- 较高：j。
- 最近：i 或 j 两者以最近者为准。
- 中点：$(i+j)/2$。
- 返回值：返回 Series 对象或 DataFrame 对象。

实例 7.10　通过分位数确定被淘汰的 35% 的学生

实例位置：资源包 \Code\07\10

以学生成绩为例，数学成绩分别为 120、89、98、78、65、102、112、56、79、45 的 10 名同学，现根据分数淘汰 35% 的学生该如何处理？首先使用 quantile() 函数计算 35% 的分位数，然后将学生成绩

与分位数比较，筛选小于等于分位数的学生。程序代码如下。

```
01 import pandas as pd
02 # 创建 DataFrame 数据（数学成绩）
03 data = [120,89,98,78,65,102,112,56,79,45]
04 columns = [' 数学 ']
05 df = pd.DataFrame(data=data,columns=columns)
06 # 计算 35% 的分位数
07 x=df[' 数学 '].quantile(0.35)
08 # 输出淘汰学生
09 print(df[df[' 数学 ']<=x])
```

运行程序，输出结果为

```
   数学
3  78
4  65
7  56
9  45
```

从运行结果得知，即将被淘汰的学生有 4 名，分数分别为 78、65、56 和 45。

实例 7.11 　计算日期、时间和时间增量数据的分位数　👁 实例位置：资源包 \Code\07\11

如果参数 numeric_only=False，将计算日期、时间和时间增量数据的分位数，程序代码如下。

```
01 import pandas as pd
02 df = pd.DataFrame({'A': [1, 2],
03                    'B': [pd.Timestamp('2019'),
04                          pd.Timestamp('2020')],
05                    'C': [pd.Timedelta('1 days'),
06                          pd.Timedelta('2 days')]})
07 print(df.quantile(0.5, numeric_only=False))
```

运行程序，输出结果为

```
A                     1.5
B     2019-07-02 12:00:00
C         1 days 12:00:00
Name: 0.5, dtype: object
```

7.2　数据格式化

在进行数据处理时，尤其是在数据计算中应用 mean() 函数求均值以后，发现结果中的小数位数增加了许多。此时就需要对数据进行格式化，以增加数据的可读性。例如，保留小数点位数、百分号、千位分隔符等。首先来看一组数据，如图 7.9 所示。

	A1	A2	A3	A4	A5
0	0.301670	0.131510	0.854162	0.835094	0.565772
1	0.392670	0.847643	0.140884	0.861016	0.957591
2	0.170422	0.801597	0.777643	0.849932	0.591222
3	0.293381	0.676887	0.874084	0.125313	0.166284
4	0.520457	0.321166	0.381207	0.540083	0.544173

图 7.9　原始数据

7.2.1 设置小数位数

设置小数位数主要使用 DataFrame 对象的 round() 函数，该函数可以实现四舍五入，而它的 decimals 参数则用于设置保留小数的位数，设置后数据类型不会发生变化，依然是浮点型。语法如下。

```
DataFrame.round(decimals=0, *args, **kwargs)
```

💬 **参数说明：**

- ♻ decimals：每一列四舍五入的小数位数，整型、字典或 Series 对象。如果是整型，则将每一列四舍五入到相同的位置，否则将字典和 Series 对象舍入到可变数目的位置。如果小数是类似于字典的，那么列名应该在键中；如果小数是级数，列名应该在索引中。没有包含在小数中的任何列都将保持原样。非输入列的小数元素将被忽略。
- ♻ *args：附加的关键字参数。
- ♻ **kwargs：附加的关键字参数。
- ♻ 返回值：返回 DataFrame 对象。

实例 7.12

四舍五入保留指定的小数位数

👁 **实例位置：资源包 \Code\07\12**

使用 round() 函数四舍五入保留小数位数，程序代码如下。

```
01 import pandas as pd
02 import numpy as np
03 df = pd.DataFrame(np.random.random([5, 5]),
04     columns=['A1', 'A2', 'A3','A4','A5'])
05 print(df)
06 print(df.round(2))                        # 保留小数点后两位
07 print(df.round({'A1': 1, 'A2': 2}))       #A1 列保留小数点后一位，A2 列保留小数点后两位
08 s1 = pd.Series([1, 0, 2], index=['A1', 'A2', 'A3'])
09 print(df.round(s1))                        # 设置 Series 对象的小数位数
```

⚙ **运行程序，输出结果为**

```
     A1    A2    A3    A4    A5
0  0.79  0.87  0.16  0.36  0.96
1  0.94  0.59  0.94  0.16  0.74
2  0.78  0.36  0.62  0.17  0.66
3  0.44  0.98  0.54  0.36  0.17
4  0.19  0.02  0.05  0.65  0.53
     A1    A2        A3        A4        A5
0   0.8  0.87  0.157699  0.361039  0.963076
1   0.9  0.59  0.942715  0.160099  0.735882
2   0.8  0.36  0.620662  0.170067  0.657948
3   0.4  0.98  0.535800  0.361387  0.165886
4   0.2  0.02  0.047484  0.654962  0.526113
     A1   A2    A3        A4        A5
0   0.8  1.0  0.16  0.361039  0.963076
1   0.9  1.0  0.94  0.160099  0.735882
2   0.8  0.0  0.62  0.170067  0.657948
3   0.4  1.0  0.54  0.361387  0.165886
4   0.2  0.0  0.05  0.654962  0.526113
```

当然，保留小数位数也可以用自定义函数。例如，为 DataFrame 对象中的各个浮点值保留两位小数，关键代码如下。

```
df.applymap(lambda x: '%.2f'%x)
```

 注意

> 经过自定义函数处理过的数据将不再是浮点型而是对象型，如果后续计算需要，应先进行数据类型转换。

7.2.2　设置百分比

在数据分析过程中，有时需要百分比数据。那么，利用自定义函数将数据进行格式化处理，处理后的数据就可以从浮点型转换成带指定小数位数的百分比数据，主要使用 apply() 函数与 format() 函数。

 **将指定数据格式化为百分比数据**　　👁 **实例位置：资源包 \Code\07\13**

将 A1 列的数据格式化为百分比数据，程序代码如下。

```
01 import pandas as pd
02 import numpy as np
03 df = pd.DataFrame(np.random.random([5, 5]),
04     columns=['A1', 'A2', 'A3','A4','A5'])
05 df['百分比']=df['A1'].apply(lambda x: format(x,'.0%'))     # 整列保留 0 位小数
06 df['百分比']=df['A1'].apply(lambda x: format(x,'.2%'))     # 整列保留两位小数
07 df['百分比']=df['A1'].map(lambda x:'{:.0%}'.format(x))     # 使用 map() 函数整列保留 0 位小数
```

⏻ 运行程序，输出结果为

```
        A1        A2        A3        A4        A5      百分比
0  0.379951  0.538359  0.378131  0.361101  0.835820    38%
1  0.073634  0.147796  0.573301  0.290091  0.472903     7%
2  0.752638  0.634261  0.607307  0.582695  0.001692    75%
3  0.371832  0.872433  0.620207  0.942345  0.866435    37%
4  0.869684  0.341358  0.370799  0.724845  0.257434    87%
        A1        A2        A3        A4        A5      百分比
0  0.379951  0.538359  0.378131  0.361101  0.835820  38.00%
1  0.073634  0.147796  0.573301  0.290091  0.472903   7.36%
2  0.752638  0.634261  0.607307  0.582695  0.001692  75.26%
3  0.371832  0.872433  0.620207  0.942345  0.866435  37.18%
4  0.869684  0.341358  0.370799  0.724845  0.257434  86.97%
        A1        A2        A3        A4        A5      百分比
0  0.379951  0.538359  0.378131  0.361101  0.835820    38%
1  0.073634  0.147796  0.573301  0.290091  0.472903     7%
2  0.752638  0.634261  0.607307  0.582695  0.001692    75%
3  0.371832  0.872433  0.620207  0.942345  0.866435    37%
4  0.869684  0.341358  0.370799  0.724845  0.257434    87%
```

7.2.3　设置千位分隔符

由于业务需要，有时需要将数据格式化为带千位分隔符的数据。那么，处理后的数据将不再是浮点型而是对象型。

实例 7.14

**将金额格式化为带
千位分隔符的数据**

◉ 实例位置：资源包 \Code\07\14

将图书销售码洋格式化为带千位分隔符的数据，程序代码如下。

```
01 import pandas as pd
02 # 设置数据显示的编码格式为东亚宽度，以使列对齐
03 pd.set_option('display.unicode.east_asian_width', True)
04 data = [[' 零基础学 Python','1 月 ',49768889],[' 零基础学 Python','2 月 ',11777775],[' 零基础学 Python','3 月 ',13799990]]
05 columns = [' 图书 ',' 月份 ',' 码洋 ']
06 df = pd.DataFrame(data=data, columns=columns)
07 df[' 码洋 ']=df[' 码洋 '].apply(lambda x:format(int(x),','))
08 print(df)
```

◉ 运行程序，输出结果为

```
        图书       月份      码洋
0  零基础学 Python   1 月   49,768,889
1  零基础学 Python   2 月   11,777,775
2  零基础学 Python   3 月   13,799,990
```

⚡ 注意

设置千位分隔符后，对于程序来说，这些数据将不再是数值型，而是数字和逗号组成的字符
串。如果由于程序需要，要再变成数值型会很麻烦，因此设置千位分隔符要慎重。

7.3 数据分组统计

本节主要介绍分组统计函数 groupby() 的各种应用。

7.3.1 分组统计函数 groupby()

对数据进行分组统计，主要使用 DataFrame 对象的 groupby() 函数，其功能如下。

① 根据给定的条件将数据拆分成组。

② 每个组都可以独立应用函数，如求和函数 sum()、求均值函数 mean() 等。

③ 将结果合并到一个数据结构中。

groupby() 函数用于将数据按照一列或多列进行分组，一般与计算函数结合使用，实现数据的分组统
计，语法如下。

```
DataFrame.groupby(by=None,axis=0,level=None,as_index=True,sort=True,group_keys=True,squeeze=False,observed=False)
```

💬 参数说明：

- ♻ by：映射、字典或 Series 对象、数组、标签或标签列表。如果 by 是一个函数，则对象索引的每个
  值都调用它。如果传递了一个字典或 Series 对象，则使用该字典或 Series 对象值来确定组。如果
  传递了数组 ndarray，则按原样使用这些值来确定组。
- ♻ axis：axis=1 表示行，axis=0 表示列，默认值为 0。
- ♻ level：表示索引层级，默认无。

- ⟳ as_index：布尔型，默认为 True，返回以组标签为索引的对象。
- ⟳ sort：对组进行排序，布尔型，默认为 True。
- ⟳ group_keys：布尔型，默认为 True，调用 apply() 函数时，将分组的键添加到索引以标识片段。
- ⟳ squeeze：布尔型，默认为 False，如果可能，减少返回类型的维度，否则返回一致类型。
- ⟳ 返回值：DataFrameGroupBy，返回包含有关组的信息的 groupby 对象。

1. 按照一列分组统计

实例 7.15 　根据"一级分类"列统计 ◉ **实例位置：资源包 \Code\07\15**
订单数据

按照"一级分类"列对订单数据进行分组统计求和，程序代码如下。

```
01 import pandas as pd  # 导入 pandas 模块
02 # 设置数据显示的最大列数和宽度
03 pd.set_option('display.max_columns',500)
04 pd.set_option('display.width',1000)
05 # 设置数据显示的编码格式为东亚宽度，以使列对齐
06 pd.set_option('display.unicode.east_asian_width', True)
07 df=pd.read_csv('JD.csv',encoding='gbk')
08 # 抽取数据
09 df1=df[['一级分类','7天点击量','订单预定']]
10 print(df1.groupby('一级分类').sum())  # 分组统计求和
```

运行程序，输出结果如图 7.10 所示。

2. 按照多列分组统计
多列分组统计，以列表形式指定列。

一级分类	7天点击量	订单预定
数据库	186	15
移动开发	261	7
编程语言与程序设计	4280	192
网页制作/Web技术	345	15

图 7.10　按照一列分组统计

实例 7.16 　根据"一级分类"列和 ◉ **实例位置：资源包 \Code\07\16**
"二级分类"列统计订单数据

按照"一级分类"列和"二级分类"列对订单数据进行分组统计求和，关键代码如下。

```
01 # 抽取数据
02 df1=df[['一级分类','二级分类','7天点击量','订单预定']]
03 print(df1.groupby(['一级分类','二级分类']).sum())# 分组统计求和
```

运行程序，输出结果如图 7.11 所示

3. 分组并按指定列进行数据计算
前面介绍的分组统计是按照所有列进行汇总计算的，那么如何按照指定列汇总计算呢？

实例 7.17 ◉ **实例位置：资源包 \Code\07\17**
统计各编程语言的 7 天点击量

统计各编程语言的 7 天点击量，首先按"二级分类"列分组，然后抽取"7 天点击量"列并对该列进

行求和运算，关键代码如下。

```
print(df1.groupby('二级分类')['7天点击量'].sum())
```

运行程序，输出结果如图 7.12 所示。

		7天点击量	订单预定
一级分类	二级分类		
数据库	Oracle	58	2
	SQL	128	13
移动开发	Android	261	7
编程语言与程序设计	ASP.NET	87	2
	C#	314	12
	C++/C语言	724	28
	JSP/JavaWeb	157	1
	Java	408	16
	PHP	113	1
	Python	2449	132
	Visual Basic	28	0
网页制作/Web技术	HTML	188	8
	JavaScript	100	7
	WEB前端	57	0

图 7.11　按照多列分组统计

二级分类	
ASP.NET	87
Android	261
C#	314
C++/C语言	724
HTML	188
JSP/JavaWeb	157
Java	408
JavaScript	100
Oracle	58
PHP	113
Python	2449
SQL	128
Visual Basic	28
WEB前端	57

图 7.12　分组并按指定列进行数据计算

7.3.2　对分组数据进行迭代

通过 for 循环对分组统计数据进行迭代（遍历分组数据）。

实例 7.18　迭代“一级分类”的订单数据

实例位置：资源包 \Code\07\18

按照“一级分类”列分组，并输出每一分类中的订单数据，关键代码如下。

```
# 抽取数据
df1=df[['一级分类','7天点击量','订单预定']]
for name, group in df1.groupby('一级分类'):
        print(name)
        print(group)
```

运行程序，输出结果如图 7.13 所示。

```
数据库
   一级分类  7天点击量  订单预定
25  数据库     58      2
27  数据库    128     13
移动开发
    一级分类  7天点击量  订单预定
10  移动开发     85      4
19  移动开发     32      1
24  移动开发     85      2
28  移动开发     59      0
编程语言与程序设计
          一级分类  7天点击量  订单预定
0  编程语言与程序设计     35      1
1  编程语言与程序设计     49      0
2  编程语言与程序设计     51      2
3  编程语言与程序设计     64      1
4  编程语言与程序设计     26      0
5  编程语言与程序设计     60      1
……
网页制作/Web技术
          一级分类  7天点击量  订单预定
7   网页制作/Web技术    100      7
14  网页制作/Web技术    188      8
17  网页制作/Web技术     57      0
```

图 7.13　对分组数据进行迭代

上述代码中，name 是 groupby 中"一级分类"的值，group 是分组后的数据。如果 groupby 对多列进行分组，那么需要在 for 循环中指定多列。

实例 7.19

迭代"一级分类"和"二级分类"的订单数据

👁 **实例位置：资源包 \Code\07\19**

迭代"一级分类"和"二级分类"的订单数据，关键代码如下。

```
01 # 抽取数据
02 df2=df[['一级分类','二级分类','7天点击量','订单预定']]
03 for (key1,key2),group in df2.groupby(['一级分类','二级分类']):
04        print(key1,key2)
05        print(group)
```

7.3.3 对分组的某列或多列使用聚合函数

在 Python 中，也可以实现像 SQL 中的分组聚合运算操作，主要通过 groupby() 函数与 agg() 函数实现。

实例 7.20

对分组统计结果使用聚合函数

👁 **实例位置：资源包 \Code\07\20**

按"一级分类"列分组，统计"7天点击量"列和"订单预定"列的平均值和总和，关键代码如下。

```
print(df1.groupby('一级分类').agg(['mean','sum']))
```

运行程序，输出结果如图 7.14 所示。

实例 7.21

针对不同的列使用不同的聚合函数

👁 **实例位置：资源包 \Code\07\21**

在上述示例中，还可以针对不同的列使用不同的聚合函数。例如，按"一级分类"列分组统计"7天点击量"列的平均值和总和，以及"订单预定"列的总和，关键代码如下。

```
print(df1.groupby('一级分类').agg({'7天点击量':['mean','sum'],'订单预定':['sum']}))
```

运行程序，输出结果如图 7.15 所示。

一级分类	7天点击量 mean	7天点击量 sum	订单预定 mean	订单预定 sum
数据库	93.000000	186	7.50	15
移动开发	65.250000	261	1.75	7
编程语言与程序设计	178.333333	4280	8.00	192
网页制作/Web技术	115.000000	345	5.00	15

图 7.14 分组统计"7 天点击量"列和"订单预定"列的平均值和总和

一级分类	7天点击量 mean	7天点击量 sum	订单预定 sum
数据库	93.000000	186	15
移动开发	65.250000	261	7
编程语言与程序设计	178.333333	4280	192
网页制作/Web技术	115.000000	345	15

图 7.15 分组统计"7 天点击量"列的平均值、总和和"订单预定"列的总和

实例 7.22

通过自定义函数实现分组统计

⊙ **实例位置：资源包 \Code\07\22**

通过自定义函数也可以实现数据分组统计。例如，统计 1 月份销售数据中，购买次数最多的产品，关键代码如下。

```
01 df=pd.read_excel('1月.xlsx')  # 导入 Excel 文件
02 #x 是 "宝贝标题" 对应的列
03 #value_counts() 函数用于对 Series 对象中的每个值进行计数并且排序
04 max1 = lambda x: x.value_counts(dropna=False).index[0]
05 df1=df.agg({'宝贝标题': [max1],
06          '数量': ['sum', 'mean'],
07          '买家实际支付金额': ['sum', 'mean']})
08 print(df1)
```

运行程序，输出结果如图 7.16 所示。

从运行结果得知，"零基础学 Python"是用户购买次数最多的产品。

	宝贝标题	数量	买家实际支付金额
\<lambda\>	零基础学Python	NaN	NaN
mean		1.06	50.5712
sum		53.00	2528.5600

图 7.16　统计购买次数最多的产品

技巧

在输出结果中，lambda() 函数名称 "\<lambda\>" 被输出显示，看上去不是很美观，那么如何去掉它？方法是使用 __name__ 方法修改函数名称，关键代码如下。

```
max.__name__ = "购买次数最多"
```

运行程序，输出结果如图 7.17 所示。

	宝贝标题	数量	买家实际支付金额
mean		1.06	50.5712
sum		53.00	2528.5600
购买次数最多	零基础学Python	NaN	NaN

图 7.17　使用 __name__ 方法修改函数名称

7.3.4　通过字典和 Series 对象进行分组统计

1. 通过字典进行分组统计

首先创建字典建立对应关系，然后将字典传递给 groupby() 函数，从而实现数据分组统计。

实例 7.23

**通过字典分组统计
"北上广"销量**

⊙ **实例位置：资源包 \Code\07\23**

统计各地区销量，业务要求将"北京""上海"和"广州"三个一线城市放在一起统计，那么我们首先创建一个字典将"北京出库销量""上海出库销量"和"广州出库销量"都对应"北上广"，然后使用 groupby() 方法进行分组统计。关键代码如下。

```
01 df=pd.read_csv('JD.csv',encoding='gbk')  # 导入 csv 文件
02 df=df.set_index(['商品名称'])
03 dict1={'北京出库销量':'北上广','上海出库销量':'北上广',
04         '广州出库销量':'北上广','成都出库销量':'成都',
05         '武汉出库销量':'武汉','西安出库销量':'西安'}
06 df1=df.groupby(dict1,axis=1).sum()
07 print(df)
```

运行程序，输出结果如图 7.18 所示。

商品名称	北上广	成都	武汉	西安
零基础学Python（全彩版）	1991	284	246	152
Python从入门到项目实践（全彩版）	798	113	92	63
Python项目开发案例集锦（全彩版）	640	115	88	57
Python编程锦囊（全彩版）	457	85	65	47
零基础学C语言（全彩版）	364	82	63	40
SQL即查即用（全彩版）	305	29	25	40
零基础学Java（全彩版）	238	48	43	29
零基础学C++（全彩版）	223	53	35	23
零基础学C#（全彩版）	146	27	16	7
C#项目开发实战入门（全彩版）	135	18	22	12

图 7.18　通过字典进行分组统计

2. 通过 Series 对象进行分组统计

通过 Series 对象进行分组统计与字典的方法类似。

实例 7.24　　通过 Series 对象分组统计 👁 实例位置：资源包 \Code\07\24 "北上广"销量

首先，创建一个 Series 对象，关键代码如下。

```
01 data={'北京出库销量':'北上广','上海出库销量':'北上广',
02        '广州出库销量':'北上广','成都出库销量':'成都',
03        '武汉出库销量':'武汉','西安出库销量':'西安',}
04 s1=pd.Series(data)
05 print(s1)
```

运行程序，输出结果如图 7.19 所示。

然后，将 Series 对象传递给 groupby() 函数实现数据分组统计，关键代码如下。

```
01 df1=df.groupby(s1,axis=1).sum()
02 print(df1)
```

运行程序，输出结果如图 7.20 所示。

北京出库销量	北上广
上海出库销量	北上广
广州出库销量	北上广
成都出库销量	成都
武汉出库销量	武汉
西安出库销量	西安

图 7.19　通过 Series 对象进行分组统计

商品名称	北上广	成都	武汉	西安
零基础学Python（全彩版）	1991	284	246	152
Python从入门到项目实践（全彩版）	798	113	92	63
Python项目开发案例集锦（全彩版）	640	115	88	57
Python编程锦囊（全彩版）	457	85	65	47
零基础学C语言（全彩版）	364	82	63	40
SQL即查即用（全彩版）	305	29	25	40
零基础学Java（全彩版）	238	48	43	29
零基础学C++（全彩版）	223	53	35	23
零基础学C#（全彩版）	146	27	16	7
C#项目开发实战入门（全彩版）	135	18	22	12

图 7.20　分组统计结果

7.4 数据移位

什么是数据移位？例如，分析数据时需要上一条数据怎么办？当然是移动至上一条，从而得到该条数据，这就是数据移位。在 Pandas 中，使用 shift() 方法可以获得上一条数据，该方法返回向下移位后的结果，从而得到上一条数据。例如，获取某学生上一次英语成绩，如图 7.21 所示。

	语文	数学	英语		英语1
0	110	105	99		NaN
1	105	88	115		99
2	109	120	130		115

图 7.21　获取学生上一次英语成绩

shift() 方法是一个非常有用的方法，与其他方法结合，能实现很多难以想象的功能，语法格式如下。

```
DataFrame.shift(periods=1, freq=None, axis=0)
```

💬 **参数说明**：

- ♻ period：表示移动的幅度，可以是正数，也可以是负数，默认值是 1，1 表示移动一次。注意这里移动的都是数据，而索引是不移动的。移动之后没有对应值的，赋值为 NaN。
- ♻ freq：可选参数，默认值为 None，只适用于时间序列。如果这个参数存在，那么会按照参数值移动时间索引，而数据值没有发生变化。
- ♻ axis：axis=0 表示行，axis=1 表示列，默认值为 0。

实例 7.25　　　　　统计学生英语周测成绩的升降情况　　👁 **实例位置：资源包 \Code\07\25**

使用 shift() 方法统计学生每周英语测试成绩的升降情况，程序代码如下。

```
01 import pandas as pd
02 data = [110,105,99,120,115]
03 index=[1,2,3,4,5]
04 df = pd.DataFrame(data=data,index=index,columns=['英语'])
05 df['升降']=df['英语']-df['英语'].shift()
06 print(df)
```

运行程序，输出结果如图 7.22 所示。

从运行结果得知，第 2 次比第 1 次下降 5 分，第 3 次比第 2 次下降 6 分，第 4 次比第 3 次提升 21 分，第 5 次比第 4 次下降 5 分。

这里再扩展下，通过 10 次周测来看下学生整体英语成绩的升降情况，如图 7.23、图 7.24 所示。

	英语	升降
1	110	NaN
2	105	-5.0
3	99	-6.0
4	120	21.0
5	115	-5.0

图 7.22　英语升降情况

	英语	升降
1	110	NaN
2	105	-5.0
3	99	-6.0
4	120	21.0
5	115	-5.0
6	112	-3.0
7	118	6.0
8	120	2.0
9	109	-11.0
10	113	4.0

图 7.23　10 次周测英语成绩升降情况

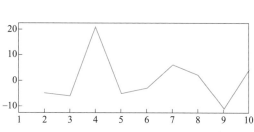

图 7.24　图表展示英语成绩升降情况

说明

有关图表的知识，将在第 9 章介绍，这里我们先简单了解。

shift() 方法还有很多方面的应用。例如，分析股票数据，获取的股票数据中有股票的实时价格，也有每日的收盘价，此时需要将实时价格和上一个工作日的收盘价进行对比，那么通过 shift() 方法就可以轻松解决。shift() 方法还可以应用于时间序列，感兴趣的读者可以自己进行尝试和探索。

7.5　数据合并

DataFrame 数据合并主要使用 merge() 方法、concat() 方法和 join() 方法。

7.5.1　merge() 方法

Pandas 模块的 merge() 方法是按照两个 DataFrame 对象列名相同的列进行连接合并，两个 DataFrame 对象必须具有同名的列。merge() 方法的语法如下。

```
pandas.merge(right,how='inner',on=None,left_on=None,right_on=None,left_index=False,right_index=False,sort=False,
suffixes=('_x','_y'),copy=True,indicator=False,validate=None)
```

参数说明：

- right：合并对象，DataFrame 对象或 Series 对象。
- how：合并类型，参数值可以是 left（左合并）、right（右合并）、outer（外部合并）或 inner（内部合并），默认值为 inner。各个值的说明如下。
  - left：只使用来自左数据集的键，类似于 SQL 左外部连接，保留键的顺序。
  - right：只使用来自右数据集的键，类似于 SQL 右外部连接，保留键的顺序。
  - outer：使用来自两个数据集的键，类似于 SQL 外部连接，按字典顺序对键进行排序。
  - inner：使用来自两个数据集的键的交集，类似于 SQL 内部连接，保持左键的顺序。
- on：标签、列表或数组，默认值为 None。要连接的数据集的列或索引级别名称，也可以是数据集长度的数组或数组列表。
- left_on：标签、列表或数组，默认值为 None。DataFrame 对象要连接的左数据集的列或索引级名称，也可以是左数据集长度的数组或数组列表。
- right_on：标签、列表或数组，默认值为 None。DataFrame 对象要连接的右数据集的列或索引级名称，也可以是右数据集长度的数组或数组列表。
- left_index：布尔型，默认值为 False。使用左数据集的索引作为连接键。如果是多重索引，则其他数据中的键数（索引或列数）必须匹配索引级别数。
- right_index：布尔型，默认值为 False，使用右数据集的索引作为连接键。
- sort：对结果 DataFrame 对象中的联接键按字典顺序排序。如果为 False，则连接键的顺序取决于连接类型（how 参数）。
- suffixes：元组类型，默认值为 ('_x','_y')。当左侧数据集和右侧数据集的列名相同时，数据合并后列名将带上 "_x" 和 "_y" 后缀。
- copy：是否复制数据，默认值为 True，如果值为 False，则不复制数据。
- indicator：布尔型或字符串，默认值为 False。如果值为 True，则添加一个列以输出名为 "_Merge" 的 DataFrame 对象，其中包含每一行的信息。如果是字符串，将向输出的 DataFrame 对象中添加包含每一行信息的列，并将列命名为字符型的值。

- validate：字符串，检查合并数据是否为指定类型。可选参数，其值说明如下。
- one_to_one 或 "1:1"：检查合并键在左、右数据集中是否都是唯一的。
- one_to_many 或 "1:m"：检查合并键在左数据集中是否唯一。
- many_to_one 或 "m:1"：检查合并键在右数据集中是否唯一。
- many_to_many 或 "m:m"：允许，但不检查。
- 返回值：DataFrame 对象，两个合并对象的数据集。

1. 常规合并

实例 7.26　　　　　**合并学生成绩表**　　　　◉ **实例位置：资源包 \Code\07\26**

假设一个 DataFrame 对象包含了学生的语文、数学和英语成绩，而另一个 DataFrame 对象则包含了学生的"体育"成绩，现在将它们合并，示意图如图 7.25 所示。

编号	语文	数学	英语
mr001	110	105	99
mr002	105	88	115
mr003	109	120	130

编号	体育
mr001	34.5
mr002	39.7
mr003	38

编号	语文	数学	英语	体育
mr001	110	105	99	34.5
mr002	105	88	115	39.7
mr003	109	120	130	38

图 7.25　**数据合并效果对比示意图**

程序代码如下。

```
01 import pandas as pd
02 #设置数据显示的编码格式为东亚宽度，以使列对齐
03 pd.set_option('display.unicode.east_asian_width', True)
04 df1 = pd.DataFrame({'编号':['mr001','mr002','mr003'],
05                     '语文':[110,105,109],
06                     '数学':[105,88,120],
07                     '英语':[99,115,130]})
08 df2 = pd.DataFrame({'编号':['mr001','mr002','mr003'],
09                     '体育':[34.5,39.7,38]})
10 df_merge=pd.merge(df1,df2,on='编号')
11 print(df_merge)
```

运行程序，输出结果如图 7.26 所示。

实例 7.27　　　　　**通过索引合并数据**　　　　◉ **实例位置：资源包 \Code\07\27**

如果通过索引列合并，则需要设置 right_index 参数值和 left_index 参数值为 True。例如，实例 7.26 通过列索引合并，关键代码如下。

```
01 df_merge=pd.merge(df1,df2,right_index=True,left_index=True)
02 print(df_merge)
```

运行程序，输出结果如图 7.27 所示。

	编号	语文	数学	英语	体育
0	mr001	110	105	99	34.5
1	mr002	105	88	115	39.7
2	mr003	109	120	130	38.0

图 7.26 合并结果

	编号_x	语文	数学	英语	编号_y	体育
0	mr001	110	105	99	mr001	34.5
1	mr002	105	88	115	mr002	39.7
2	mr003	109	120	130	mr003	38.0

图 7.27 通过索引列合并

实例 7.28 对合并数据去重

实例位置：资源包 \Code\07\28

从如图 7.27 所示的运行结果得知，数据中存在重复列（如编号），如果不想要重复列，可以设置按指定列和列索引合并数据，关键代码如下。

```
df_merge=pd.merge(df1,df2,on='编号',left_index=True,right_index=True)
```

还可以通过 how 参数解决这一问题。例如，设置该参数值为 left，就是让 df1 保留所有的行、列数据，df2 则根据 df1 的行、列进行补全，关键代码如下。

```
df_merge=pd.merge(df1,df2,on='编号',how='left')
```

运行程序，输出结果如图 7.28 所示。

2. 多对一的数据合并

多对一是指两个数据集（df1、df2）的共有列中的数据不是一对一的关系，如 df1 中的"编号"是唯一的，而 df2 中的"编号"有重复的值，类似这种就是多对一的关系，如图 7.29 所示。

	编号	语文	数学	英语	体育
0	mr001	110	105	99	34.5
1	mr002	105	88	115	39.7
2	mr003	109	120	130	38.0

图 7.28 合并结果

编号	学生姓名
mr001	明日同学
mr002	高猿员
mr003	钱多多

编号	语文	数学	英语
mr001	110	105	99
mr001	105	88	115
mr003	109	120	130

图 7.29 多对一合并示意图

实例 7.29 根据共有列进行合并数据

实例位置：资源包 \Code\07\29

根据共有列中的数据进行合并，df2 根据 df1 的行、列进行补全，程序代码如下。

```
01 import pandas as pd
02 # 设置数据显示的编码格式为东亚宽度，以使列对齐
03 pd.set_option('display.unicode.east_asian_width', True)
04 df1 = pd.DataFrame({'编号':['mr001','mr002','mr003'],
05                     '学生姓名':['明日同学','高猿员','钱多多']})
06 df2 = pd.DataFrame({'编号':['mr001','mr001','mr003'],
07                     '语文':[110,105,109],
08                     '数学':[105,88,120],
09                     '英语':[99,115,130],
10                     '时间':['1月','2月','1月']})
11 df_merge=pd.merge(df1,df2,on='编号')
12 print(df_merge)
```

运行程序，输出结果如图 7.30 所示。

3. 多对多的数据合并

多对多是指两个数据集（df1、df2）的共有列中的数据不全是一对一的关系，都有重复数据，如“编号”，如图 7.31 所示。

	编号	学生姓名	语文	数学	英语	时间
0	mr001	明日同学	110	105	99	1月
1	mr001	明日同学	105	88	115	2月
2	mr003	钱多多	109	120	130	1月

图 7.30　合并结果

编号	语文	数学	英语
mr001	110	105	99
mr002	105	88	115
mr003	109	120	130
mr003	110	123	109
mr003	108	119	128

编号	体育
mr001	34.5
mr002	39.7
mr003	38
mr001	33
mr001	35

图 7.31　多对多示意图

实例 7.30　合并数据并相互补全

实例位置：资源包 \Code\07\30

根据共有列中的数据进行合并，df2、df1 相互补全，程序代码如下。

```
import pandas as pd
# 设置数据显示的编码格式为东亚宽度，以使列对齐
pd.set_option('display.unicode.east_asian_width', True)
df1 = pd.DataFrame({'编号':['mr001','mr002','mr003','mr001','mr001'],
                    '体育':[34.5,39.7,38,33,35]})
df2 = pd.DataFrame({'编号':['mr001','mr002','mr003','mr003','mr003'],
                    '语文':[110,105,109,110,108],
                    '数学':[105,88,120,123,119],
                    '英语':[99,115,130,109,128]})
df_merge=pd.merge(df1,df2)
print(df_merge)
```

运行程序，输出结果如图 7.32 所示。

	编号	体育	语文	数学	英语
0	mr001	34.5	110	105	99
1	mr001	33.0	110	105	99
2	mr001	35.0	110	105	99
3	mr002	39.7	105	88	115
4	mr003	38.0	109	120	130
5	mr003	38.0	110	123	109
6	mr003	38.0	108	119	128

图 7.32　合并结果

7.5.2　concat() 方法

concat() 方法可以根据不同的方式进行数据合并，语法如下。

```
pandas.concat(objs,axis=0,join='outer',ignore_index: bool = False,
keys=None, levels=None, names=None, verify_integrity: bool = False,
sort: bool = False, copy: bool = True)
```

参数说明：

- objs：Series、DataFrame 或 Panel 对象的序列或映射。如果传递一个字典，则排序的键将用作键参数。
- axis：axis=1 表示行，axis=0 表示列，默认值为 0。
- join： 值为 inner（交集）或 outer（联合），处理其他轴上的索引方式。默认值为 outer。
- ignore_index： 布尔值，默认值为 False。表示是否忽略索引，如果为 True，表示忽略索引。
- keys： 序列，默认值为 None。使用传递的键作为最外层构建层次索引。如果为多索引，应该使用元组。
- levels： 序列列表，默认值为 None。用于构建 MultiIndex 的特定级别（唯一值），否则它们将从键推断。

ℭ names：list 列表，默认值为 None。结果层次索引中的级别的名称。

ℭ verify_integrity：布尔值，默认值为 False。检查新连接的轴是否包含重复项。

ℭ sort：布尔值，默认值为 True（1.0.0 以后版本默认值为 False，即不排序）。如果连接为外连接时（join='outer'），则对未对齐的非连接轴进行排序；如果连接为内连接时（join='inner'），该参数不起作用。

ℭ copy：是否复制数据，默认值为 True。如果为 False，则不复制数据。

下面介绍 concat() 方法不同的合并方式，其中 dfs 代表合并后的 DataFrame 对象，df1、df2 等代表单个 DataFrame 对象，result 代表合并后的结果（DataFrame 对象）。

1. 相同字段的表首尾相接

表结构相同的数据将直接合并，表首尾相接，关键代码如下。

```
01 dfs= [df1, df2, df3]
02 result = pd.concat(dfs)
```

例如，表 df1、df2 和 df3 结构相同，如图 7.33 所示，合并后的效果如图 7.34 所示。如果想要在合并数据时标记源数据来自哪张表，则需要在代码中加入参数 keys。例如，表名分别为"1 月""2 月"和"3 月"，合并后的效果如图 7.35 所示。

图 7.33　3 个结构相同的表　图 7.34　首尾相接合并后的效果　图 7.35　合并后带标记（月份）的效果

关键代码如下。

```
result = pd.concat(dfs, keys=['1月', '2月', '3月'])
```

2. 横向表合并（行对齐）

当合并的数据列名称不一致时，可以设置参数 axis=1，concat() 方法将按行对齐，然后将不同列名的两组数据进行合并，缺失的数据用 NaN 填充。df1 和 df4 合并前后效果如图 7.36 和图 7.37 所示。

图 7.36　横向表合并前　　　　　图 7.37　横向表合并后

关键代码如下。

```
result = pd.concat([df1, df4], axis=1)
```

3. 交叉合并

交叉合并，需要在代码中加上 join 参数，如果值为 "inner"，结果是两表的交集；如果值为 "outer"，结果是两表的并集。例如，两表交集，表 df1 和 df4 合并前后的效果如图 7.38 和图 7.39 所示。

df1

A	B	C	D
mrA01	mrB01	mrC01	mrD01
mrA02	mrB02	mrC02	mrD02

df4

D	E	F
mrD01	mrE01	mrF01
mrD02	mrE02	mrF02
mrD03	mrE03	mrF03
mrD04	mrE04	mrF04
mrD05	mrE05	mrF05
mrD06	mrE06	mrF06

result

	A	B	C	D	D	E	F
0	mrA01	mrB01	mrC01	mrD01	mrD01	mrE01	mrF01
1	mrA02	mrB02	mrC02	mrD02	mrD02	mrE02	mrF02

图 7.38　交叉合并前

图 7.39　交叉合并后

关键代码如下。

```
result = pd.concat([df1, df4], axis=1, join='inner')
```

7.6　数据透视表

Excel 中的数据透视表相信大家都非常了解，Python 中也提供了类似的功能。对比 Excel 中的数据透视表，Python 中的数据透视表具有以下优势。

① 更快（代码模块写好后和数据量较大时）。

② 自我记录（通过查看代码，了解每一步的作用）。

③ 易于使用，可以生成报告或电子邮件。

④ 更加灵活，可以定义自定义聚合功能。

Python 中的数据透视表，主要使用 DataFrame 对象的 pivot() 方法和 pivot_table() 方法实现，本节将介绍这两种方法，以及如何通过这两种方法进行数据分析。

7.6.1　pivot() 方法

通过 pivot() 方法实现数据透视表，可以帮助用户快速地得到统计信息，更直观。pivot() 方法的语法格式如下。

```
DataFrame.pivot(index=None, columns=None, values=None)[source]
```

💬 **参数说明：**

🔁 index：指定重塑的新表的索引名称。

🔁 columns：指定重塑的新表的列名称。

🔁 values：指定生成新列的值，如果不指定则会对剩下的未统计的列进行重新排列。

🔁 返回值：DataFrame 对象。

例如，一组销售数据转换成数据透视表后，看起来非常直观，对比效果如图 7.40 所示。

A	B	C	
客户1	1月	123	原始数据
客户1	2月	456	
客户1	3月	789	
……	……	……	

df.pivot(index='A',columns='B',values='C')

B	1月	2月	3月	
A				
客户1	123	456	789	数据透视表
客户2	123	456	789	
客户3	123	456	789	

图 7.40　数据透视表转换过程

实例 7.31 数据透视表按年份统计城市 GDP

实例位置：资源包 \Code\07\31

按年份统计"北上广深"2017—2019 年的 GDP。数据集包含三个字段，分别是"地区"、"年份"和"GDP"。程序代码如下。

```
01 import pandas as pd
02 # 设置数据显示的编码格式为东亚宽度，以使列对齐
03 pd.set_option('display.unicode.east_asian_width', True)
04 # 读取 Excel 文件
05 df=pd.read_excel('gdp.xlsx')
06 print(df)
07 # 数据透视表
08 df_pivot=df.pivot(index='地区',columns='年份',values='GDP')
09 print(df_pivot)
```

运行程序，输出结果如图 7.41 和图 7.42 所示。

```
     地区   年份      GDP
0    北京  2019年  35371.28
1    上海  2019年  38155.32
2    广州  2019年  23629.00
3    深圳  2019年  26927.00
4    北京  2018年  33105.97
5    上海  2018年  36011.82
6    广州  2018年  22859.35
7    深圳  2018年  24221.98
8    北京  2017年  28014.94
9    上海  2017年  30632.99
10   广州  2017年  21503.15
11   深圳  2017年  22490.06
```

```
年份     2017年      2018年      2019年
地区
上海    30632.99   36011.82   38155.32
北京    28014.94   33105.97   35371.28
广州    21503.15   22859.35   23629.00
深圳    22490.06   24221.98   26927.00
```

图 7.41　原始数据　　图 7.42　按年份统计"北上广深"的 GDP

7.6.2　pivot_table() 方法

pivot_table() 方法将列数据设定为行索引和列索引，并可以进行聚合运算。pivot_table() 方法在统计分析上非常强大和便捷，语法格式如下。

```
DataFrame.pivot_table(values=None,index=None,columns=None,aggfunc='mean', fill_value=None, margins=False,
dropna=True, margins_name='All', observed=False)
```

💬 **参数说明**：

- ⟳ values：被计算的数据项，可选参数，指定需要被聚合的列。
- ⟳ index：行分组键，用于分组的列名或其他分组键，作为结果 DataFrame 对象的行索引。
- ⟳ columns：列分组键，用于分组的列名或其他分组键，作为结果 DataFrame 对象的列索引。
- ⟳ aggfunc：聚合函数或函数列表，默认值为 mean()（求均值函数）。
- ⟳ fill_value：填充值，默认值为 None。
- ⟳ margins：布尔型，是否添加行、列的总计。默认值为 False，表示不添加；为 True 时表示添加。
- ⟳ margins_name：当参数 margins=True 时，指定总计的名称，默认值为 All。

实例 7.32 数据透视表统计各部门男、女生人数

实例位置：资源包 \Code\07\32

统计每一个部门男生和女生各有多少人，程序代码如下。

```
01  import pandas as pd
02  # 设置数据显示的编码格式为东亚宽度，以使列对齐
03  pd.set_option('display.unicode.east_asian_width', True)
04  # 设置数据显示的列数和宽度
05  pd.set_option('display.max_columns',20)
06  pd.set_option('display.width',3000)
07  # 读取 Excel 文件
08  df=pd.read_excel('员工表.xlsx')
09  print(df.head())
10  # 数据透视表，统计各部门男生和女生的人数
11  df_pivot=df.pivot_table(index='性别',columns='所属部门',values='姓名',aggfunc='count')
12  print(df_pivot)
13  # 空数据填充为 0
14  df_pivot=df.pivot_table(index='性别',columns='所属部门',values='姓名',aggfunc='count',fill_value=0)
15  print(df_pivot)
```

运行程序，输出结果如图 7.43 和图 7.44 所示。

	所属部门	姓名	性别	年龄	婚姻状况	入职时间	民族
0	总经办	mr001	男	47	已	2001-01-01	汉
1	人资行政部	mr002	女	33	已	2020-05-11	汉
2	人资行政部	mr003	女	27	已	2019-10-24	汉
3	财务部	mr004	女	34	已	2018-10-15	汉
4	财务部	mr005	女	30	已	2018-09-04	蒙

图 7.43　原始数据

所属部门	人资行政部	客服部	开发一部	开发二部	总经办	编辑部	网站开发部	设计部	课程部	财务部	运营部
性别											
女	2	3	3	2	0	4	2	3	3	2	4
男	0	1	4	3	1	0	2	1	2	0	1

图 7.44　按部门统计男、女生人数

7.7　综合案例——商品月销量对比分析

日常运营工作中，经常下载销售报表分析商品销量，日积月累报表越来越多。那么，如何快捷地对这些零散报表中的数据进行统计分析呢？例如，data 文件夹中包括 12 个月的销售报表（见图 7.45），对这些报表中的数据进行汇总，然后按照月份统计销量，这样能够更好地对比分析每个月的商品销量，清晰、直观，效果如图 7.46 所示。

名称	^	修改日期	类型	大小
经营状况-商品明细月报-202001-全部-全部-汇总.xlsx		2021/8/12 14:06	Microsoft Excel ...	14 KB
经营状况-商品明细月报-202002-全部-全部-汇总.xlsx		2021/8/12 14:07	Microsoft Excel ...	13 KB
经营状况-商品明细月报-202003-全部-全部-汇总.xlsx		2021/8/12 14:07	Microsoft Excel ...	13 KB
经营状况-商品明细月报-202004-全部-全部-汇总.xlsx		2021/8/12 14:08	Microsoft Excel ...	13 KB
经营状况-商品明细月报-202005-全部-全部-汇总.xlsx		2021/8/12 14:09	Microsoft Excel ...	14 KB
经营状况-商品明细月报-202006-全部-全部-汇总.xlsx		2021/8/12 14:10	Microsoft Excel ...	15 KB
经营状况-商品明细月报-202007-全部-全部-汇总.xlsx		2021/8/12 14:12	Microsoft Excel ...	14 KB
经营状况-商品明细月报-202008-全部-全部-汇总.xlsx		2021/8/12 14:14	Microsoft Excel ...	14 KB
经营状况-商品明细月报-202009-全部-全部-汇总.xlsx		2021/8/12 14:16	Microsoft Excel ...	15 KB
经营状况-商品明细月报-202010-全部-全部-汇总.xlsx		2021/8/12 14:17	Microsoft Excel ...	15 KB
经营状况-商品明细月报-202011-全部-全部-汇总.xlsx		2021/8/12 14:18	Microsoft Excel ...	15 KB
经营状况-商品明细月报-202012-全部-全部-汇总.xlsx		2021/8/12 14:19	Microsoft Excel ...	15 KB

图 7.45　原始数据

商品名称	1月	2月	3月	4月	5月	6月	7月	8月	9月	10月	11月	12月	总计
零基础学Python（全彩版）	3556	3699	4978	6948	4847	4932	2983	4014	4611	3942	6085	4918	55513
Python从入门到项目实践（全彩版）	1437	1577	1824	1913	1165	1035	700	596	520	810	699	366	12643
Python项目开发案例集锦（全彩版）	1192	1240	1600	1809	1048	965	384	411	288	314	370	262	9883
Python数据分析从入门到实践（全彩版）	0	0	0	0	16	679	1245	1497	1425	1989	1734	8585	
Python编程锦囊（全彩版）	891	880	1199	1542	933	791	299	258	204	234	183	151	7568
零基础学C语言（全彩版）	753	734	1058	937	591	519	329	478	443	593	652	349	7432
零基础学Java（全彩版）	531	486	1162	915	563	572	432	448	619	422	521	391	7062
Python实效编程百例·综合性（全彩版）	0	0	0	0	115	417	622	883	1189	893	1381	977	6177
SQL即查即用（全彩版）	555	611	759	594	658	569	347	438	391	252	415	344	5931
Python编程超级魔卡（全彩版）	0	0	0	0	0	0	250	946	1406	713	1473	992	5780
Python项目开发实战入门（全彩版）	0	0	0	0	189	357	346	464	769	433	686	494	3738
零基础学C++（全彩版）	403	386	488	463	333	291	199	198	227	147	218	121	3454
Java项目开发实战入门（全彩版）	245	240	374	171	174	552	196	183	203	216	319	205	3078
Python网络爬虫从入门到实践（全彩版）	0	0	0	0	0	0	0	0	470	1341	1181	2992	

图 7.46　月销量对比分析

实现上述功能，首先将 data 文件夹下的所有 Excel 文件合并，接下来使用 pivot_table() 方法实现数据透视表按月统计商品销量，然后进行简单的数据清洗，最后将分析结果保存为 Excel 文件。程序代码如下。

```python
01 import os
02 import pandas as pd
03 # 设置数据显示的编码格式为东亚宽度，以使列对齐
04 pd.set_option('display.unicode.east_asian_width', True)
05 #设置数据显示的最大列数
06 pd.set_option('display.max_columns',100)
07 #设置数据显示的宽度
08 pd.set_option('display.width',10000)
09 # 创建一个空列表
10 df_list=[]
11 # 遍历 data 文件夹
12 for file in os.listdir('data'):
13     # 获取文件路径
14     file_path=os.path.join('data',file)
15     #读取 Excel 文件
16     df=pd.read_excel(file_path)
17     # 将 DataFrame 数据增加到列表中
18     df_list.append(df)
19 # 使用 concat() 方法合并列表中的数据
20 df=pd.concat(df_list)
21 df=df[['时间','商品名称','成交商品件数']]
22 print(df.head())
23 # 数据透视表
24 df_pivot=df.pivot_table(index='商品名称',columns='时间',values='成交商品件数',aggfunc='sum')
25 # 重命名列名
26 df_pivot.columns=['1月','2月','3月','4月','5月','6月','7月','8月','9月','10月','11月','12月']
27 # 将空值填充为 0
28 df_pivot=df_pivot.fillna(0)
29 # 修改 DataFrame 的数据类型为整型
30 df_pivot =df_pivot.astype('int')
31 # 求和计算
32 df_pivot['总计']=df_pivot.sum(axis=1)
33 # 按照 " 总计 " 降序排序
34 df_pivot=df_pivot.sort_values(by=['总计'],ascending=[False])
35 print(df_pivot)
36 # 保存为 Excel 文件
37 df_pivot.to_excel('月报表 .xlsx')
```

7.8 实战练习

将综合案例最后的分析结果，即"月报表 .xlsx"作为数据集，实现季度销量对比分析，效果如图 7.47 所示。

该程序实现的方法是对 DataFrame 进行加法运算。

	商品名称	第1季度	第2季度	第3季度	第4季度	总计
0	零基础学Python（全彩版）	12233	16727	11608	14945	55513
1	Python从入门到项目实践（全彩版）	4838	4114	1816	1875	12643
2	Python项目开发案例集锦（全彩版）	4032	3822	1083	946	9883
3	Python数据分析从入门到实践（全彩版）	0	16	3421	5148	8585
4	Python编程锦囊（全彩版）	2974	3266	761	567	7568

图 7.47　季度销量对比分析

▽ 小结

本章主要介绍 Pandas 在数据统计计算方面的应用，有一定难度，但同时也更能够体现 Pandas 的强大之处。利用 Pandas 不仅可以完成数据处理工作，而且还能够实现数据的统计分析。Pandas 提供的大量函数使统计分析工作变得简单、高效。别具特色的"数据位移"是一个非常有用的方法，与其他方法结合，能够实现很多难以想象的功能。数据合并可以将数据按照不同的方式进行合并，使用数据透视表汇总、分析、浏览和呈现汇总数据，使用户能够轻松查看和比较数据，是一个非常实用的统计方法，读者一定要熟练掌握。

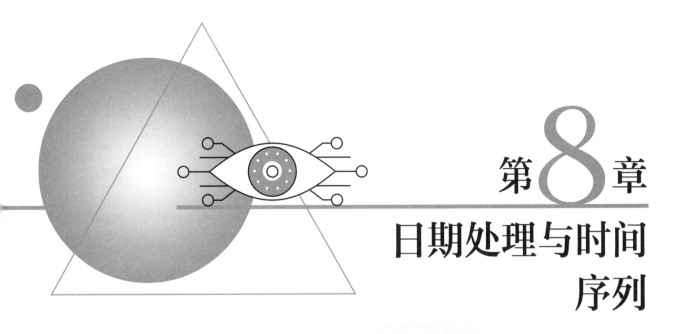

第8章
日期处理与时间序列

在对时间类型数据进行分析时，需要将字符串时间转换为标准时间类型，而 Pandas 有着强大的日期数据处理功能。本章主要介绍日期数据处理、区间频率和时间序列等。

8.1 日期数据处理

8.1.1 DataFrame 的日期数据转换

在日常工作中，有一个非常麻烦的事情就是日期的格式可能有很多种表达。例如，同样是 2020 年 2 月 14 日，可以有很多种格式，如图 8.1 所示。那么，我们需要先将这些格式统一后才能进行后续的工作。Pandas 提供的 to_datetime() 方法可以帮助我们解决这一问题。

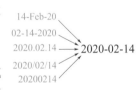

图 8.1　日期的多种格式

to_datetime() 方法可以用来实现批量的日期数据转换，对于处理大数据非常的实用和方便，它可以将日期数据转换成所需要的各种格式。例如，将 2/14/20 和 14-2-2020 转换为日期格式 2020-02-14。to_datetime() 方法的语法如下。

```
pandas.to_datetime(arg,errors='ignore',dayfirst=False,yearfirst=False,utc=
None,box=True,format=None,exact=True,unit=None,infer_datetime_format=
False,origin='unix',cache=False)
```

💬 **参数说明：**

♻ arg：字符串、日期时间、字符串数组。

♻ errors：值为 ignore、raise 或 coerce，具体说明如下，默认值

为 ignore。

- ignore：无效的解析将返回原值。
- raise：无效的解析将引发异常。
- coerce：无效的解析将被设置为 NaT，即将无法转换为日期的数据转换为 NaT。
- dayfirst：布尔型，默认值为 False。如果为 True，解析日期为第一天，如 01/01/2020。
- utc：默认值为 None。返回 utc，即协调世界时间。
- box：布尔值，默认值为 True。如果为 True，返回 DatetimeIndex；如果为 False，返回值的 ndarray。
- format：格式化显示时间的格式。字符串，默认值为 None。
- exact：布尔值，默认值为 True。如果为 True，则要求格式完全匹配；如果为 False，则允许格式与目标字符串中的任何位置匹配。
- unit：默认值为 None，参数的单位（D、s、ms、μs、ns）表示时间的单位。例如，unix 时间戳，它是整数或浮点数。
- infer_datetime_format：默认值为 False。如果没有格式，则尝试根据第一个日期时间字符串推断格式。
- 返回值：日期时间。

实例 8.1　　**将各种日期字符串转换为指定的日期格式**　👁 **实例位置：资源包 \Code\08\01**

将 2020 年 2 月 14 日的各种格式转换为日期格式，程序代码如下。

```
01 import pandas as pd
02 # 设置数据显示的编码格式为东亚宽度，以使列对齐
03 pd.set_option('display.unicode.east_asian_width', True)
04 df=pd.DataFrame({'原日期':['14-Feb-20', '02/14/2020', '2020.02.14', '2020/02/14','20200214']})
05 df['转换后的日期']=pd.to_datetime(df['原日期'])
06 print(df)
```

运行程序，输出结果如图 8.2 所示。

还可以实现从 DataFrame 对象中的多列（如年、月、日各列）组合成一列日期。键值是常用的日期缩略语。组合要求如下。

- 必选：year、month、day。
- 可选：hour、minute、second、millisecond（毫秒）、microsecond（微秒）、nanosecond（纳秒）。

	原日期	转换后的日期
0	14-Feb-20	2020-02-14
1	02/14/2020	2020-02-14
2	2020.02.14	2020-02-14
3	2020/02/14	2020-02-14
4	20200214	2020-02-14

图 8.2　将 2020 年 2 月 14 日的各种格式转换为日期格式

实例 8.2　　**将一组数据组合为日期数据**　👁 **实例位置：资源包 \Code\08\02**

将一组数据组合为日期数据，关键代码如下。

```
01 df = pd.DataFrame({'year': [2018, 2019,2020],
02                    'month': [1, 3,2],
03                    'day': [4, 5,14],
04                    'hour':[13,8,2],
05                    'minute':[23,12,14],
06                    'second':[2,4,0]})
07 df['组合后的日期']=pd.to_datetime(df)
08 print(df)
```

运行程序，输出结果如图 8.3 所示。

	year	month	day	hour	minute	second	组合后的日期
0	2018	1	4	13	23	2	2018-01-04 13:23:02
1	2019	3	5	8	12	4	2019-03-05 08:12:04
2	2020	2	14	2	14	0	2020-02-14 02:14:00

图 8.3　日期组合

8.1.2　dt 对象的使用

dt 对象是 Series 对象中用于获取日期属性的一个访问器对象，通过它可以获取日期中的年、月、日、星期数、季节等，还可以判断日期是否处在年底。语法如下。

```
Series.dt()
```

💬 **参数说明：**

🔄 返回值：返回与原始系列相同的索引系列。如果 Series 不包含类日期值，则引发错误。

dt 对象提供了 year、month、day、dayofweek、dayofyear、is_leap_year、quarter、weekday_name 等属性和方法。例如，year 可以获取 "年"，month 可以获取 "月"，quarter 可以直接得到每个日期分别在第几个季度中，weekday_name 可以直接得到每个日期对应的是周几。

实例 8.3

获取日期中的年、月、日、星期数等

👁 **实例位置：资源包 \Code\08\03**

使用 dt 对象获取日期中的年、月、日、星期数、季节等。
① 获取年、月、日。

```
df['年'],df['月'],df['日']=df['日期'].dt.year,df['日期'].dt.month,df['日期'].dt.day
```

② 从日期判断所处的星期数。

```
df['星期几']=df['日期'].dt.day_name()
```

③ 从日期判断所处的季度。

```
df['季度']=df['日期'].dt.quarter
```

④ 从日期判断是否为年底最后一天。

```
df['是否年底']=df['日期'].dt.is_year_end
```

运行程序，输出结果如图 8.4 所示。

8.1.3　获取日期区间的数据

获取日期区间的数据的方法是直接在 DataFrame 对象中输入日期或日期区间，但前提必须设置日期为索引，举例如下。

① 获取 2018 年的数据。

```
df1.loc['2018']
```

② 获取 2017—2018 年的数据。

```
df1['2017':'2018']
```

③ 获取某月（2018 年 7 月）的数据。

	原日期	日期	年	月	日	星期几	季度	是否年底
0	2019.1.05	2019-01-05	2019	1	5	Saturday	1	False
1	2019.2.15	2019-02-15	2019	2	15	Friday	1	False
2	2019.3.25	2019-03-25	2019	3	25	Monday	1	False
3	2019.6.25	2019-06-25	2019	6	25	Tuesday	2	False
4	2019.9.15	2019-09-15	2019	9	15	Sunday	3	False
5	2019.12.31	2019-12-31	2019	12	31	Tuesday	4	True

图 8.4　dt 对象日期转换

8

```
df1.loc['2018-07']
```

④ 获取具体某天（2018 年 5 月 6 日）的数据。

```
df1['2018-05-06':'2018-05-06']
```

实例 8.4 获取指定日期区间的订单数据 👁 实例位置：资源包 \Code\08\04

获取 2018 年 5 月 11 日到 6 月 10 日之间的订单，效果如图 8.5 所示。

	买家会员名	联系手机	买家实际支付金额
订单付款时间			
2018-05-11 11:37:00	mrhy61	1***********	55.86
2018-05-11 13:03:00	mrhy80	1***********	268.00
2018-05-11 13:27:00	mrhy40	1***********	55.86
2018-05-12 02:23:00	mrhy27	1***********	48.86
2018-05-12 21:13:00	mrhy76	1***********	268.00
2018-05-12 21:14:00	mrhy17	1***********	48.86
2018-05-12 22:06:00	mrhy60	1***********	55.86
......			
2018-06-08 22:29:00	yhhy12	1***********	163.71
2018-06-09 00:20:00	yhhy30	1***********	29.86
2018-06-09 11:49:00	yhhy35	1***********	160.30
2018-06-09 13:46:00	yhhy22	1***********	146.58
2018-06-09 14:21:00	yhhy8	1***********	153.44
2018-06-09 16:35:00	yhhy20	1***********	55.86
2018-06-09 21:17:00	yhhy47	1***********	43.86
2018-06-09 22:42:00	yhhy6	1***********	167.58
2018-06-10 08:22:00	yhhy4	1***********	166.43
2018-06-10 09:06:00	yhhy14	1***********	137.58
2018-06-10 21:11:00	yhhy24	1***********	139.44

图 8.5　2018 年 5 月 11 日到 6 月 10 日之间的订单（省略部分数据）

程序代码如下。

```
01 import pandas as pd
02 # 设置数据显示的编码格式为东亚宽度，以使列对齐
03 pd.set_option('display.unicode.ambiguous_as_wide', True)
04 pd.set_option('display.unicode.east_asian_width', True)
05 df = pd.read_excel('mingribooks.xls')
06 df1=df[[' 订单付款时间 ',' 买家会员名 ',' 联系手机 ',' 买家实际支付金额 ']]
07 df1=df1.sort_values(by=[' 订单付款时间 '])
08 df1 = df1.set_index(' 订单付款时间 ')    # 将日期设置为索引
09 # 获取某个区间数据
10 print(df1['2018-05-11':'2018-06-10'])
```

8.1.4　按不同时期统计并显示数据

1. 按时期统计数据

按时期统计数据主要通过 DataFrame 对象的 resample() 方法结合数据计算函数实现。resample() 方法主要应用于时间序列频率转换和重采样，它可以从日期中获取年、月、日、星期、季节等，结合数据计算函数就可以实现按年、月、日、星期或季度等不同时期统计数据。举例如下。

① 按年统计数据。

```
df1=df1.resample('AS').sum()
```

② 按季度统计数据。

```
df2.resample('Q').sum()
```

③ 按月度统计数据。

```
df1.resample('M').sum()
```

④ 按星期统计数据。

```
df1.resample('W').sum()
```

⑤ 按天统计数据。

```
df1.resample('D').sum()
```

📖 **说明**

> ① 代码中的 "AS" 表示将每年第一天作为开始日期。如果将最后一天作为开始日期，需要将 "AS" 改为 A。
>
> ② 代码中的 "Q" 表示将每个季度最后一天作为开始日期。如果要改成将每个季度第一天作为开始日期，需要将 Q 改为 "QS"。
>
> ③ 代码中的 "M" 表示将每个月最后一天作为开始日期。如果要改成将每个月第一天作为开始日期，需要将 M 改为 "MS"。

✏️ **技巧**

> 在按日期统计数据过程中，可能会出现如图 8.6 所示的错误提示。
>
> ```
> Traceback (most recent call last):
>   File "F:/PythonBooks/Python数据分析从入门到实践/Program/07/相关性分析/demo.py", line 8, in <module>
>     df1=df_x.resample('D').sum()          #按日统计费用
>   File "C:\Users\Administrator\AppData\Local\Programs\Python\Python37\lib\site-packages\pandas\core\generic.py", line 8155, in resample
>     base=base, key=on, level=level)
>   File "C:\Users\Administrator\AppData\Local\Programs\Python\Python37\lib\site-packages\pandas\core\resample.py", line 1250, in resample
>     return tg._get_resampler(obj, kind=kind)
>   File "C:\Users\Administrator\AppData\Local\Programs\Python\Python37\lib\site-packages\pandas\core\resample.py", line 1380, in _get_resampler
>     "but got an instance of %r" % type(ax).__name__)
> TypeError: Only valid with DatetimeIndex, TimedeltaIndex or PeriodIndex, but got an instance of 'Index'
> ```
>
> 图 8.6　错误提示

完整错误描述为 "TypeError: Only valid with DatetimeIndex, TimedeltaIndex or PeriodIndex, but got an instance of 'Index'"。

出现上述错误，是由于 resample() 方法要求索引必须为日期型。

解决方法：将数据的索引转换为日期型，关键代码如下。

```
df1.index = pd.to_datetime(df1.index)
```

2. 按时期显示数据

DataFrame 对象的 to_period() 方法可以将时间戳转换为时期，从而实现按时期显示数据，前提是日期必须设置为索引。语法如下。

```
DataFrame.to_period(freq=None, axis=0, copy=True)
```

参数说明：

- freq：字符串，周期索引的频率，默认值为 None。
- axis：行、列索引，0 为行索引，1 为列索引，默认值为 0。
- copy：是否复制数据，默认值为 True。如果为 False，则不复制数据。
- 返回值：带周期索引的时间序列。

实例 8.5

从日期中获取不同的时期

实例位置：资源包 \Code\08\05

从日期中获取不同的时期，关键代码如下。

```
01 df1.to_period('A')   # 按年
02 df1.to_period('Q')   # 按季度
03 df1.to_period('M')   # 按月
04 df1.to_period('W')   # 按星期
```

3. 按时期统计并显示数据

（1）按年统计并显示数据

```
df2.resample('AS').sum().to_period('A')
```

运行结果如图 8.7 所示。

（2）按季度统计并显示数据

```
Q_df=df2.resample('Q').sum().to_period('Q')
```

运行结果如图 8.8 所示。

```
—————按年统计并显示数据—————
            买家实际支付金额
订单付款时间
2018        218711.61
```

图 8.7　按年统计并显示数据

```
—————按季度统计并显示数据—————
            买家实际支付金额
订单付款时间
2018Q1      58230.83
2018Q2      62160.49
2018Q3      44942.19
2018Q4      53378.10
```

图 8.8　按季度统计并显示数据

（3）按月统计并显示数据

```
df2.resample('M').sum().to_period('M')
```

运行结果如图 8.9 所示。

（4）按星期统计并显示数据（前 5 条数据）

```
df2.resample('W').sum().to_period('W').head() # head() 默认显示 5 条数据
```

运行结果如图 8.10 所示。

```
————按月统计并显示数据————
              买家实际支付金额
订单付款时间
2018-01       23369.17
2018-02       10129.87
2018-03       24731.79
2018-04       20484.80
2018-05       11847.91
2018-06       29827.78
2018-07       39433.60
2018-08        1895.65
2018-09        3612.94
2018-10       15230.59
2018-11       15394.61
2018-12       22752.90
```

图 8.9　按月统计并显示数据

```
————按星期统计并显示数据————
                          买家实际支付金额
订单付款时间
2018-01-01/2018-01-07       5735.91
2018-01-08/2018-01-14       4697.62
2018-01-15/2018-01-21       5568.77
2018-01-22/2018-01-28       5408.68
2018-01-29/2018-02-04       3600.12
```

图 8.10　按星期统计并显示数据

8.2　日期范围、频率和移位

8.2.1　生成日期范围

生成指定的日期范围可以使用 Pandas 的 date_range() 函数，该函数可以实现按指定的频率生成时间段及生成超前或滞后的日期范围等。语法格式如下。

```
pandas.date_range(start=None, end=None, periods=None, freq=None, tz=None, normalize=False, name=None,
closed=None, **kwargs)
```

参数说明：

- start：字符串或日期型，默认值为 None，表示日期的起点。
- end：字符串或日期型，默认值为 None，表示日期的终点。
- periods：整型或 None，默认值为 None，表示要生成多少个日期索引值。如果值为 None，那么 start 和 end 两个参数必须不能为 None。
- freq：字符串或 DateOffset，默认值为 D，表示以自然日为单位。该参数用来指定计时单位，如 "3H" 表示每隔 3 个小时计算一次。
- tz：字符串或 None，表示时区。
- normalize：布尔值，默认值为 False。如果值为 True，那么在生成时间索引值之前，会先将 start 和 end 两个参数都转化为当日的午夜 0 点。
- name：字符串，默认值为 None，为返回的时间索引指定一个名字。
- closed: left、right 或 None，默认值为 None，表示 start 和 end 两个参数的日期是否包含在区间内。left 表示左闭右开区间（不包括日期的终点，即 end 参数值），right 表示左开右闭区间（不包括日期的起点，即 start 参数值），None 表示两边的日期都包括在内。
- 返回值：DatetimeIndex（日期时间索引）。

实例 8.6

按频率生成时间段

⊙ **实例位置：资源包 \Code\08\06**

使用 Pandas 的 date_range() 函数生成指定频率的时间段，程序代码如下。

```
01 import pandas as pd
02 print(pd.date_range('2022/1/1','2022/1/3'))    # 默认 freq = 'D'：每日
03 print(pd.date_range('2022/1/1','2022/1/3', freq = 'B'))    # B：每个工作日
04 print(pd.date_range('2022/1/1','2022/1/3', freq = 'H'))    # H：每小时
05 print(pd.date_range('2022/1/1 12:00','2022/1/1 12:10', freq = 'T'))    # T/MIN：每分钟
06 print(pd.date_range('2022/1/1 12:00:00','2022/1/1 12:00:10', freq = 'S'))    # S：每秒
07 # L：每毫秒（千分之一秒）
08 print(pd.date_range('2022/1/1 12:00:00','2022/1/1 12:00:10', freq = 'L'))
09 # U：每微秒（百万分之一秒）
10 print(pd.date_range('2022/1/1 12:00:00','2022/1/1 12:00:10', freq = 'U'))
11 # W-MON：从指定星期几开始算起，每周
12 # 星期的缩写：MON/TUE/WED/THU/FRI/SAT/SUN
13 # WOM-2MON：每月的第几个星期几开始算，这里是每月第二个星期一
14 print(pd.date_range('2022/1/1','2022/2/1', freq = 'W-MON'))
15 print(pd.date_range('2022/1/1','2022/5/1', freq = 'WOM-2MON'))
16 # M：每月最后一个日历日
17 # Q- 月份：指定月为季度末，每个季度末最后一月的最后一个日历日
18 # A- 月份：每年指定月份的最后一个日历日
19 # 月份的缩写：JAN/FEB/MAR/APR/MAY/JUN/JUL/AUG/SEP/OCT/NOV/DEC
20 print(pd.date_range('2021','2022', freq = 'M'))
21 print(pd.date_range('2020','2022', freq = 'Q-DEC'))
22 print(pd.date_range('2020','2022', freq = 'A-DEC'))
23 print('*' * 50)
24 # BM：每月最后一个工作日
25 # BQ- 月份：指定月为季度末，每个季度末最后一月的最后一个工作日
26 # BA- 月份：每年指定月份的最后一个工作日
27 print(pd.date_range('2021','2022', freq = 'BM'))
28 print(pd.date_range('2020','2022', freq = 'BQ-DEC'))
29 print(pd.date_range('2020','2022', freq = 'BA-DEC'))
30 print('*' * 50)
31 # M：每月第一个日历日
32 # Q- 月份：指定月为季度末，每个季度末最后一月的第一个日历日
33 # A- 月份：每年指定月份的第一个日历日
34 print(pd.date_range('2021','2022', freq = 'MS'))
35 print(pd.date_range('2020','2022', freq = 'QS-DEC'))
36 print(pd.date_range('2020','2022', freq = 'AS-DEC'))
37 print(pd.date_range('2020','2022', freq = 'BAS-DEC'))
```

技巧

为了方便、灵活地使用 date_range() 函数，下面给出 freq 参数的详细解释。

- ↻ B：工作日频率。
- ↻ C：自定义工作日频率。
- ↻ D：日历日频率。
- ↻ W：每周频率。
- ↻ M：月末频率。
- ↻ SM：半月结束频率（15 日和月末）。
- ↻ BM：营业月结束频率。
- ↻ CBM：自定义营业月结束频率。
- ↻ MS：月开始频率。
- ↻ SMS：半月开始频率（第 1 天和第 15 天）。
- ↻ BMS：营业月开始频率。
- ↻ CBMS：自定义营业月开始频率。
- ↻ Q：四分之一结束频率。
- ↻ BQ：业务季度结束频率。
- ↻ QS：季度开始频率。

- BQS：业务季度开始频率。
- A, Y：年终频率。
- BA, BY：业务年度结束频率。
- AS, YS：年开始频率。
- BAS, BYS：营业年度开始频率。
- BH：营业时间频率。
- H：小时的频率。
- T：分钟的频率。
- S：秒的频率。
- L：毫秒。
- U：微妙。
- N：纳秒。

按复合频率生成时间段

实例位置：资源包 \Code\08\07

使用 Pandas 的 date_range() 函数按复合频率生成指定的时间段，程序代码如下。

```
01 import pandas as pd
02 print(pd.date_range('2022/1/1','2022/2/1', freq = '7D'))  # 7 天
03 print(pd.date_range('2022/1/1','2022/1/2', freq = '1h30min'))  # 1 小时 30 分钟
04 print(pd.date_range('2021','2022', freq = '2M'))  # 两个月，每月最后一个日历日
```

8.2.2　日期频率转换

在日期操作过程中，当需要将日期时间索引更改为不同频率，同时在当前索引处保留相同的值时，可以使用 asfreq() 方法。

将按天的频率转换为按 5 小时的频率

实例位置：资源包 \Code\08\08

将按天的频率转换为按 5 小时的频率，代码如下。

```
01 import numpy as np
02 import pandas as pd
03 # 生成日期范围
04 ts = pd.Series(np.random.rand(5), index = pd.date_range('20220101','20220105'))
05 print(ts)
06 # 改变频率，将日改为 5 小时
07 # method：插值模式，None 不插值，ffill 用之前的值填充，bfill 用之后的值填充
08 print(ts.asfreq('5H',method = 'ffill'))
```

运行程序，输出结果如图 8.11 和图 8.12 所示。

```
                              2022-01-01 00:00:00    0.589227
                              2022-01-01 05:00:00    0.589227
                              2022-01-01 10:00:00    0.589227
                              2022-01-01 15:00:00    0.589227
                              2022-01-01 20:00:00    0.589227
                              2022-01-02 01:00:00    0.275873
                              2022-01-02 06:00:00    0.275873
                              2022-01-02 11:00:00    0.275873
                              2022-01-02 16:00:00    0.275873
                              2022-01-02 21:00:00    0.275873
                              2022-01-03 02:00:00    0.399321
                              2022-01-03 07:00:00    0.399321
                              2022-01-03 12:00:00    0.399321
                              2022-01-03 17:00:00    0.399321
                              2022-01-03 22:00:00    0.399321
2022-01-01    0.589227       2022-01-04 03:00:00    0.489484
2022-01-02    0.275873       2022-01-04 08:00:00    0.489484
2022-01-03    0.399321       2022-01-04 13:00:00    0.489484
2022-01-04    0.489484       2022-01-04 18:00:00    0.489484
2022-01-05    0.576268       2022-01-04 23:00:00    0.489484
```

图 8.11   原始数据   图 8.12   转换为 5 小时的频率后

8.2.3 移位日期

移位是指将日期向前移动或向后移动，主要使用 Series 对象和 DataFrame 对象的 shift() 方法。该方法用于进行简单的向前或向后移动日期对应的数据，数据改变而日期索引不改变。正数表示向前移动，负数表示向后移动。

例如，一组原始数据，日期向前移动两次的数据如图 8.13 所示，从图中可以看出，日期索引没有改变，而数据改变了。

2022-01-01	1
2022-01-02	2
2022-01-03	3
2022-01-04	4
2022-01-05	5

2022-01-01	NaN
2022-01-02	NaN
2022-01-03	1
2022-01-04	2
2022-01-05	3
	4
	5

图 8.13   移位日期示意图

shift() 方法是一个非常有用的方法，与其他方法结合，能实现很多难以想象的功能。语法格式如下。

```
DataFrame.shift(periods=1, freq=None, axis=0)
```

参数说明：

- period：表示移动的幅度，可以是正数，也可以是负数，默认值是 1，1 表示移动一次。注意这里移动的都是数据，而索引是不移动的，移动之后没有对应值的，赋值为 NaN。
- freq：可选参数，默认值为 None。只适用于时间序列，如果这个参数存在，那么会按照参数值移动日期索引，而数据值没有发生变化。
- axis：axis=1 表示行，axis=0 表示列，默认值为 0。

实例 8.9   查看日期向前和向后
分别移动两次后的数据   ● **实例位置：资源包 \Code\08\09**

首先使用 NumPy 和 date_range() 函数，随机生成 2022 年 1 月 1 日至 2022 年 1 月 5 日的数据，然后查看日期分别向前和向后移动两次后的数据，程序代码如下。

```
01 import numpy as np
02 import pandas as pd
03 # 随机生成日期数据
04 ts = pd.Series(np.random.rand(5),
05                index = pd.date_range('20220101','20220105'))
06 print(ts)
07 # 查看日期分别向前和向后移动两次后的数据
08 print(ts.shift(2))
09 print(ts.shift(-2))
```

运行程序，输出结果如图 8.14、图 8.15 和图 8.16 所示。

在移位日期过程中，数据发生了变化，产生了缺失值（NaN）。如果只移动日期，数据不发生变化，可以通过 freq 参数指定频率。例如，日期向前移动两次，频率为日历日，关键代码如下。

```
print(ts.shift(2,freq='D'))
```

运行程序，输出结果如图 8.17 所示。

2022-01-01	0.963042	2022-01-01	NaN	2022-01-01	0.556227	2022-01-03	0.963042
2022-01-02	0.039233	2022-01-02	NaN	2022-01-02	0.658172	2022-01-04	0.039233
2022-01-03	0.556227	2022-01-03	0.963042	2022-01-03	0.278305	2022-01-05	0.556227
2022-01-04	0.658172	2022-01-04	0.039233	2022-01-04	NaN	2022-01-06	0.658172
2022-01-05	0.278305	2022-01-05	0.556227	2022-01-05	NaN	2022-01-07	0.278305

图 8.14　原始数据　　图 8.15　向前移动两次的数据　　图 8.16　向后移动两次的数据　　图 8.17　日期向前移动两次（频率为日历日）

对比原始数据，会发现日期发生了变化，而数据没有变化。当然，这里也可以指定其他频率。例如，日期向前移动一次，频率为 30 分钟，关键代码如下。

```
print(ts.shift(1,freq='30T'))
```

8.3　时间区间与频率转换

时间区间就是时间范围、时期，也就是一段时间，如一些天、一些月、一些年等。本节主要介绍创建时间区间和区间频率转换。

8.3.1　创建时间区间

创建时间区间可以使用 Pandas 的 Period 类和 period_range() 函数。

1. Period 类

Period 类用于定义一个时期，或者说具体的一个时间段，包括起始时间 start_time、终止时间 end_time、频率 freq 等参数，其中，参数 freq 和之前的 date_range() 函数的 freq 参数类似，可以取 D、M 等值。返回值是日期时间。

实例 8.10　　　　　使用 Period 类创建不同的 👁 **实例位置：资源包 \Code\08\10**
时间区间

下面使用 Period 类创建不同的时间区间，程序代码如下。

173

```
01  import pandas as pd
02  #创建时间序列
03  myperiod = pd.Period('2021-12-25', freq = "A")
04  print(myperiod)
05  print(myperiod.start_time, myperiod.end_time, myperiod + 1, myperiod)
06  print(pd.Period('2022-1-1 12:13:14', freq='S') + 1)
07  print(pd.Period('2022-1-1 12:13:14', freq='T') + 1)
08  print(pd.Period('2022-1-1 12:13:14', freq='H') + 1)
09  print(pd.Period('2022-1-1 12:13:14', freq='D') + 1)
10  print(pd.Period('2022-1-1 12:13:14', freq='M') + 1)
11  print(pd.Period('2022-1-1 12:13:14', freq='A') + 1)
```

运行程序，输出结果如图 8.18 所示。

技巧

Period 类的属性如下。

- ♻ day：获取当前时间段所在月份的天数。
- ♻ dayofweek：获取当前时间段所在月份的星期数。
- ♻ dayofyear：获取当前时间段所在年份的天数。
- ♻ days_in_month：获取当前时间段一个月内的天数。
- ♻ daysinmonth：获取当前时间段所在月份的总天数。
- ♻ hour：获取当前时间段的小时数。
- ♻ minute：获取当前时间段的分钟数。
- ♻ second：获取当前时间段的秒钟数。
- ♻ start_time：起始时间。
- ♻ end_time：终止时间。
- ♻ week：获取当前时间段所在年份的星期数。

2. period_range() 函数

利用 period_range() 函数创建的时间序列可以作为 Series 对象的索引，与 Period 类不同的是，period_range() 函数的返回值是日期索引序列。

实例 8.11 　　　　　　**使用 period_range() 函数创建时间区间** 👁 **实例位置：资源包 \Code\08\11**

使用 period_range() 函数创建从 2022 年 1 月 1 日到 2022 年 6 月 30 日的时间区间，程序代码如下。

```
01  import pandas as pd
02  import numpy as np
03  #创建时间区间
04  prng=pd.period_range('2022-01-01','2022-06-30',freq='M')
05  ts=pd.Series(np.random.randn(6),index=prng)
06  print(ts)
```

运行程序，输出结果如图 8.19 所示。

```
2021
2021-01-01 00:00:00 2021-12-31 23:59:59.999999999 2022 2021
2022-01-01 12:13:15
2022-01-01 12:14
2022-01-01 13:00
2022-01-02
2022-02
2023
```

```
2022-01    -2.049221
2022-02     0.350021
2022-03    -0.602843
2022-04    -1.103856
2022-05     0.428134
2022-06    -1.587885
```

图 8.18　使用 Period 类创建时间区间　　图 8.19　创建时间区间

8.3.2　频率转换

在统计数据过程中，可能会遇到这样的问题：将某年的报告转换为季报告或月报告。为了解决这个问题，Pandas 中提供了 asfreq() 方法来转换时间区间的频率，如将年度区间转换为月度区间。asfreq() 方法的语法格式如下。

```
Period.asfreq(freq, how='end')
```

 **参数说明**：

- ↻ freq：表示计时单位，可以是 DateOffest[ofeist] 对象或字符串。
- ↻ how：可以取值为 start 或 end，默认值为 end，仅适用于时期索引。start 包含区间开始，end 包含区间结束。

实例 8.12　时间区间频率转换　　　　　　👁 **实例位置：资源包 \Code\08\12**

下面实现时间区间频率转换，程序代码如下。

```
01 import pandas as pd
02 # 创建时间序列
03 myperiod = pd.Period('2022', freq = "A-DEC")
04 print(myperiod)
05 print('转换为月度区间：')
06 print(myperiod.asfreq('M',how='start'))
07 print(myperiod.asfreq('M',how='end'))
08 print('转换为日历日区间')
09 print(myperiod.asfreq('D',how='start'))
10 print(myperiod.asfreq('D',how='end'))
```

运行程序，输出结果如图 8.20 所示。

2022
转换为月度区间：
2022-01
2022-12
转换为日历日区间
2022-01-01
2022-12-31

图 8.20　时间区间频率转换

8.4　重采样与频率转换

8.4.1　重采样

通过前面的学习，我们学会了如何生成不同频率的时间索引，如按小时、按天、按周、按月等。如果我们想对数据做不同频率的转换，该怎么办？在 Pandas 中，对时间序列的频率的调整称为重采样，即将时间序列从一个频率转换到另一个频率的处理过程。例如，将每天一个频率转换为每 5 天一个频率，如图 8.21 所示。

图 8.21　时间频率

重采样主要使用 resample() 方法，该方法用于对常规时间序列进行重采样和频率转换，包括降采样和升采样两种。首先了解下 resample() 方法，语法如下。

```
DataFrame.resample(rule,how=None,axis=0,fill_method=None,closed=None,label=None,convention='start',kind=None,loffset=None,limit=None,base=0,on=None,level=None)
```

💬 **参数说明**：

- ♻ rule：字符串，偏移量表示目标字符串或对象转换。
- ♻ how：用于产生聚合值的函数名或数组函数。默认值为 "mean"，其他常用的值为 "first"、"last"、"median"、"max" 和 "min"。
- ♻ axis：整型，表示行、列，0 表示列，1 表示行，默认值为 0。
- ♻ fill_method：升采样时所使用的填充方法，包括 ffill() 方法（用前值填充）或 bfill() 方法（用后值填充）。默认值为 None。
- ♻ closed：降采样时，时间区间的开和闭，和数学里区间的概念一样，其值为 "right" 或 "left"。"right" 表示左开右闭（左边值不包括在内），"left" 表示左闭右开（右边值不包括在内），默认值为 "right"。
- ♻ label：降采样时，如何设置聚合值的标签。例如，10：30—10：35 会被标记成 10：30 还是 10：35。默认值为 None。
- ♻ convention：当重采样时，将低频率转换到高频率所采用的约定，其值为 "start" 或 "end"，默认值为 "start"。
- ♻ kind：聚合到时期（"period"）或时间戳（"timestamp"），默认聚合到时间序列的索引类型。默认值为 None。
- ♻ loffset：聚合标签的时间校正值，默认值为 None。例如，"−1s" 或 "Second(−1)" 用于将聚合标签调早 1 秒。
- ♻ limit：向前或向后填充时，允许填充的最大时期数。默认值为 None。
- ♻ base：整型，默认值为 0。例如，对于 "5min" 频率，base 的范围可以是 0 到 4。
- ♻ on：字符串，可选参数，默认值为 None。对 DataFrame 对象使用列代替索引进行重采样，列必须与日期时间类似。
- ♻ level：字符串或整型，可选参数，默认值为 None。用于多索引，重采样的级别名称或级别编号，级别必须与日期时间类似。
- ♻ 返回值：重采样对象。

实例 8.13　　**将 1 分钟的时间序列转换为 3 分钟的时间序列**　👁 **实例位置：资源包 \Code\08\13**

首先创建一个包含 9 个 1 分钟的时间序列，然后使用 resample() 方法转换为 3 分钟的时间序列并对索引列进行求和计算，如图 8.22 所示。

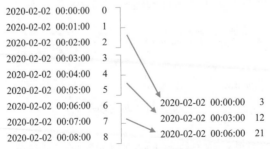

图 8.22　时间序列转换

程序代码如下。

```
01 import pandas as pd
02 index = pd.date_range('02/02/2020', periods=9, freq='T')
03 series = pd.Series(range(9), index=index)
04 print(series)
05 print(series.resample('3T').sum())
```

8.4.2 降采样处理

降采样是周期由高频率转向低频率。例如，将 5 分钟股票交易数据转换为日交易，将按天统计的销售数据转换为按周统计。

数据降采样涉及数据的聚合。例如，天数据变成周数据，那么就要对 1 周 7 天的数据进行聚合，聚合的方式主要包括求和、求均值等。

实例 8.14　按周统计销售数据　　　　◉ 实例位置：资源包 \Code\08\14

淘宝店铺每天的销售数据（部分数据）如图 8.23 所示，使用 resample() 方法进行降采样处理，频率为"周"，也就是对销售数据按每周（每 7 天）求和，程序代码如下。

```
01 import pandas as pd
02 df=pd.read_excel('time.xls')
03 df1 = df.set_index('订单付款时间')   # 设置 "订单付款时间" 为索引
04 print(df1.resample('W').sum().head())
```

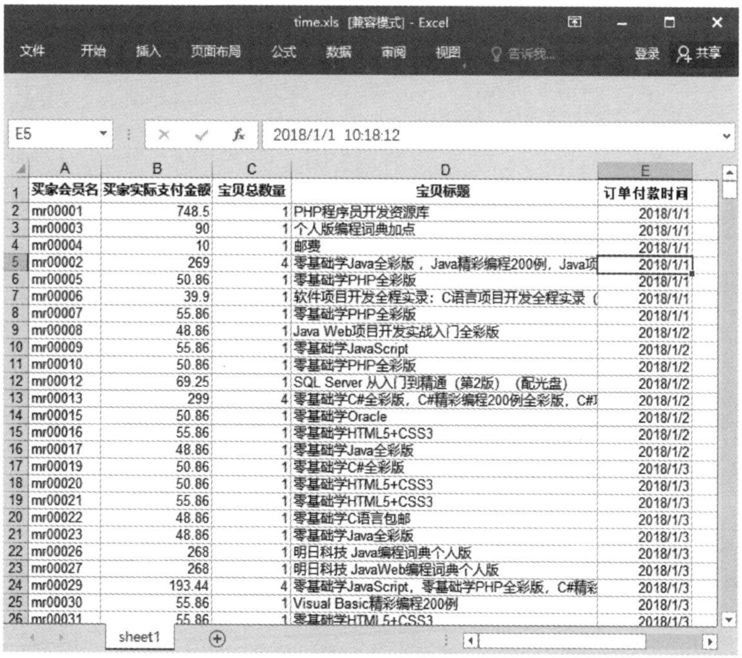

图 8.23　淘宝店铺每天销售数据（部分数据）

运行程序，输出结果如图 8.24 所示。

在参数说明中，我们列出了 closed 参数的解释，如果把 closed 参数值设置为"left"，结果是怎么样的呢？如图 8.25 所示。

订单付款时间	买家实际支付金额	宝贝总数量
2018-01-07	5735.91	77
2018-01-14	4697.62	70
2018-01-21	5568.77	74
2018-01-28	5408.68	53
2018-02-04	1958.19	19

图 8.24　周数据统计 1

订单付款时间	买家实际支付金额	宝贝总数量
2018-01-07	5239.71	64
2018-01-14	4842.70	78
2018-01-21	5669.57	74
2018-01-28	5533.29	56
2018-02-04	2083.90	21

图 8.25　周数据统计 2

8.4.3　升采样处理

升采样是周期由低频率转向高频率。将数据从低频率转换到高频率时，就不需要聚合了。将数据重采样到高频率，默认会引入缺失值。

例如，原来是按周统计的数据，现在变成按天统计。升采样涉及数据的填充，根据填充的方法不同，填充的数据也不同。下面介绍三种填充方法。

- ↻ 不填充：空值用 NaN 代替，使用 asfreq() 方法。
- ↻ 用前值填充：用前面的值填充空值，使用 ffill() 方法或者 pad() 方法。为了方便记忆，ffill() 方法可以使用它的第一个字母 "f" 代替，代表 forward，即向前的意思。
- ↻ 用后值填充：使用 bfill() 方法，可以使用字母 "b" 代替，代表 back，即向后的意思。

实例 8.15

每 6 小时统计一次数据

👁 **实例位置：资源包 \Code\08\15**

下面创建一个时间序列，起始日期是 2020-02-02，一共 2 天，每天对应的数值分别是 1 和 2，通过升采样处理为每 6 小时统计一次数据，空值以不同的方式填充。程序代码如下。

```
01 import pandas as pd
02 import numpy as np
03 rng = pd.date_range('20200202', periods=2)
04 s1 = pd.Series(np.arange(1,3), index=rng)
05 s1_6h_asfreq = s1.resample('6H').asfreq()
06 print(s1_6h_asfreq)
07 s1_6h_pad = s1.resample('6H').pad()
08 print(s1_6h_pad)
09 s1_6h_ffill = s1.resample('6H').ffill()
10 print(s1_6h_ffill)
11 s1_6h_bfill = s1.resample('6H').bfill()
12 print(s1_6h_bfill)
```

```
2020-02-02 00:00:00    1.0
2020-02-02 06:00:00    NaN
2020-02-02 12:00:00    NaN
2020-02-02 18:00:00    NaN
2020-02-03 00:00:00    2.0
Freq: 6H, dtype: float64
2020-02-02 00:00:00    1
2020-02-02 06:00:00    1
2020-02-02 12:00:00    1
2020-02-02 18:00:00    1
2020-02-03 00:00:00    2
Freq: 6H, dtype: int32
2020-02-02 00:00:00    1
2020-02-02 06:00:00    1
2020-02-02 12:00:00    1
2020-02-02 18:00:00    1
2020-02-03 00:00:00    2
Freq: 6H, dtype: int32
2020-02-02 00:00:00    1
2020-02-02 06:00:00    2
2020-02-02 12:00:00    2
2020-02-02 18:00:00    2
2020-02-03 00:00:00    2
Freq: 6H, dtype: int32
```

运行程序，输出结果如图 8.26 所示。

8.5　移动窗口函数

图 8.26　6 小时数据统计

8.5.1　时间序列数据汇总

在金融领域，经常会看到开盘（open）、收盘（close）、最高价（high）和最低价（low）数据，而在 Pandas 中经过重采样的数据也可以实现这样的结果，通过调用 ohlc() 函数得到数据汇总结果，即开始值

（open）、结束值（close）、最高值（high）和最低值（low）。ohlc() 函数的语法如下。

```
resample.ohlc()
```

ohlc() 函数返回 DataFrame 对象每组数据的 open（开）、high（高）、low（低）和 close（关）值。

实例 8.16　　　　　**统计数据的 open、high、**　◉ **实例位置：资源包 \Code\08\16**
low 和 close 值

下面是一组 5 分钟的时间序列，通过 ohlc() 函数获取该时间序列中每组时间的开始值、最高值、最低值和结束值，程序代码如下。

```
01 import pandas as pd
02 import numpy as np
03 rng = pd.date_range('2/2/2020',periods=12,freq='T')
04 s1 = pd.Series(np.arange(12),index=rng)
05 print(s1.resample('5min').ohlc())
```

运行程序，输出结果如图 8.27 所示。

8.5.2　移动窗口数据计算

通过重采样我们可以得到想要的任何频率的数据，但是这些数据也是一个时点的数据，那么就存在这样一个问题：时点的数据波动较大，某一点的数据不能很好地表现它本身的特性，于是就有了"移动窗口"的概念。简单地说，为了提升数据的可靠性，将某个点的取值扩大到包含这个点的一个区间，用区间来进行判断，这个区间就是窗口。下面举例说明。

如图 8.28 所示，其中时间序列代表 1 号到 15 号每天的销量数据，接下来以 3 天为一个窗口，将该窗口从左至右依次移动，统计出 3 天的平均值作为这个点的值，如 3 号的销量是 1 号、2 号和 3 号的平均值。

在 Pandas 中，可以通过 rolling() 函数实现移动窗口数据的计算，语法如下。

	open	high	low	close
2020-02-02 00:00:00	0	4	0	4
2020-02-02 00:05:00	5	9	5	9
2020-02-02 00:10:00	10	11	10	11

图 8.27　时间序列数据汇总

图 8.28　移动窗口数据示意图

```
DataFrame.rolling(window, min_periods=None, center=False, win_type=None, on=None, axis=0, closed=None)
```

💬 **参数说明：**

- ↻ window：时间窗口的大小，有两种形式（int 或 offset）。如果使用 int，则数值表示计算统计量的观测值的数量，即向前几个数据；如果使用 offset，则表示时间窗口的大小。
- ↻ min_periods：每个窗口最少包含的观测值数量，小于这个值的窗口结果为 NA。在 int 情况下，默认值为 None。在 offset 情况下，默认值为 1。
- ↻ center：布尔型，是否从中间位置开始取数，默认值为 False。
- ↻ win_type：窗口的类型。
- ↻ on：可选参数。对于 DataFrame 对象，是指定要计算移动窗口的列，值为列名。
- ↻ axis：整型、字符串，默认值为 0，即对列进行计算。
- ↻ closed：定义区间的开闭，支持 int 类型的窗口。

♻ 返回值：为特定操作而生成的窗口或移动窗口子类。

实例 8.17　创建淘宝每日销量数据

👁 实例位置：资源包 \Code\08\17

首先创建一组淘宝每日销量数据，程序代码如下。

```
01 import pandas as pd
02 index=pd.date_range('20200201','20200215')
03 data=[3,6,7,4,2,1,3,8,9,10,12,15,13,22,14]
04 s1_data=pd.Series(data,index=index)
05 print(s1_data)
```

运行程序，输出结果如图 8.29 所示。

实例 8.18　在实例 8.17 的基础上，使用 rolling() 函数计算每 3 天的均值

👁 实例位置：资源包 \Code\08\18

下面使用 rolling() 函数计算 2020-02-01 到 2020-02-15 中每 3 天的均值，窗口个数为 3，代码如下。

```
s1_data.rolling(3).mean()
```

运行程序，看下 rolling() 函数是如何计算的？如图 8.30 所示，当窗口开始移动时，第 1 个时间点 2020-02-01 和第 2 个时间点 2020-02-02 的数值为空，这是因为窗口个数为 3，它们前面有空数据，所以均值为空；而到第 3 个时间点 2020-02-03 时，它前面的数据是 2020-02-01 到 2020-02-03，所以 3 天的均值是 5.333333，以此类推。

日期	值			日期	值		日期	均值
2020-02-01	3							
2020-02-02	6			2020-02-01	3		2020-02-01	NaN
2020-02-03	7			2020-02-02	6		2020-02-02	NaN
2020-02-04	4			2020-02-03	7		2020-02-03	5.333333
2020-02-05	2			2020-02-04	4		2020-02-04	5.666667
2020-02-06	1			2020-02-05	2		2020-02-05	4.333333
2020-02-07	3			2020-02-06	1		2020-02-06	2.333333
2020-02-08	8			2020-02-07	3		2020-02-07	2.000000
2020-02-09	9			2020-02-08	8		2020-02-08	4.000000
2020-02-10	10			2020-02-09	9		2020-02-09	6.666667
2020-02-11	12			2020-02-10	10		2020-02-10	9.000000
2020-02-12	15			2020-02-11	12		2020-02-11	10.333333
2020-02-13	13			2020-02-12	15		2020-02-12	12.333333
2020-02-14	22			2020-02-13	13		2020-02-13	13.333333
2020-02-15	14			2020-02-14	22		2020-02-14	16.666667
				2020-02-15	14		2020-02-15	16.333333

图 8.29　原始数据　　图 8.30　2020-02-01 到 2020-02-15 移动窗口均值 1

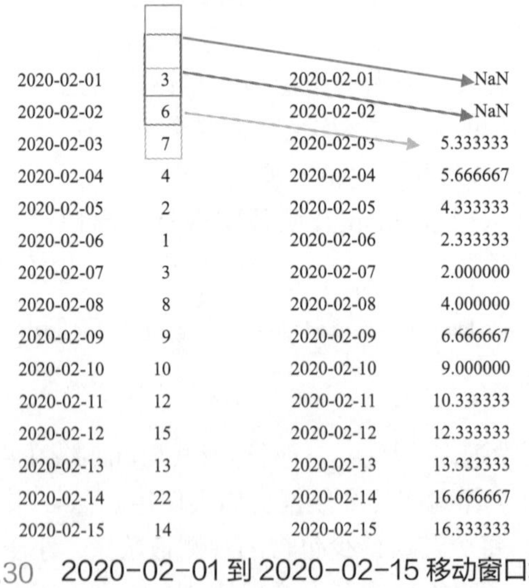

实例 8.19　用当天的数据代表窗口数据

👁 实例位置：资源包 \Code\08\19

在计算第一个时间点 2020-02-01 的窗口数据时，虽然数据不够窗口长度 3，但是至少有当天的数据，

那么能否用当天的数据代表窗口数据呢？答案是肯定的，通过设置 min_periods 参数即可，它表示窗口最少包含的观测值，小于这个值的窗口长度显示为空，等于或大于时都有值。关键代码如下。

```
s1_data.rolling(3,min_periods=1).mean()
```

运行程序，对比效果如图 8.31 所示。

上述举例，我们再扩展下，通过图表观察原始数据与移动窗口数据的平稳性，如图 8.32 所示。其中，蓝色实线代表移动窗口数据，其走向更平稳。这也是我们学习移动窗口 rolling() 函数的原因。

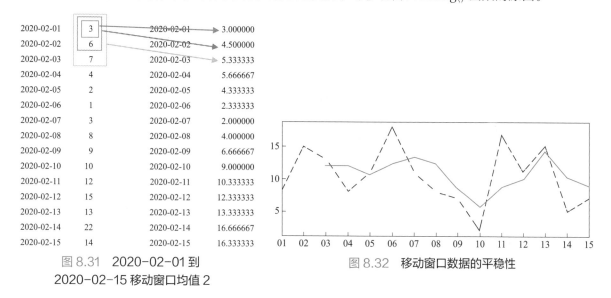

图 8.31　2020-02-01 到
2020-02-15 移动窗口均值 2

图 8.32　移动窗口数据的平稳性

📘 说明

> 虚线代表原始数据，实线代表移动窗口数据。

8.6　综合案例——股票行情数据分析

股票数据包括开盘价、收盘价、最高价、最低价、成交量等多个指标，其中收盘价是当日行情的标准，也是下一个交易日开盘价的依据，可以预测未来证券市场行情，所以投资者在进行行情分析时，一般采用收盘价作为计算依据。

下面使用 rolling() 函数计算某股票 20 天、50 天和 200 天的收盘价均值并生成走势图，如图 8.33 所示。程序代码如下。

```
01 import pandas as pd
02 import numpy as np
03 import matplotlib.pyplot as plt
04 aa =r'000001.xlsx'
05 # 设置数据显示的列数和宽度
06 pd.set_option('display.max_columns',500)
07 pd.set_option('display.width',1000)
08 # 解决数据输出时列名不对齐的问题
09 pd.set_option('display.unicode.ambiguous_as_wide', True)
10 pd.set_option('display.unicode.east_asian_width', True)
11 df = pd.DataFrame(pd.read_excel(aa))
12 df['date'] = pd.to_datetime(df['date'])  # 将数据类型转换为日期类型
13 df = df.set_index('date') # 将 date 设置为 index
14 df=df[['close']]
15 df['20天'] = np.round(df['close'].rolling(window = 20, center = False).mean(), 2)
```

```
16 df['50天'] = np.round(df['close'].rolling(window = 50, center = False).mean(), 2)
17 df['200天'] = np.round(df['close'].rolling(window = 200, center = False).mean(), 2)
18 plt.rcParams['font.sans-serif']=['SimHei'] #解决中文乱码
19 df.plot(secondary_y = ["收盘价", "20","50","200"], grid = True)
20 plt.legend(('收盘价','20天', '50天', '200天'), loc='upper right')
21 plt.show()
```

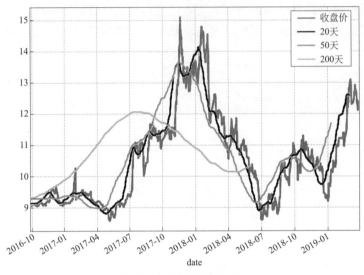

图 8.33 股票行情分析

8.7 实战练习

根据综合案例抽取 2018 年的股票数据，并绘制开盘价走势图，如图 8.34 所示。

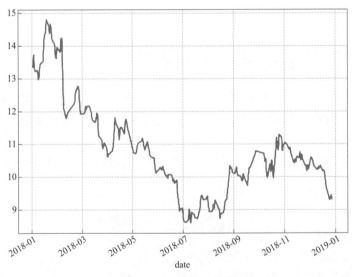

图 8.34 开盘价走势图

Pandas 有着强大的日期数据处理功能，对于日期数据的处理及时间序列都提供了专门的方法，这些方法在实际数据分析工作中非常的实用，不仅能够用于分析股票数据而且还能够通过时间序列预测数据，读者一定要记住并反复实践。

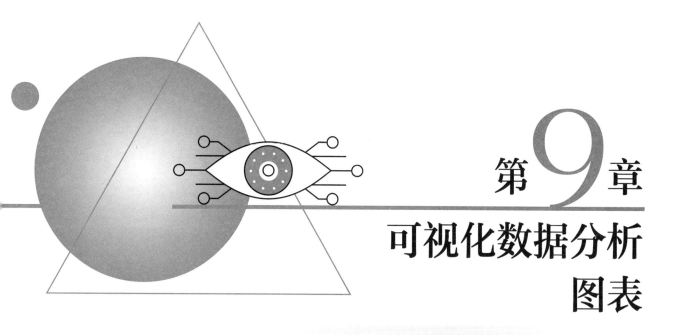

第9章
可视化数据分析
图表

在数据分析与机器学习中，我们经常用到大量的可视化操作。一张精美的图表，不仅能够展示大量的信息，更能够直观地体现数据之间隐藏的关系。本章主要介绍两款常用的图表，即 Matpoltlib 图表和 Seaborn 图表。

9.1 数据分析图表的作用

通过前面章节的学习，我们学会了基本的数据处理及统计分析，但也出现了这样一个问题：一堆堆数字看起来不是很直观，而且在数据较多的情况下无法展示，不能很好地诠释统计分析结果。举个简单的例子，如图 9.1 和图 9.2 所示。

图 9.1 和图 9.2 中同是"月销量分析"结果的呈现，哪一种效果更好？显然，数据分析图表（见图 9.2）更加直观、生动和具体，它将复杂的统计数字变得简单化、通俗化、形象化，使人一目了然，便于理解和比较。数据分析图表直观地展示统计信息，使我们能够快速了解数据变化趋势、数据比较结果及所占比例等，它对数据分析、数据挖掘起到了关键性的作用。

订单付款时间	买家实际支付金额
2018-01	23369.0
2018-02	10130.0
2018-03	24732.0
2018-04	20485.0
2018-05	11848.0
2018-06	29828.0
2018-07	39434.0
2018-08	1896.0
2018-09	3613.0
2018-10	15231.0
2018-11	15395.0
2018-12	22753.0

图 9.1 单一数据展示

9.2 如何选择适合的图表类型

数据分析图表的类型包括条形图、柱状图、折线图、饼形图、散点图、面积图、环形图、雷达图等。此外，通过图表的相互叠加还可以生成复合型图表。

不同类型的图表适用不同的场景，可以按使用目的选择合适的图表类型。下面通过一张框架图来说明，如图9.3所示。

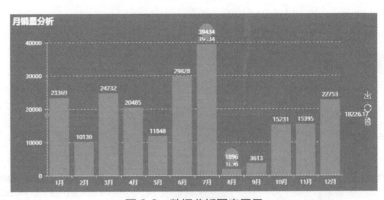

图 9.2　数据分析图表展示

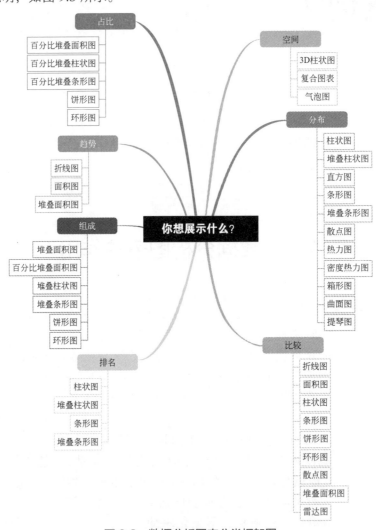

图 9.3　数据分析图表分类框架图

9.3 数据分析图表的基本组成

数据分析图表类型多样，但每一种图表的绝大多数组成部分是基本相同的，一张完整的图表一般包括画布、图表标题、绘图区、数据系列、坐标轴、坐标轴标题、图例、文本标签、网格线等组成部分，如图9.4所示。

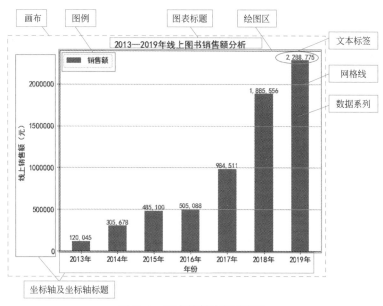

图 9.4　图表的基本组成部分

下面详细介绍各个组成部分的功能。

🔁 画布：图中最大的白色区域，作为其他图表元素的容器。

🔁 图表标题：用来概况图表内容的文字，常用的功能有设置字体、字号及字体颜色等。

🔁 绘图区：画布中的一部分，即显示图形的矩形区域，可改变填充颜色、位置，以便图表展示更好的图形效果。

🔁 数据系列：在数据区域中，同一列（或同一行）数值数据的集合构成一组数据系列，也就是图表中相关数据点的集合。图表中可以有一组到多组数据系列，多组数据系列之间通常采用不同的图案、颜色或符号来区分。在图 9.4 中，销售额就是数据系列。

🔁 坐标轴及坐标轴标题：坐标轴是标识数值大小及分类的垂直线和水平线，上面有标定数据值的标志（刻度）。坐标轴分为水平坐标轴和垂直坐标轴，一般情况下，水平坐标轴（X 轴）表示数据的分类。坐标轴标题用来说明坐标轴的分类及内容。在图 9.4 中，X 轴的标题是"年份"，Y 轴的标题是"线上销售额（元）"。

🔁 图例：是指示图表中系列区域的符号、颜色或形状，用于定义数据系列所代表的内容。图例由两部分构成，即图例标示和图例项。其中，图例标示代表数据系列的图案，即不同颜色的小方块；图例项是与图例标示对应的数据系列名称。一种图例标识只能对应一种图例项。

🔁 文本标签：用于为数据系列添加说明文字。

🔁 网格线：贯穿绘图区的线条，类似标尺，可以衡量数据系列数值的标准。常用的功能有设置网格线宽度、样式、颜色、坐标轴等。

9.4　Matplotlib 概述

众所周知，Python 绘图库有很多，各有特点，而 Maplotlib 是最基础的 Python 可视化库。学习 Python 数据可视化，应首先从 Maplotlib 学起，然后再学习其他库作为拓展。

9.4.1　Matplotlib 简介

Matplotlib 是一个 Python 2D 绘图库，常用于数据可视化，它能够以多种硬拷贝格式和跨平台的交互式环境生成出版物质量的图形。

Matplotlib 非常强大，可以用于绘制各种各样的图表。例如，只需几行代码就可以绘制折线图（见图 9.5 和图 9.6）、柱形图（见图 9.7）、直方图（见图 9.8）、饼形图（见图 9.9）、散点图（见图 9.10）等。

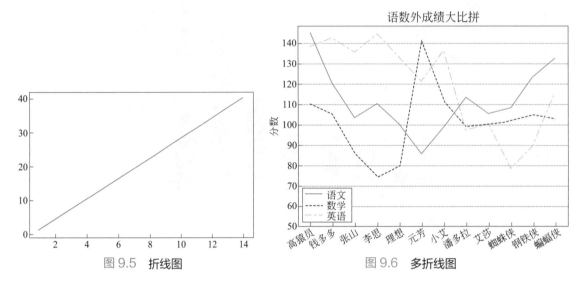

图 9.5　折线图

图 9.6　多折线图

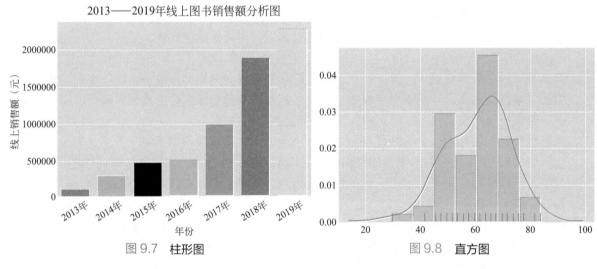

图 9.7　柱形图

图 9.8　直方图

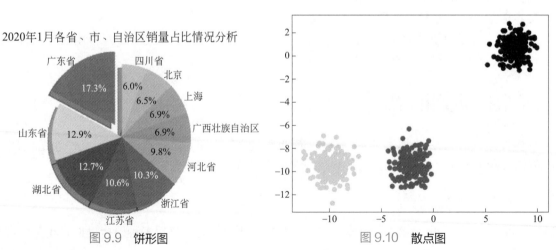

图 9.9　饼形图

图 9.10　散点图

利用 Matpoltlib 不仅可以绘制以上最基础的图表，还可以绘制一些高级图表，如双 y 轴可视化数据分析图表（见图 9.11）、堆叠柱形图（见图 9.12）、渐变饼形图（见图 9.13）、等高线图（见图 9.14）等。

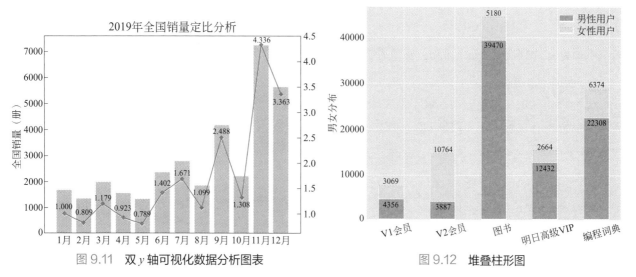

图 9.11　双 y 轴可视化数据分析图表

图 9.12　堆叠柱形图

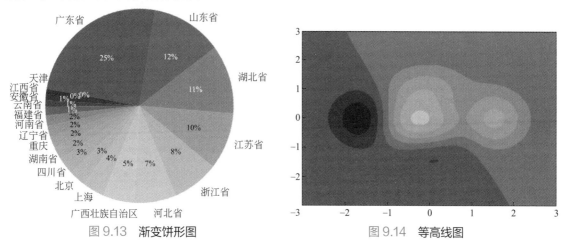

图 9.13　渐变饼形图

图 9.14　等高线图

不仅如此，利用 Matplotlib 还可以绘制 3D 图表，如三维柱形图（见图 9.15）、三维曲面图（见图 9.16）。

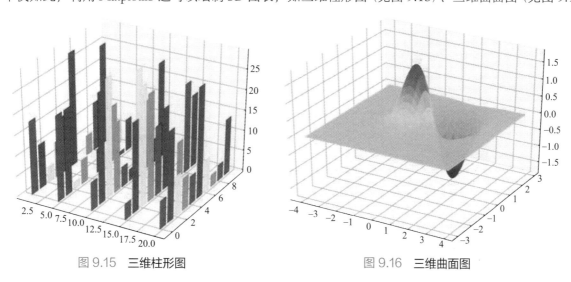

图 9.15　三维柱形图

图 9.16　三维曲面图

综上所述，只要熟练地掌握 Matplotlib 的函数及各项参数就能够绘制出各种各样的图表，满足数据分析的需求。

9.4.2 安装 Matplotlib

下面介绍如何安装 Matplotlib，安装方法有以下两种。

1. 通过 pip 工具安装

在系统"开始"菜单的搜索文本框中输入"cmd"，按"Enter"键，打开"命令提示符"窗口，在命令提示符后输入安装命令。通过 pip 工具安装，安装命令如下。

```
pip install matplotlib
```

2. 通过 PyCharm 安装

运行 PyCharm，选择"File"→"Settings"菜单项，打开"Settings"窗口，选择"Python Interpreter"选项，选择 Python 版本，然后单击添加（+）按钮，如图 9.17 所示。

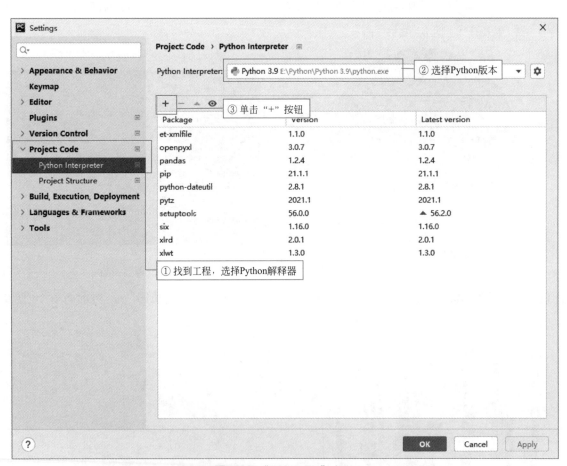

图 9.17 "Settings"窗口

打开"Available Packages"窗口，在搜索文本框中输入需要添加的模块名称，如"matplotlib"，然后在列表中选择需要安装的模块，如图 9.18 所示，单击"Install Package"按钮即可实现 Matplotlib 模块的安装。

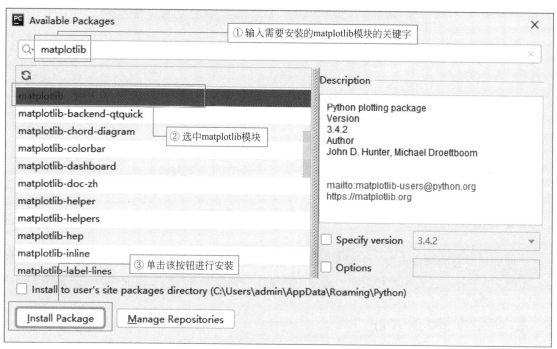

图 9.18　在 PyCharm 中安装 Matplotlib 模块

9.4.3　Matplotlib 图表之初体验

绘制第一张图表　　　　　　◉ **实例位置：资源包 \Code\09\01**

① 引入 pyplot 模块。
② 使用 Matplotlib 模块的 plot() 方法绘制图表。
③ 输出结果如图 9.19 所示。
程序代码如下。

```
01 import matplotlib.pyplot as plt
02 plt.plot([1, 2, 3, 4,5])
03 plt.show()
```

绘制散点图　　　　　　◉ **实例位置：资源包 \Code\09\02**

上述代码，稍作改动便可绘制出散点图，程序代码如下。

```
01 import matplotlib.pyplot as plt
02 plt.plot([1, 2, 3, 4,5], [2, 5, 8, 12,18], 'ro')
03 plt.show()
```

输出结果如图 9.20 所示。

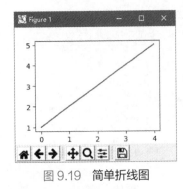 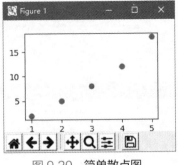

图 9.19　简单折线图　　　　图 9.20　简单散点图

9.5　图表的常用设置

本节主要介绍图表的常用设置，主要包括颜色设置、线条样式设置、标记样式设置、设置画布、设置坐标轴、添加文本标签、设置标题和图例、添加注释文本、调整图表与画布边缘间距及其他相关设置等。

9.5.1　基本绘图函数 plot ()

在 Matplotlib 中，基本绘图主要使用 plot() 函数，语法如下。

```
matplotlib.pyplot.plot(x,y,format_string,**kwargs)
```

💬 **参数说明**：

- ⟳ x：x 轴数据。
- ⟳ y：y 轴数据。
- ⟳ format_string：控制曲线格式的字符串，包括颜色、线条样式和标记样式。
- ⟳ **kwargs：键值参数，相当于一个字典。

实例 9.3　　　　**绘制简单折线图**　　　　👁 实例位置：资源包 \Code\09\03

绘制简单折线图，程序代码如下。

```
01 import matplotlib.pyplot as plt
02 # 折线图
03 #range() 函数创建整数列表
04 x=range(1,15,1)
05 y=range(1,42,3)
06 plt.plot(x,y)
07 plt.show()
```

运行程序，输出结果如图 9.21 所示。

实例 9.4　　　　**绘制体温折线图**　　　　👁 实例位置：资源包 \Code\09\04

在实例 9.3 中，数据是通过 range() 函数随机创建的。下面导入 Excel 体温表，分析 14 天基础体温情况。程序代码如下。

```
01 import pandas as pd
02 import matplotlib.pyplot as plt
03 df=pd.read_excel('体温.xls')        # 导入 Excel 文件
04 # 折线图
05 x =df['日期']                       #x 轴数据
06 y=df['体温']                        #y 轴数据
07 plt.plot(x,y)
08 plt.show()
```

运行程序，输出结果如图 9.22 所示。

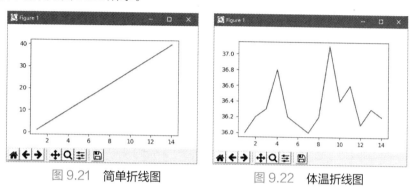

图 9.21　简单折线图　　　　　图 9.22　体温折线图

下面介绍图表中线条颜色、线条样式和标记样式的设置。

1. 颜色设置

color 参数可以用于设置线条颜色，通用颜色值如表 9.1 所示。

表 9.1　通用颜色值

设置值	说明	设置值	说明
b	蓝色	m	洋红色
g	绿色	y	黄色
r	红色	k	黑色
c	蓝绿色	w	白色
#FFFF00	黄色，十六进制颜色值	0.5	灰度值字符串

其他颜色可以通过十六进制字符串指定，或者指定颜色名称。例如：

① 浮点形式的 RGB 或 RGBA 元组，如 (0.1, 0.2, 0.5) 或 (0.1, 0.2, 0.5, 0.3)。

② 十六进制的 RGB 或 RGBA 字符串，如 #0F0F0F 或 #0F0F0F0F。

③ 0 ～ 1 之间的小数作为灰度值，如 0.5。

④ {'b', 'g', 'r', 'c', 'm', 'y', 'k', 'w'}，其中的一个颜色值。

⑤ X11/CSS4 规定中的颜色名称。

⑥ XKCD 中指定的颜色名称，如 xkcd:sky blue。

⑦ Tableau 调色板中的颜色，{'tab:blue', 'tab:orange', 'tab:green', 'tab:red', 'tab:purple', 'tab:brown', 'tab:pink', 'tab:gray', 'tab:olive', 'tab:cyan'}。

⑧ "CN" 格式的颜色循环，对应的颜色设置代码如下。

```
01 from cycler import cycler
02 colors=['#1f77b4', '#ff7f0e', '#2ca02c', '#d62728', '#9467bd', '#8c564b', '#e377c2','#7f7f7f', '#bcbd22', '#17becf']
03 plt.rcParams['axes.prop_cycle'] = cycler(color=colors)
```

2. 线条样式

linestyle 可选参数用于设置线条的样式，设置值如下，设置后的效果如图 9.23 所示。

- "-"：实线，默认值。
- "--"：双画线
- "-."：点画线。
- ":"：虚线。

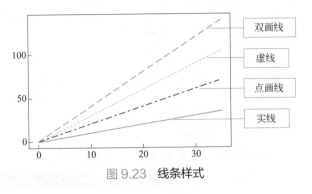

图 9.23　线条样式

3. 标记样式

marker 可选参数用于设置标记样式，设置值如表 9.2 所示。

表 9.2　标记设置

标记	说明	标记	说明	标记	说明
.	点标记	1	下花三角标记	h	竖六边形标记
,	像素标记	2	上花三角标记	H	横六边形标记
o	实心圆标记	3	左花三角标记	+	加号标记
v	倒三角标记	4	右花三角标记	x	叉号标记
^	上三角标记	s	实心正方形标记	D	大菱形标记
>	右三角标记	p	实心五角星标记	d	小菱形标记
<	左三角标记	*	星形标记			垂直线标记

下面为体温折线图设置颜色和样式，并在实际体温位置进行标记，关键代码如下。

```
plt.plot(x,y,color='m',linestyle='-',marker='o',mfc='w')  # mfc 为填充颜色
```

上述代码中，参数 color 为颜色，linestyle 为线条样式，marker 为标记样式，mfc 为标记填充的颜色。运行程序，输出结果如图 9.24 所示。

9.5.2　设置画布

画布就像我们画画的画板一样，在 Matplotlib 中可以使用 figure() 方法设置画布大小、分辨率、颜色和边框等，语法如下。

```
matpoltlib.pyplot.figure(num=None, figsize=None, dpi=None,
facecolor=None, edgecolor=None, frameon=True)
```

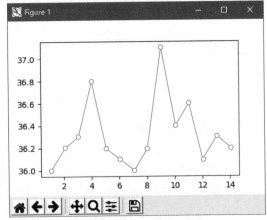

图 9.24　带标记的折线图

💬 **参数说明**：

- num：图像编号或名称，数字为编号，字符串为名称，可以通过该参数激活不同的画布。
- figsize：指定画布的宽和高，单位为英寸。
- dpi：指定绘图对象的分辨率，即每英寸有多少个像素，默认值为 80。像素越大，画布越大。
- facecolor：背景颜色。
- edgecolor：边框颜色。
- frameon：是否显示边框，默认值为 True，表示绘制边框。如果为 False，则不绘制边框。

实例 9.5

自定义画布

实例位置：资源包 \Code\09\05

自定义一个 5×3 的黄色画布，关键代码如下。

```
01 import matplotlib.pyplot as plt
02 fig=plt.figure(figsize=(5,3),facecolor='yellow')
```

运行程序，输出结果如图 9.25 所示。

💡 **注意**

> figsize=(5,3)，实际画布大小是 500×300，所以，这里不要输入太大的数字。

9.5.3 设置坐标轴

一张精确的图表，其中不免要用到坐标轴，下面介绍 Matplotlib 中坐标轴的使用。

1. *x* 轴、*y* 轴标题

设置 *x* 轴和 *y* 轴标题分别使用 xlabel() 函数和 ylabel() 函数。

实例 9.6

为体温折线图设置标题

实例位置：资源包 \Code\09\06

设置 *x* 轴标题为"2021 年 10 月"，*y* 轴标题为"基础体温"，程序代码如下。

```
01 import pandas as pd
02 import matplotlib.pyplot as plt
03 plt.rcParams['font.sans-serif']=['SimHei']    # 解决中文乱码
04 df=pd.read_excel(' 体温 .xls')                 # 导入 Excel 文件
05 # 折线图
06 x=df[' 日期 ']                                 #x 轴数据
07 y=df[' 体温 ']                                 #y 轴数据
08 plt.plot(x,y,color='m',linestyle='-',marker='o',mfc='w')
09 plt.xlabel('2021 年 10 月 ')                   #x 轴标题
10 plt.ylabel(' 基础体温 ')                        #y 轴标题
11 plt.show()
```

运行程序，输出结果如图 9.26 所示。

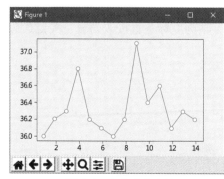

图 9.25　自定义画布

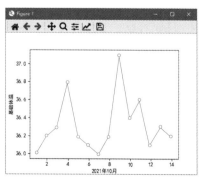

图 9.26　带坐标轴标题的折线图

193

技巧

上述举例，使用 Matplotlib 绘制图表时，应注意两个问题，在实际编程过程中它们经常出现。

（1）中文乱码问题

```
plt.rcParams['font.sans-serif']=['SimHei']        #解决中文乱码
```

（2）负号不显示问题

```
plt.rcParams['axes.unicode_minus'] = False        #解决负号不显示
```

2. 坐标轴刻度

用 matplotlib 画二维图表时，默认情况下的横坐标（x 轴）和纵坐标（y 轴）显示的值有时可能达不到用户的需求，需要借助 xticks() 函数和 yticks() 函数分别对 x 轴和 y 轴的值进行设置。

xticks() 函数的语法如下。

```
xticks(locs, [labels], **kwargs)
```

参数说明：

- locs：数组，表示 x 轴上的刻度。例如，在体温折线图中，x 轴的刻度是 2 ～ 14 之间的偶数，如果想改变这个值，就可以通过 locs 参数设置。
- labels：也是数组，默认值和 locs 相同。locs 表示位置，而 labels 则决定该位置上的标签，如果赋予 labels 空值，则 x 轴将只有刻度而不显示任何值。

实例 9.7

为体温折线图设置刻度 1

实例位置：资源包 \Code\09\07

在体温折线图中，x 轴是 2 ～ 14 之间的偶数，但实际日期是 1 ～ 14 之间的连续数字。下面使用 xticks() 函数来解决这个问题，将 x 轴的刻度设置为 1 ～ 14 之间的连续数字，关键代码如下。

```
plt.xticks(range(1,15,1))
```

运行程序，输出结果如图 9.27 所示。

实例 9.8

为体温折线图设置刻度 2

实例位置：资源包 \Code\09\08

在实例 9.7 中，日期看起来不是很直观，下面将 x 轴刻度标签直接改为日，关键代码如下。

```
01 dates=['1日','2日','3日','4日','5日',
02       '6日','7日','8日','9日','10日',
03       '11日','12日','13日','14日']
04 plt.xticks(range(1,15,1),dates)
```

运行程序，输出结果如图 9.28 所示。

接下来，设置 y 轴刻度，主要使用 yticks() 函数。例如：

```
plt.yticks([35.4,35.6,35.8,36,36.2,36.4,36.6,36.8,37,37.2,37.4,37.6,37.8,38])
```

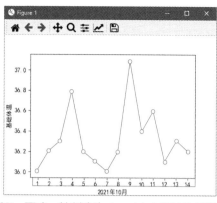

图 9.27　更改 x 轴刻度为 1 ～ 14 之间的连续数字　　　　图 9.28　更改 x 轴刻度为日

3. 坐标轴范围

坐标轴范围是指 x 轴和 y 轴的取值范围。设置坐标轴范围主要使用 xlim() 函数和 ylim() 函数。

实例 9.9

为体温折线图设置坐标轴范围

◉ **实例位置：资源包 \Code\09\09**

设置 x 轴（日期）范围为 1 ～ 14，y 轴（基础体温）范围为 35 ～ 45，关键代码如下。

```
01 plt.xlim(1,14)
02 plt.ylim(35,45)
```

运行程序，输出结果如图 9.29 所示。

4. 网格线

很多时候为了图表的美观，不得不考虑细节。下面介绍图表细节之一——网格线，主要使用 grid() 函数。首先生成网格线，代码如下。

```
plt.grid()
```

grid() 函数也有很多参数，如颜色、网格线的方向（参数 axis='x' 用于隐藏 x 轴网格线，axis='y' 用于隐藏 y 轴网格线）、网格线样式和网格线宽度等。下面为图表设置网格线，关键代码如下。

```
plt.grid(color='0.5',linestyle='--',linewidth=1)
```

运行程序，输出结果如图 9.30 所示。

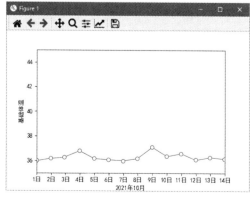

图 9.29　坐标轴范围

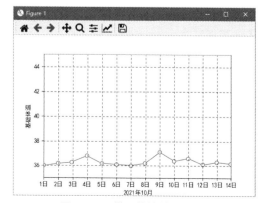

图 9.30　带网格线的折线图

✏️ **技巧**

> 网格线对于饼形图来说，直接使用并不显示，需要与饼形图的 frame 参数配合使用，设置该参数值为 True。详见饼形图。

9.5.4 添加文本标签

在绘图过程中，为了能够更清晰、更直观地看到数据，有时需要给图表中指定的数据点添加文本标签。下面介绍细节之二——文本标签，主要使用 text() 函数，语法如下。

```
matplotlib.pyplot.text(x, y, s, fontdict=None, withdash=False, **kwargs)
```

💬 **参数说明：**

- ♻ x：x 坐标轴的值。
- ♻ y：y 坐标轴的值。
- ♻ s：字符串，注释内容。
- ♻ fontdict：字典，可选参数，默认值为 None。用于重写默认文本属性。
- ♻ withdash：布尔型，默认值为 False，创建一个 TexWithDash 实例，而不是 Text 实例。
- ♻ **kwargs：关键字参数。这里指通用的绘图参数，如字体大小 fontsize=12、垂直对齐方式 horizontalalignment='center'（或简写为 ha='center'）、水平对齐方式 verticalalignment='center'（或简写为 va='center'）。

实例 9.10　　为体温折线图添加基础体温文本标签　　👁 **实例位置：资源包 \Code\09\10**

为图表中各个数据点添加文本标签，关键代码如下。

```
01 for a,b in zip(x,y):
02     plt.text(a,b+3,'%.1f'%b,ha = 'center',va = 'bottom',fontsize=9)
```

运行程序，输出结果如图 9.31 所示。

上述代码中，x、y 是 x 轴、y 轴的值，它代表了折线图在坐标中的位置，通过 for 循环找到每一个 x、y 值相对应的坐标赋值给 a、b，再使用 text() 函数在对应的数据点上添加文本标签，而 for 循环也保证了折线图中每一个数据点都有文本标签。其中，"a,b+3"表示在每一个数据点的位置处添加文本标签；"'%.1f'%b"是对 y 值进行的格式化处理，保留 1 位小数；"ha='center', va='bottom'"代表水平对齐、垂直对齐的方式；fontsize 则表示字体大小。

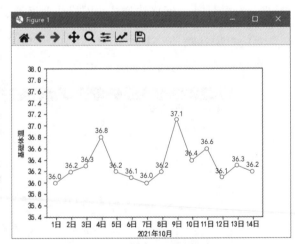

图 9.31　带文本标签的折线图

9.5.5 设置标题和图例

数据是一个图表所要展示的内容，有了标题和图例则可以帮助用户更好地理解图表的含义和想要传递的信息。下面介绍图表细节之三——标题和图例。

1. 图表标题

为图表设置标题主要使用 title() 函数，语法如下。

```
matplotlib.pyplot.title(label, fontdict=None, loc='center', pad=None, **kwargs)
```

💬 **参数说明**：

🔄 label：字符串，表示图表标题文本。

🔄 fontdict：字典，用来设置标题字体的样式，如 {'fontsize': 20,'fontweight':20,'va': 'bottom','ha': 'center'}。

🔄 loc：字符串，表示标题水平位置，参数值为 center、left 或 right，分别表示水平居中、水平居左和水平居右，默认为水平居中。

🔄 pad：浮点型，表示标题离图表顶部的距离，默认为 None。

🔄 **kwargs：关键字参数，可以设置一些其他文本属性。

例如，设置图表标题为"14 天基础体温曲线图"，主要代码如下。

```
plt.title('14 天基础体温曲线图 ',fontsize='18')
```

2. 图表图例

为图表设置图例主要使用 legend() 函数。下面介绍图例的相关设置。

（1）自动显示图例

```
plt.legend()
```

（2）手动添加图例

```
plt.legend(' 基础体温 ')
```

💡 **注意**

　　这里需要注意一个问题，当手动添加图例时，有时会出现文本显示不全的问题，解决方法是在文本后面加一个逗号（,），主要代码如下。

```
plt.legend((' 基础体温 ',))
```

（3）设置图例显示位置

通过 loc 参数可以设置图例的显示位置，如在右上方显示，主要代码如下。

```
plt.legend((' 基础体温 ',),loc='upper right',fontsize=10)
```

图例位置参数设置值如表 9.3 所示。

表 9.3　图例位置参数设置值

位置（字符串）	位置（索引）	描述
best	0	自适应
upper right	1	右上方
upper left	2	左上方
lower left	3	左下方
lower right	4	右下方
right	5	右侧

9

位置（字符串）	位置（索引）	描述
center left	6	左侧中间位置
center right	7	右侧中间位置
lower center	8	下方中间位置
upper center	9	上方中间位置
center	10	正中央

通过上述参数可以设置图例的大概位置，如果这样可以满足需求，那么 legend() 函数的第二个参数不设置也可以。它的第二个参数 bbox_to_anchor 是元组类型，用于微调图例的位置，包括两个值：num1 用于控制 legend 的左、右移动，值越大，越向右边移动；num2 用于控制 legend 的上、下移动，值越大，越向上移动。

另外，通过该参数还可以设置图例位于图表外面，关键代码如下。

```python
plt.legend(bbox_to_anchor=(1.05, 1), loc=2, borderaxespad=0)
```

上述代码中，参数 borderaxespad 表示轴和图例边框之间的间距，以字体大小为单位度量。

下面来看下设置标题和图例后的"14 天基础体温曲线图"，效果如图 9.32 所示。

9.5.6　添加注释

annotate() 函数用于在图表上给数据添加文本注释，而且支持带箭头的画线工具，方便我们在合适的位置添加描述信息。

实例 9.11　为图表添加注释

👁 实例位置：资源包 \Code\09\11

在"14 天基础体温曲线图"中用箭头指示最高体温，效果如图 9.33 所示。

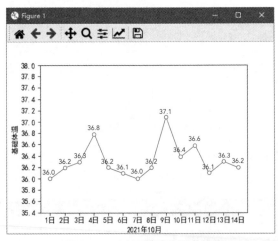

图 9.32　14 天基础体温曲线图

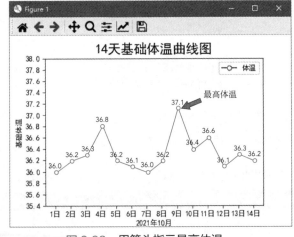

图 9.33　用箭头指示最高体温

关键代码如下。

```python
01 plt.annotate('最高体温', xy=(9,37.1), xytext=(10.5,37.1),
02              xycoords='data',
03              arrowprops=dict(facecolor='r', shrink=0.05))
```

下面介绍一下上述代码中用到的几个主要参数。

- ↻ xy：被注释的坐标点，二维元组，如 (x,y)。
- ↻ xytext：注释文本的坐标点（也就是图 9.33 中箭头的位置），也是二维元组，默认与 xy 相同。
- ↻ xycoords：被注释点的坐标系属性，设置值如表 9.4 所示。

表 9.4 xycoords 参数设置值

设置值	说明
figure points	以绘图区左下角为参考，单位是点数
figure pixels	以绘图区左下角为参考，单位是像素数
figure fraction	以绘图区左下角为参考，单位是百分比
axes points	以子绘图区左下角为参考，单位是点数（一个 figure 可以有多个 axes，默认为 1 个）
axes pixels	以子绘图区左下角为参考，单位是像素数
axes fraction	以子绘图区左下角为参考，单位是百分比
data	以被注释的坐标点 xy 为参考（默认值）
polar	不使用本地数据坐标系，使用极坐标系

- ↻ arrowprops：箭头的样式，字典型数据，如果该属性非空，则会在注释文本和被注释点之间画一个箭头。如果不设置 arrowprops 关键字，则可以包含以下关键字，如表 9.5 所示。

表 9.5 arrowprops 参数设置值

设置值	说明
width	箭头的宽度（单位是点）
headwidth	箭头头部的宽度（单位是点）
headlength	箭头头部的长度（单位是点）
shrink	箭头两端收缩的百分比（占总长）

📋 **说明**

> 关于 annotate() 函数的内容还有很多，这里不再赘述，感兴趣的读者可以以上述举例为基础，尝试更多的属性和样式。

9.5.7 调整图表与画布边缘的间距

很多时候发现绘制出的图表，由于 x 轴、y 轴标题与画布边缘距离太近，而出现显示不全的情况，如图 9.34 所示。

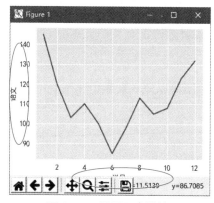

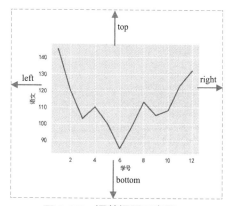

图 9.34 显示不全的情况　　　　图 9.35 调整间距示意图

这种情况可以使用 subplots_adjust() 函数进行调整，该函数主要用于调整图表与画布的间距，也可以调整子图表的间距。语法如下。

```
subplots_adjust(left=None, bottom=None,right=None, top=None,wspace=None,hspace=None)
```

💬 **参数说明：**

- ♻ top、bottom、left、right：这四个参数分别用来调整上、下、左、右的空白，如图 9.35 所示，注意这里是从画布的左下角开始标记的，取值为 0 ~ 1。left 和 bottom 值越小，空白越少；而 right 和 top 值越大，空白越少。
- ♻ wspace 和 hspace：用于调整列间距和行间距。

举个简单的例子，调整图表上、下、左、右的空白，关键代码如下。

```
plt.subplots_adjust(left=0.2, right=0.9, top=0.9, bottom=0.2)
```

如果只显示图片，坐标轴及标题都不显示，可以使用如下代码。

```
plt.subplots_adjust(left=0, bottom=0, right=1, top=1,hspace=0.1,wspace=0.1)
```

9.5.8　设置坐标轴

1．坐标轴的刻度线

（1）4 个方向的坐标轴上的刻度线是否显示

```
plt.tick_params(bottom=False,left=True,right=True,top=True)
```

（2）x 轴和 y 轴的刻度线显示方向

in 表示向内，out 表示向外，在中间就是 inout，默认刻度线向外。

```
plt.rcParams['xtick.direction'] = 'in'      #x 轴的刻度线向内显示
plt.rcParams['ytick.direction'] = 'in'      #y 轴的刻度线向内显示
```

2．坐标轴相关属性设置

- ♻ axis()：返回当前 axis 范围。
- ♻ axis(v)：通过输入 v = [xmin, xmax, ymin, ymax]，设置 x、y 轴的取值范围。
- ♻ axis('off')：关闭坐标轴轴线及坐标轴标签。
- ♻ axis('equal')：使 x、y 轴长度一致。
- ♻ axis('scaled')：调整图框的尺寸（而不是改变坐标轴取值范围），使 x、y 轴长度一致。
- ♻ axis('tight')：改变 x 轴和 y 轴的限制，使所有数据被展示。如果所有的数据已经显示，它将移动到图形的中心而不修改（xmax ~ xmin）或（ymax ~ ymin）。
- ♻ axis('image')：缩放轴的范围。
- ♻ axis('auto')：自动缩放。
- ♻ axis('normal')：不推荐使用。恢复默认状态，自动缩放以使数据显示在图表中。

9.6　常用图表的绘制

本节介绍常用图表的绘制，主要包括绘制折线图、绘制柱形图、绘制直方图、绘制饼形图、绘制散点图、绘制面积图、绘制热力图、绘制箱形图、绘制 3D 图表、绘制多个子图表及图表的保存。对于常用的图表类型以绘制多种类型图表进行举例，以适应不同应用场景的需求。

9.6.1 绘制折线图

折线图可以显示随时间而变化的连续数据，因此非常适用于显示在相等时间间隔下数据的变化趋势。例如，基础体温曲线图，学生成绩走势图，股票月成交量走势图，月销售统计分析图，微博、公众号、网站访问量统计图等都可以用折线图体现。在折线图中，类别数据沿水平轴均匀分布，所有值数据沿垂直轴均匀分布。

在 Matplotlib 中，绘制折线图主要使用 plot() 函数，前面已经介绍了 plot() 函数的基本用法，并绘制了一些简单的折线图，下面尝试绘制多折线图。

实例 9.12　　　绘制学生语文、数学、英语各科成绩分析图　　👁 **实例位置：资源包 \Code\09\12**

使用 plot() 函数绘制多折线图。例如，绘制学生语文、数学、英语各科成绩分析图，程序代码如下。

```python
01 import pandas as pd
02 import matplotlib.pyplot as plt
03 df1=pd.read_excel('data.xls')                        # 导入 Excel 文件
04 # 多折线图
05 x1=df1['姓名']
06 y1=df1['语文']
07 y2=df1['数学']
08 y3=df1['英语']
09 plt.rcParams['font.sans-serif']=['SimHei']           #解决中文乱码
10 plt.rcParams['xtick.direction'] = 'out'              #x 轴的刻度线向外显示
11 plt.rcParams['ytick.direction'] = 'in'               #y 轴的刻度线向内显示
12 plt.title('语数外成绩大比拼',fontsize='18')          # 图表标题
13 plt.plot(x1,y1,label='语文',color='r',marker='p')
14 plt.plot(x1,y2,label='数学',color='g',marker='.',mfc='r',ms=8,alpha=0.7)
15 plt.plot(x1,y3,label='英语',color='b',linestyle='-.',marker='*')
16 plt.grid(axis='y')                                   # 显示网格关闭 y 轴
17 plt.ylabel('分数')
18 plt.yticks(range(50,150,10))
19 plt.legend(['语文','数学','英语'])                   # 图例
20 plt.show()
```

运行程序，输出结果如图 9.36 所示。

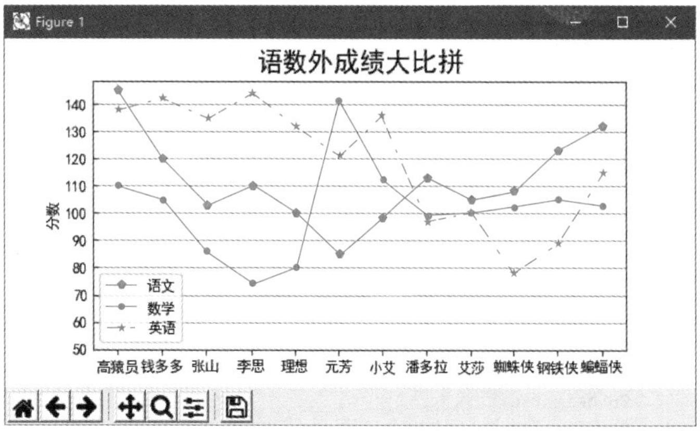

上述举例，用到了几个参数，下面进行说明。

- ♻ mfc：标记的颜色。
- ♻ ms：标记的大小。
- ♻ mec：标记边框的颜色。
- ♻ alpha：透明度，设置该参数可以改变颜色的深浅。

图 9.36　多折线图

9.6.2 绘制柱形图

柱形图又称长条图、柱状图、条状图等，是一种以长方形的长度为变量的统计图表。柱形图用来比较两个或两个以上的数据（不同时间或者不同条件），只有一个变量，通常用于较小的数据集分析。

201

在 Matplotlib 中，绘制柱形图主要使用 bar() 函数，语法如下。

```
matplotlib.pyplot.bar(x,height,width,bottom=None,*,align='center',data=None,**kwargs)
```

参数说明：

- x：x 轴数据。
- height：柱子的高度，也就是 y 轴数据。
- width：浮点型，柱子的宽度，默认值为 0.8，可以指定固定值。
- bottom：标量或数组，可选参数，柱形图的 y 坐标，默认值为 0。
- *：* 本身不是参数。* 表示其后面的参数为命名关键字参数，命名关键字参数必须传入参数名，否则程序会出现错误。
- align：对齐方式，如 center（居中）和 edge（边缘），默认值为 center。
- data：data 关键字参数。如果给定一个数据参数，所有位置和关键字参数将被替换。
- **kwargs：关键字参数，其他可选参数，如 color（颜色）、alpha（透明度）、label（每个柱子显示的标签）等。

实例 9.13

绘制简单的柱形图

实例位置：资源包 \Code\09\13

绘制简单的柱形图，程序代码如下。

```
01 import matplotlib.pyplot as plt
02 x=[1,2,3,4,5,6]
03 height=[10,20,30,40,50,60]
04 plt.bar(x,height)
05 plt.show()
```

运行程序，输出结果如图 9.37 所示。

利用 bar() 函数可以绘制出各种类型的柱形图，如基本柱形图、多柱形图、堆叠柱形图。下面介绍几种常见的柱形图。

1. 基本柱形图

实例 9.14

绘制 2013—2019 年线上图书销售额分析图

实例位置：资源包 \Code\09\14

使用 bar() 函数绘制"2013—2019 年线上图书销售额分析图"，程序代码如下。

```
01 import pandas as pd
02 import matplotlib.pyplot as plt
03 df = pd.read_excel('books.xlsx')
04 plt.rcParams['font.sans-serif']=['SimHei']   #解决中文乱码
05 x=df['年份']
06 height=df['销售额']
07 plt.grid(axis="y", which="major")   # 生成虚线网格
08 #x、y轴标签
09 plt.xlabel('年份')
10 plt.ylabel('线上销售额（元）')
11 #图表标题
```

```
12 plt.title('2013—2019 年线上图书销售额分析图 ')
13 plt.bar(x,height,width = 0.5,align='center',color = 'b',alpha=0.5)
14 # 设置每个柱子的文本标签 ,format(b,',') 格式化销售额为千位分隔符格式
15 for a,b in zip(x,height):
16     plt.text(a,b,format(b,','),ha='center',va='bottom',fontsize=9,color = 'b',alpha=0.9)
17 plt.legend([' 销售额 '])  # 图例
18 plt.show()
```

运行程序，输出结果如图 9.38 所示。

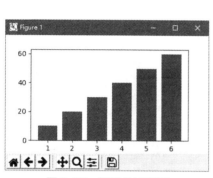

图 9.37 简单的柱形图

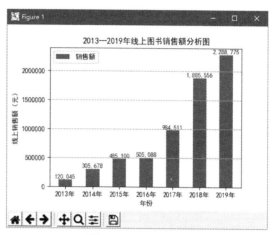

图 9.38 基本柱形图

在实例 9.14 中，应用了前面所学习的知识，如标题、图例、文本标签，坐标轴标签等。

2. 多柱形图

 **绘制各平台图书销售额分析图** 👁 **实例位置：资源包 \Code\09\15**

对于线上图书销售额的统计，如果要统计各个平台的销售额，可以使用多柱形图，不同颜色的柱子代表不同的平台，如京东、天猫、自营等，程序代码如下。

```
01 import pandas as pd
02 import matplotlib.pyplot as plt
03 df = pd.read_excel('books.xlsx',sheet_name='Sheet2')
04 plt.rcParams['font.sans-serif']=['SimHei']  # 解决中文乱码
05 x=df[' 年份 ']
06 y1=df[' 京东 ']
07 y2=df[' 天猫 ']
08 y3=df[' 自营 ']
09 width =0.25
10 #y 轴标签
11 plt.ylabel(' 线上销售额（元）')
12 # 图表标题
13 plt.title('2013—2019 年线上图书销售额分析图 ')
14 plt.bar(x,y1,width = width,color = 'darkorange')
15 plt.bar(x+width,y2,width = width,color = 'deepskyblue')
16 plt.bar(x+2*width,y3,width = width,color = 'g')
17 # 设置每个柱子的文本标签 ,format(b,',') 格式化销售额为千位分隔符格式
18 for a,b in zip(x,y1):
19     plt.text(a, b,format(b,','), ha='center', va= 'bottom',fontsize=8)
20 for a,b in zip(x,y2):
```

```
21     plt.text(a+width, b,format(b,','), ha='center', va= 'bottom',fontsize=8)
22 for a, b in zip(x, y3):
23     plt.text(a + 2*width, b, format(b, ','), ha='center', va='bottom', fontsize=8)
24 plt.legend(['京东','天猫','自营'])#图例
25 plt.show()
```

运行程序，输出结果如图 9.39 所示。

在实例 9.15 中，柱形图中若显示 n 个柱子，则柱子宽度值需小于 $1/n$，否则柱子会出现重叠现象。

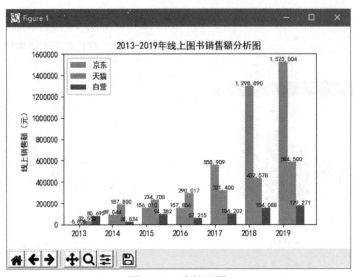

图 9.39　多柱形图

9.6.3　绘制直方图

直方图又称质量分布图，由一系列高度不等的纵向条纹或线段表示数据分布的情况，一般用横轴表示数据类型，纵轴表示分布情况。直方图是数值数据分布的精确图形表示，是一个连续变量（定量变量）的概率分布的估计。

绘制直方图主要使用 hist() 函数，语法如下。

```
matplotlib.pyplot.hist(x,bins=None,range=None, density=None, bottom=None, histtype='bar', align='mid',
log=False, color=None, label=None, stacked=False, normed=None)
```

💬 **参数说明：**

🔁 x：数据集，最终的直方图将对数据集进行统计。

🔁 bins：统计数据的区间分布。

🔁 range：元组类型，显示的区间。

🔁 density：布尔型，频率统计结果，默认值为 False，为 True 则显示频率统计结果。需要注意，频率统计结果 = 区间数目 /(总数 × 区间宽度)。

🔁 histtype：可选参数，设置值为 bar、barstacked、step 或 stepfilled，默认值为 bar，推荐使用默认配置。step 使用的是梯状，stepfilled 则会对梯状内部进行填充，效果与 bar 类似。

🔁 align：可选参数，值为 left、mid 或 right，默认值为 mid，控制柱状图的水平分布，left 或者 right，会有部分空白区域，推荐使用默认值。

🔁 log：布尔型，默认值为 False，即 y 坐标轴是否选择指数刻度。

🔁 stacked：布尔型，默认为 False，是否为堆积状图。

实例 9.16

绘制简单直方图

👁 **实例位置：资源包 \Code\09\16**

绘制简单直方图，程序代码如下。

```python
01 import matplotlib.pyplot as plt
02 x=[22,87,5,43,56,73,55,54,11,20,51,5,79,31,27]
03 plt.hist(x, bins = [0,25,50,75,100])
04 plt.show()
```

运行程序，输出结果如图 9.40 所示。

实例 9.17

利用直方图分析学生数学 成绩分布情况

👁 **实例位置：资源包 \Code\09\17**

通过直方图分析学生数学成绩分布情况，程序代码如下。

```python
01 import pandas as pd
02 import matplotlib.pyplot as plt
03 df = pd.read_excel('grade1.xls')
04 plt.rcParams['font.sans-serif']=['SimHei']  #解决中文乱码
05 x=df['得分']
06 plt.xlabel('分数')
07 plt.ylabel('学生数量')
08 # 显示图表标题
09 plt.title("高一数学成绩分布直方图")
10 plt.hist(x,bins=[0,25,50,75,100,125,150],facecolor="blue",edgecolor="black", alpha=0.7)
11 plt.show()
```

运行程序，输出结果如图 9.41 所示。

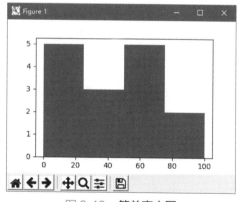

图 9.40　简单直方图

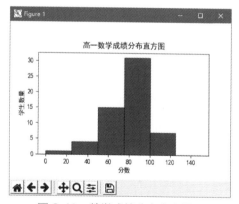

图 9.41　数学成绩分布直方图

在通过如图 9.41 所示的直方图可以清晰地看到高一数学成绩分布情况，基本呈现正态分布，两边低、中间高，高分段学生缺失，说明试卷有难度。通过直方图还可以分析以下内容。

① 对学生进行比较。呈正态分布的测验便于选拔优秀，甄别落后，通过直方图一目了然。

② 确定人数和分数线。测验成绩符合正态分布可以帮助等级评定时确定人数和估计分数段内的人数，确定录取分数线、各学科的优生率等。

③ 测验试题难度。

9.6.4 绘制饼形图

饼形图常用来显示各个部分在整体中所占的比例。例如，在工作中如果遇到需要计算总费用或总金额的各个部分构成比例的情况，一般通过各个部分与总额相除来计算，而且这种比例表示方法很抽象，但是通过饼形图将直接显示各个组成部分所占比例，一目了然。

在 Matplotlib 中，绘制饼形图主要使用 pie() 函数，语法如下。

```
matplotlib.pyplot.pie(x,explode=None,labels=None,colors=None,autopct=None,pctdistance=0.6,shadow=False,lab
eldistance=1.1,startangle=None,radius=None,counterclock=True,wedgeprops=None,textprops=None,center=(0, 0),
frame=False, rotatelabels=False, hold=None, data=None)
```

参数说明：

- x：每一块饼形图的比例，如果 sum(x) > 1 会使用 sum(x) 归一化。
- labels：每一块饼形图外侧显示的说明文字。
- explode：每一块饼形图离中心的距离。
- startangle：起始绘制角度，默认是从 x 轴正方向逆时针画起，如设置值为 90，则从 y 轴正方向画起。
- shadow：在饼形图下面画一个阴影，默认值为 False，即不画阴影。
- labeldistance：标记的绘制位置相对于半径的比例，默认值为 1.1。如小于 1，则绘制在饼形图内侧。
- autopct：设置饼形图百分比，可以使用格式化字符串或 format() 函数，如 '%1.1f 保留小数点前后 1 位。
- pctdistance：类似于 labeldistance 参数，指定百分比的位置刻度，默认值为 0.6。
- radius：饼形图半径，默认值为 1。
- counterclock：指定指针方向，布尔型，可选参数，默认值为 True，表示逆时针。如果值为 False，则表示顺时针。
- wedgeprops：字典类型，可选参数，默认值为 None。字典传递给 wedge 对象，用来画一个饼形图。例如，wedgeprops={'linewidth':2} 设置 wedge 线宽为 2。
- textprops：设置文本标签和比例，字典类型，可选参数，默认值为 None。传递给 text 对象的字典参数。
- center：浮点类型的列表，可选参数，默认值为 (0,0)，表示图表中心位置。
- frame：布尔型，可选参数，默认值为 False，不显示轴框架（也就是网格）。如果值为 True，则显示轴框架，与 grid() 函数配合使用。实际应用中建议使用默认设置，因为显示轴框架会干扰饼形图效果。
- rotatelabels：布尔型，可选参数，默认值为 False。如果值为 True，则旋转每个标签到指定的角度。

实例 9.18

绘制简单饼形图

👁 **实例位置：资源包 \Code\09\18**

绘制简单饼形图，程序代码如下。

```
01 import matplotlib.pyplot as plt
02 x = [2,5,12,70,2,9]
03 plt.pie(x,autopct='%1.1f%%')
04 plt.show()
```

运行程序，输出结果如图 9.42 所示。

饼形图也存在各种类型，主要包括基础饼形图、分裂饼形图、立体感带阴影的饼形图、环形图等。下面分别进行介绍。

1. 基础饼形图

实例 9.19

通过饼形图分析各省、市、👁 **实例位置：资源包 \Code\09\19**
自治区销量占比情况

下面通过饼形图分析 2020 年 1 月各省、市、自治区销量占比情况，程序代码如下。

```
01 import pandas as pd
02 from matplotlib import pyplot as plt
03 df1 = pd.read_excel('data2.xls')
04 plt.rcParams['font.sans-serif']=['SimHei']          # 解决中文乱码
05 plt.figure(figsize=(5,3))                           # 设置画布大小
06 labels = df1['省']
07 sizes = df1['销量']
08 # 设置饼形图每块的颜色
09 colors = ['red', 'yellow', 'slateblue', 'green','magenta','cyan','darkorange','lawngreen','pink','gold']
10 plt.pie(sizes,                                      # 绘图数据
11         labels=labels,                              # 添加区域水平标签
12         colors=colors,                              # 设置饼形图的自定义填充色
13         labeldistance=1.02,                         # 设置各扇形标签（图例）与圆心的距离
14         autopct='%.1f%%',                           # 设置百分比的格式，这里保留一位小数
15         startangle=90,                              # 设置饼形图的初始角度
16         radius = 0.5,                               # 设置饼形图的半径
17         center = (0.2,0.2),                         # 设置饼形图的原点
18         textprops = {'fontsize':9, 'color':'k'},    # 设置文本标签的属性值
19         pctdistance=0.6)                            # 设置百分比标签与圆心的距离
20 # 设置 x、y 轴刻度一致，保证饼形图为圆形
21 plt.axis('equal')
22 plt.title('2020 年 1 月各省、市、自治区销量占比情况分析')
23 plt.show()
```

运行程序，输出结果如图 9.43 所示。

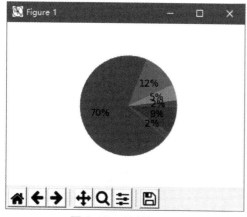

图 9.42　简单饼形图

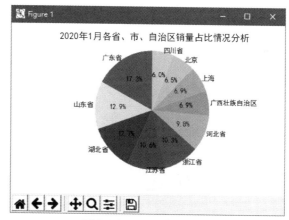

图 9.43　基础饼形图

2. 分裂饼形图

分裂饼形图是将主要的饼形图部分分裂出来，以达到突出显示的目的。

　°

👁 **实例位置：资源包 \Code\09\20**

绘制分裂饼形图

将销量占比最多的广东省分裂显示，效果如图 9.44（a）所示。分裂饼形图可以同时分裂多块，效果

如图 9.44（b）所示。

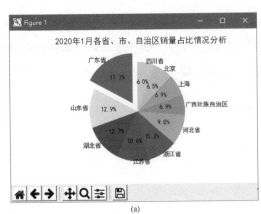
(a)

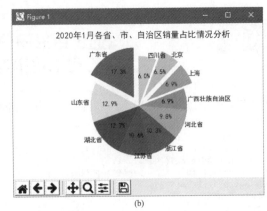
(b)

图 9.44　分裂饼形图

　　分裂饼形图主要通过设置 explode 参数实现，该参数用于设置饼形图距中心的距离。需要将哪块饼形图分裂出来，就设置它与中心的距离即可。例如，图 9.43 中有 10 块饼形图，我们将占比最多的"广东省"分裂出来，广东省在第一位，那么就设置第一位距中心的距离为 0.1，其他为 0。关键代码如下。

```
explode = (0.1,0,0,0,0,0,0,0,0,0)
```

3．立体感带阴影的饼形图

　　立体感带阴影的饼形图看起来更美观，效果如图 9.45 所示。

　　立体感带阴影的饼形图主要通过 shadow 参数实现，设置该参数值为 True 即可，关键代码如下。

```
shadow=True
```

4．环形图

实例 9.21　　　　**利用环形图分析各省、市、** 👁 **实例位置：资源包 \Code\09\21**
自治区销量占比情况

　　环形图是由两个及两个以上大小不一的饼形图叠在一起，挖去中间的部分所构成的图形，效果如图 9.46 所示。

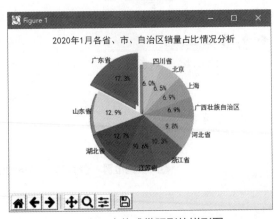

图 9.45　立体感带阴影的饼形图

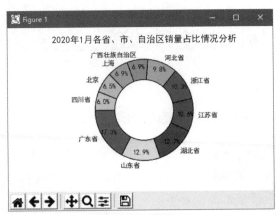

图 9.46　环形图

这里还是通过 pie() 函数实现，关键参数 wedgeprops 为字典类型，用于设置环形图内外边界的属性，如环的宽度、环边界颜色和宽度，关键代码如下。

```
wedgeprops = {'width': 0.4, 'edgecolor': 'k'}
```

5. 内嵌环形图

利用内嵌环形图分析各省、市、自治区销量占比情况

👁 **实例位置：资源包 \Code\09\22**

内嵌环形图实际是双环形图，效果如图 9.47 所示。

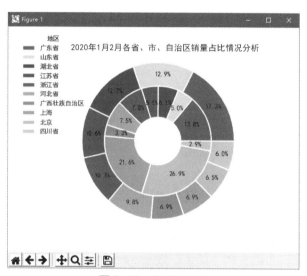

图 9.47　内嵌环形图

绘制内嵌环形图需要注意以下三点。
① 连续使用两次 pie() 函数。
② 通过 wedgeprops 参数设置环形边界。
③ 通过 radius 参数设置不同的半径。
另外，由于图例内容比较长，为了使图例能够正常显示，图例代码中引入了两个主要参数，frameon 参数用于设置图例有无边框，bbox_to_anchor 参数用于设置图例位置。关键代码如下。

```
01 # 外环
02 plt.pie(x1,autopct='%.1f%%',radius=1,pctdistance=0.85,colors=colors,wedgeprops=dict(linewidth=2,width=0.3,
   edgecolor='w'))
03 # 内环
04 plt.pie(x2,autopct='%.1f%%',radius=0.7,pctdistance=0.7,colors=colors,wedgeprops=dict(linewidth=2,width=0.4,
   edgecolor='w'))
05 # 图例
06 legend_text=df1[' 省 ']
07 # 设置图例标题、位置、去掉图例边框
08 plt.legend(legend_text,title=' 地区 ',frameon=False,bbox_to_anchor=(0.2,0.5))
```

9.6.5　绘制散点图

散点图主要用来查看数据的分布情况或相关性，一般用在线性回归分析中，查看数据点在坐标系平面上

的分布情况。散点图表示因变量随自变量而变化的大致趋势，据此可以选择合适的函数对数据点进行拟合。

散点图与折线图类似，也是由一个个点构成的，不同之处在于，散点图的各点之间不会按照前后关系以线条连接起来。

在 Matplotlib 中，使用 plot() 函数和 scatter() 函数都可以实现绘制散点图，本小节使用 scatter() 函数绘制散点图。scatter() 函数专门用于绘制散点图，使用方式和 plot() 函数类似，区别在于前者具有更高的灵活性，可以单独控制每个散点与数据匹配，并让每个散点具有不同的属性。scatter() 函数的语法如下。

```
matplotlib.pyplot.scatter(x,y,s=None,c=None,marker=None,cmap=None,norm=None,vmin=None,vmax=None,alpha=None,line
widths=None,verts=None,edgecolors=None,data=None, **kwargs)
```

💬 **参数说明**：

⟳ x，y：数据。

⟳ s：标记大小，以平方磅为单位的标记面积，设置值如下。

⟳ 数值标量：以相同的大小绘制所有标记。

⟳ 行或列向量：使每个标记具有不同的大小。x、y 和 sz 中的相应元素确定每个标记的位置和面积。sz 的长度必须等于 x 和 y 的长度。

⟳ []：使用 36 平方磅的默认面积。

⟳ c：标记颜色，可选参数，默认值为 'b'，表示蓝色。

⟳ marker：标记样式，可选参数，默认值为 'o'。

⟳ cmap：颜色地图，可选参数，默认值为 None。

⟳ norm：可选参数，默认值为 None。

⟳ vmin，vmax：标量，可选参数，默认值为 None。

⟳ alpha：透明度，可选参数，取值为 0 ~ 1 之间的数，表示透明度，默认值为 None。

⟳ linewidths：线宽，标记边缘的宽度，可选参数，默认值为 None。

⟳ verts：(x, y) 的序列，可选参数，如果参数 marker 为 None，这些顶点将用于构建标记。标记的中心位置为 (0,0)。

⟳ edgecolors：轮廓颜色，和参数 c 类似，可选参数，默认值为 None。

实例 9.23

绘制简单散点图

👁 **实例位置：资源包 \Code\09\23**

绘制简单散点图，程序代码如下。

```
01 import matplotlib.pyplot as plt
02 x=[1,2,3,4,5,6]
03 y=[19,24,37,43,55,68]
04 plt.scatter(x, y)
05 plt.show()
```

运行程序，输出结果如图 9.48 所示。

实例 9.24

利用散点图分析销售收入与广告费的相关性

👁 **实例位置：资源包 \Code\09\24**

绘制销售收入与广告费散点图，用以观察销售收入与广告费的相关性，关键代码如下。

```
01 #x 为广告费用，y 为销售收入
02 x=pd.DataFrame(dfCar_month[' 支出 '])
03 y=pd.DataFrame(dfData_month[' 金额 '])
04 plt.title(' 销售收入与广告费散点图 ')    # 图表标题
05 plt.scatter(x, y,  color='red')  # 真实值散点图
```

运行程序，输出结果如图 9.49 所示。

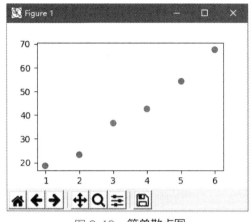

图 9.48　简单散点图

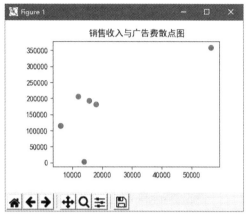

图 9.49　销售收入与广告费散点图

9.6.6　绘制面积图

面积图用于体现数量随时间而变化的程度，也可用于引起人们对总值趋势的注意。例如，表示随时间而变化的利润的数据可以绘制在面积图中以强调总利润。

在 Matplotlib 中，绘制面积图主要使用 area() 函数，语法如下。

```
matplotlib.pyplot.stackplot(x,*args,data=None,**kwargs)
```

💬 **参数说明：**

🔄 x：x 轴数据。

绘制简单面积图

👁 **实例位置：资源包 \Code\09\25**

绘制简单面积图，程序代码如下。

```
01 import matplotlib.pyplot as plt
02 x = [1,2,3,4,5]
03 y1 =[6,9,5,8,4]
04 y2 = [3,2,5,4,3]
05 y3 =[8,7,8,4,3]
06 y4 = [7,4,6,7,12]
07 plt.stackplot(x, y1,y2,y3,y4, colors=['g','c','r','b'])
08 plt.show()
```

运行程序，输出结果如图 9.50 所示。

面积图也有很多种，如标准面积图、堆叠面积图和百分比堆叠面积图等。下面主要介绍标准面积图和堆叠面积图。

9

1. 标准面积图

实例 9.26 利用面积图分析线上
图书销售情况　　👁 **实例位置：资源包 \Code\09\26**

通过标准面积图分析 2013—2019 年线上图书销售情况，通过该图可以看出线上图书销售的趋势，效果如图 9.51 所示。

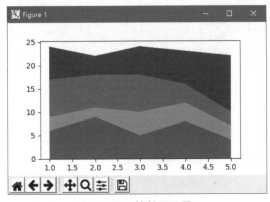

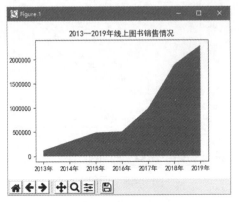

图 9.50　简单面积图　　　　　　　　　　图 9.51　标准面积图

程序代码如下。

```
01 import pandas as pd
02 import matplotlib.pyplot as plt
03 df = pd.read_excel('books.xlsx')
04 plt.rcParams['font.sans-serif']=['SimHei']  #解决中文乱码
05 x=df['年份']
06 y=df['销售额']
07 #图表标题
08 plt.title('2013—2019年线上图书销售情况')
09 plt.stackplot(x, y)
10 plt.show()
```

2. 堆叠面积图

实例 9.27　　利用堆叠面积图分析各平台 👁 **实例位置：资源包 \Code\09\27**
图书销售情况

通过堆叠面积图分析 2013—2019 年线上各平台图书销售情况。利用堆叠面积图不仅可以看到各平台每年销售变化趋势，通过将各平台数据堆叠到一起还可以看到整体的变化趋势，效果如图 9.52 所示。

实现堆叠面积图的关键在于增加 y 轴，通过增加多个 y 轴数据，形成堆叠面积图，关键代码如下。

```
01 x=df['年份']
02 y1=df['京东']
03 y2=df['天猫']
04 y3=df['自营']
05 plt.stackplot(x, y1,y2,y3,colors=['#6d904f','#fc4f30','#008fd5'])
06 #图例
07 plt.legend(['京东','天猫','自营'],loc='upper left')
08 plt.show()
```

9.6.7 绘制热力图

热力图是通过密度函数进行可视化用于表示地图中点的密度的热图。它使人们能够独立于缩放因子感知点的密度。热力图可以显示不可点击区域发生的事情。利用热力图可以看数据表里多个特征两两的相似度。例如，以特殊高亮的形式显示访客热衷的页面区域和访客所在的地理区域的图示。热力图在网页分析、业务数据分析等领域均有较为广泛的应用。

实例 9.28

绘制简单热力图

👁 **实例位置：资源包 \Code\09\28**

热力图是数据分析中常用的图表类型，它通过色差、亮度来展示数据的差异，易于理解。下面绘制简单热力图，程序代码如下。

```
01 import matplotlib.pyplot as plt
02 X = [[1,2],[3,4],[5,6],[7,8],[9,10]]
03 plt.imshow(X)
04 plt.show()
```

运行程序，输出结果如图 9.53 所示。

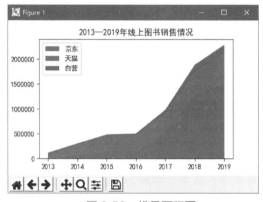

图 9.52　堆叠面积图

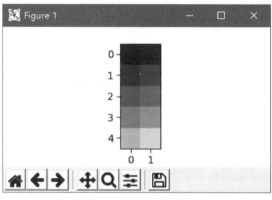

图 9.53　简单热力图

上述代码中，plt.imshow(X) 中传入的数组 X=[[1,2],[3,4],[5,6],[7,8],[9,10]] 是对应的颜色，按照矩阵 X 进行颜色分布，如左上角颜色为深蓝色，对应值为 1，右下角颜色为黄色，对应值为 10。具体如下。

```
[1,2]        [ 深蓝 , 蓝色 ]
[3,4]        [ 蓝绿 , 深绿 ]
[5,6]        [ 海藻绿 , 春绿色 ]
[7,8]        [ 绿色 , 浅绿色 ]
[9,10]       [ 草绿色 , 黄色 ]
```

实例 9.29

**利用热力图对比分析学生
各科成绩**

👁 **实例位置：资源包 \Code\09\29**

根据学生成绩统计数据绘制热力图，通过热力图清晰、直观地对比每个学生各科成绩的高低，效果如图 9.54 所示。从图中得知，颜色高亮，成绩越高，反之成绩越低。

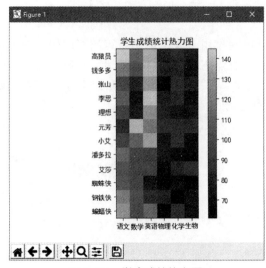

图 9.54　学生成绩热力图

程序代码如下。

```
01 import pandas as pd
02 import matplotlib.pyplot as plt
03 df = pd.read_excel('data1.xls',sheet_name=' 高二一班 ')
04 plt.rcParams['font.sans-serif']=['SimHei']  #解决中文乱码
05 X = df.loc[:," 语文 ":" 生物 "].values
06 name=df[' 姓名 ']
07 plt.imshow(X)
08 plt.xticks(range(0,6,1),[' 语文 ',' 数学 ',' 英语 ',' 物理 ',' 化学 ',' 生物 '])  #设置 x 轴刻度标签
09 plt.yticks(range(0,12,1),name)  #设置 y 轴刻度标签
10 plt.colorbar()  #显示颜色条
11 plt.title(' 学生成绩统计热力图 ')
12 plt.show()
```

9.6.8　绘制箱形图

箱形图又称箱线图、盒须图或盒式图，它是一种用于显示一组数据分散情况的统计图，因形状像箱子而得名。箱形图最大的优点是不受异常值的影响（异常值也称为离群值），可以以一种相对稳定的方式描述数据的离散分布情况，因此在各种领域被广泛使用。另外，箱形图也常用于异常值的识别。

在 Matplotlib 中，绘制箱形图主要使用 boxplot() 函数，语法如下。

```
matplotlib.pyplot.boxplot(x,notch=None,sym=None,vert=None,whis=None,positions=None,widths=None,patch_artist=None,meanline=None,showmeans=None,showcaps=None,showbox=None,showfliers=None,boxprops=None,labels=None,flierprops=None,medianprops=None,meanprops=None,capprops=None,whiskerprops=None)
```

💬 **参数说明**：

- x：指定要绘制箱形图的数据。
- notch：是否以凹口的形式展现箱形图，默认为非凹口。
- sym：指定异常点的形状，默认为 "＋"显示。
- vert：是否需要将箱形图垂直摆放，默认为垂直摆放。
- whis：指定上下限与上下四分位的距离，默认为 1.5 倍的四分位差。
- positions：指定箱形图的位置，默认为 [0,1,2,…]。
- widths：指定箱形图的宽度，默认为 0.5。

- ↻ patch_artist：是否填充箱体的颜色。
- ↻ meanline：是否用线的形式表示均值，默认用点来表示。
- ↻ showmeans：是否显示均值，默认不显示。
- ↻ showcaps：是否显示箱形图顶端和末端的两条线，默认显示。
- ↻ showbox：是否显示箱形图的箱体，默认显示。
- ↻ showfliers：是否显示异常值，默认显示。
- ↻ boxprops：设置箱体的属性，如边框色、填充色等。
- ↻ labels：为箱形图添加标签，类似于图例的作用。
- ↻ filerprops：设置异常值的属性，如异常点的形状、大小、填充色等。
- ↻ medianprops：设置中位数的属性，如线的类型、粗细等。
- ↻ meanprops：设置均值的属性，如点的大小、颜色等。
- ↻ capprops：设置箱形图顶端和末端线条的属性，如颜色、粗细等。
- ↻ whiskerprops：设置须的属性，如颜色、粗细、线的类型等。

实例 9.30　绘制简单箱形图

实例位置：资源包 \Code\09\30

绘制简单箱形图，程序代码如下。

```
01 import matplotlib.pyplot as plt
02 x=[1,2,3,5,7,9]
03 plt.boxplot(x)
04 plt.show()
```

运行程序，输出结果如图 9.55 所示。

实例 9.31　绘制多组数据的箱形图

实例位置：资源包 \Code\09\31

图 9.55 是一组数据的箱形图，还可以绘制多组数据的箱形图，需要指定多组数据。例如，为三组数据绘制箱形图，程序代码如下。

```
01 import matplotlib.pyplot as plt
02 x1=[1,2,3,5,7,9]
03 x2=[10,22,13,15,8,19]
04 x3=[18,31,18,19,14,29]
05 plt.boxplot([x1,x2,x3])
06 plt.show()
```

运行程序，输出结果如图 9.56 所示。

箱形图将数据切割分离（实际上就是将数据分为 4 大部分），如图 9.57 所示。

下面介绍箱形图每部分的具体含义及如何通过箱形图识别异常值。

（1）下四分位数

下四分位数指的是数据的 25% 分位点所对应的值（Q1）。计算分位数可以使用 Pandas 的 quantile() 函数。例如，Q1 = df[' 总消费 '].quantile(q = 0.25)。

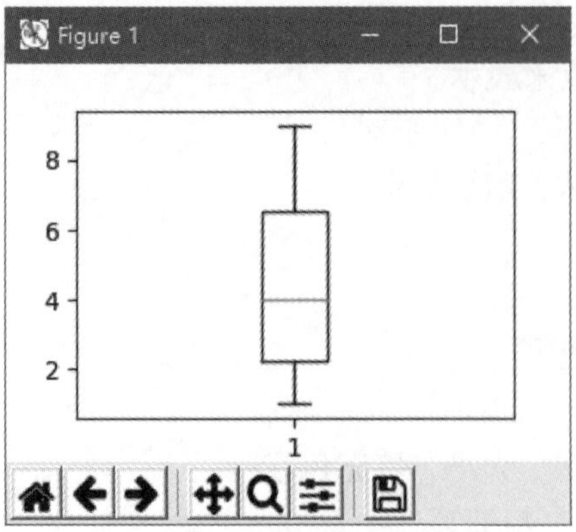

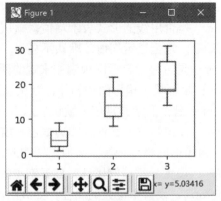

图 9.55　简单箱形图　　　　　　　　　图 9.56　多组数据的箱形图

（2）中位数

中位数即为数据的 50% 分位点所对应的值（Q2）。

（3）上四分位数

上四分位数则为数据的 75% 分位点所对应的值（Q3）。

（4）上限

上限的计算公式为：Q3 + 1.5(Q3-Q1)。

（5）下限

下限的计算公式为：Q1-1.5(Q3-Q1)。

其中，Q3-Q1 表示四分位差。如果使用箱形图识别异常值，其判断标准是，当变量的数据值大于箱形图的上限或者小于箱形图的下限时，就可以将其判定为异常值。

下面了解一下判断异常值的算法，如图 9.58 所示。

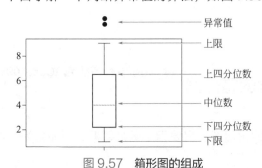

图 9.57　箱形图的组成

判断标准	结论
x＞Q3＋1.5(Q3－Q1) 或者 x＜Q1－1.5(Q3－Q1)	异常值
x＞Q3＋3(Q3－Q1) 或者 x＜Q1－3(Q3－Q1)	极端异常值

图 9.58　异常值判断标准

实例 9.32　　　　　　　　　**通过箱形图判断异常值**　　　　　　　◉ **实例位置：资源包 \Code\09\32**

通过箱形图查找客人总消费数据中存在的异常值，程序代码如下。

```
01 import matplotlib.pyplot as plt
02 import pandas as pd
03 df=pd.read_excel('tips.xlsx')
04 plt.boxplot(x = df['总消费'],              # 指定绘制箱形图的数据
05          whis = 1.5,                      # 指定 1.5 倍的四分位差
06          widths = 0.3,                    # 指定箱形图中箱子的宽度为 0.3
07          patch_artist = True,             # 填充箱子颜色
```

```
08              showmeans = True,                          # 显示均值
09              boxprops = {'facecolor':'RoyalBlue'},      # 指定箱子的填充色为宝蓝色
10              # 指定异常值的填充色、边框色和大小
11              flierprops={'markerfacecolor':'red','markeredgecolor':'red','markersize':3},
12              # 指定中位数的标记符号（虚线）和颜色
13              meanprops = {'marker':'h','markerfacecolor':'black', 'markersize':8},
14              # 指定均值点的标记符号（六边形）、填充色和大小
15              medianprops = {'linestyle':'--','color':'orange'},
16              labels = [''])                             # 去除 x 轴刻度值
17 plt.show()
18 # 计算下四分位数和上四分位数
19 Q1 = df['总消费'].quantile(q = 0.25)
20 Q3 = df['总消费'].quantile(q = 0.75)
21 # 基于 1.5 倍的四分位差计算上下限对应的值
22 low_limit = Q1 - 1.5*(Q3 - Q1)
23 up_limit = Q3 + 1.5*(Q3 - Q1)
24 # 查找异常值
25 val=df['总消费'][(df['总消费'] > up_limit) | (df['总消费'] < low_limit)]
26 print('异常值如下：')
27 print(val)
```

运行程序，输出结果如图 9.59 和 9.60 所示。

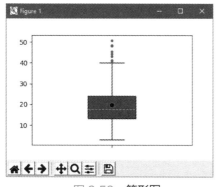

图 9.59　箱形图

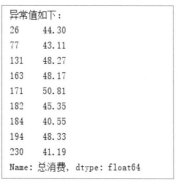

图 9.60　异常值

9.6.9　绘制 3D 图表

3D 图表有立体感，也比较美观，看起来更加"高大上"。下面介绍两种 3D 图表，即三维柱形图和三维曲面图。

绘制 3D 图表依旧使用 Matplotlib，但需要安装 mpl_toolkits 工具包，使用 pip 工具安装的命令如下。

```
pip install --upgrade matplotlib
```

安装好这个模块后，即可调用 mpl_tookits 下的 mplot3d 类进行 3D 图表的绘制。

1. 3D 柱形图

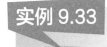
实例 9.33

绘制 3D 柱形图

◉ **实例位置：资源包 \Code\09\33**

绘制 3D 柱形图，程序代码如下。

```
01 import matplotlib.pyplot as plt
02 from mpl_toolkits.mplot3d.axes3d import Axes3D
```

```
03 import numpy as np
04 fig = plt.figure()
05 axes3d = Axes3D(fig)
06 zs = [1, 5, 10, 15, 20]
07 for z in zs:
08     x = np.arange(0, 10)
09     y = np.random.randint(0, 30, size=10)
10     axes3d.bar(x, y, zs=z, zdir='x', color=['r', 'green', 'yellow', 'c'])
11 plt.show()
```

运行程序，输出结果如图 9.61 所示。

2．3D 曲面图

绘制 3D 曲面图

实例位置：资源包 \Code\09\34

绘制 3D 曲面图，程序代码如下。

```
01 import matplotlib.pyplot as plt
02 from mpl_toolkits.mplot3d.axes3d import Axes3D
03 import numpy as np
04 fig = plt.figure()
05 axes3d = Axes3D(fig)
06 x = np.arange(-4.0, 4.0, 0.125)
07 y = np.arange(-3.0, 3.0, 0.125)
08 X, Y = np.meshgrid(x, y)
09 Z1 = np.exp(-X**2 - Y**2)
10 Z2 = np.exp(-(X - 1)**2 - (Y - 1)**2)
11 # 计算 Z 轴数据（高度数据）
12 Z = (Z1 - Z2) * 2
13 axes3d.plot_surface(X, Y, Z,cmap=plt.get_cmap('rainbow'))
14 plt.show()
```

运行程序，输出结果如图 9.62 所示。

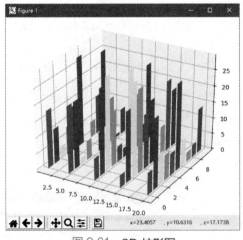

图 9.61　3D 柱形图

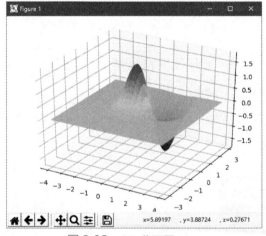

图 9.62　3D 曲面图

9.6.10　绘制多个子图表

在 Matplotlib 中可以实现在一张图上绘制多个子图表，为此 Matplotlib 提供了三种方法，一是

subplot() 函数，二是 subplots() 函数，三是 add_subplot() 函数，下面分别介绍。

1. subplot() 函数

subplot() 函数直接指定划分方式和位置，它可以将一个绘图区域划分为 n 个子图表，每个 subplot() 函数只能绘制一个子图表。语法如下。

```
matplotlib.pyplot.subplot(*args,**kwargs)
```

参数说明：

↻ *args：当传入的参数个数未知时使用 *args。

↻ **kwargs：关键字参数，其他可选参数。

例如，绘制一个 2×3 的区域，subplot(2,3,3)，将画布分成 2 行 3 列在第 3 个区域中绘制，用坐标表示如下。

```
(1,1),(1,2),(1,3)
(2,1),(2,2),(2,3)
```

如果行、列的值都小于 10，那么可以把它们缩写为一个整数，如 subplot(233)。

另外，subplot() 函数在指定的区域中创建一个轴对象，如果新创建的轴和之前创建的轴重叠，那么，之前的轴将被删除。

 **实例 9.35** 　　　使用 subplot() 函数绘制 　◉ **实例位置：资源包 \Code\09\35**
多子图表的空图表

绘制一个 2×3 包含 6 个子图表的空图表，程序代码如下。

```
01 import matplotlib.pyplot as plt
02 plt.subplot(2,3,1)
03 plt.subplot(2,3,2)
04 plt.subplot(2,3,3)
05 plt.subplot(2,3,4)
06 plt.subplot(2,3,5)
07 plt.subplot(2,3,6)
08 plt.show()
```

运行程序，输出结果如图 9.63 所示。

 **实例 9.36** 　　　　　　　　　　　◉ **实例位置：资源包 \Code\09\36**
绘制包含多个子图表的图表

通过实例 9.35 了解了 subplot() 函数的基本用法，接下来将前面所学的简单图表整合到一张图表上，效果如图 9.64 所示。

程序代码如下。

```
01 import matplotlib.pyplot as plt
02 #第1个子图表 - 折线图
03 plt.subplot(2,2,1)
04 plt.plot([1, 2, 3, 4,5])
05 #第2个子图表 - 散点图
06 plt.subplot(2,2,2)
```

```
07 plt.plot([1, 2, 3, 4,5], [2, 5, 8, 12,18], 'ro')
08 # 第 3 个子图表 - 柱形图
09 plt.subplot(2,1,2)
10 x=[1,2,3,4,5,6]
11 height=[10,20,30,40,50,60]
12 plt.bar(x,height)
13 plt.show()
```

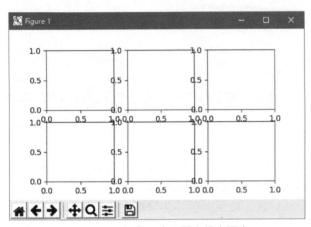

图 9.63　包含 6 个子图表的空图表

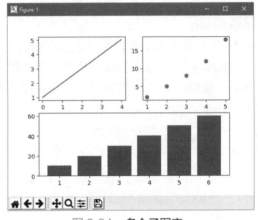

图 9.64　多个子图表

在实例 9.36 中，有两个关键点一定要掌握。

① 每绘制一个子图表都要调用一次 subplot() 函数。

② 绘图区域位置编号。

subplot() 函数的前面两个参数指定的是一个画布被分割成的行数和列数，后面一个参数则指的是当前绘制区域位置编号，编号规则是行优先。

例如，在图 9.65 中有 3 个子图表，第 1 个子图表 subplot(2,2,1)，即将画布分成 2 行 2 列，在第 1 个子图表中绘制折线图；第 2 个子图表 subplot(2,2,2)，将画布分成 2 行 2 列，在第 2 个子图表中绘制散点图；第 3 个子图表 subplot(2,1,2)，将画布分成 2 行 1 列，由于第 1 行已经被占用了，所以我们在第 2 行也就是第 3 个子图表中绘制柱形图。示意图如图 9.65 所示。

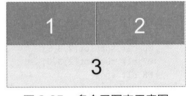

图 9.65　多个子图表示意图

利用 subpot() 函数在画布中绘图时，每次都要调用它指定绘图区域非常麻烦，而 subplots() 函数则更直接，它会事先把画布区域分割好。下面介绍 subplots() 函数。

2. subplots() 函数

subplots() 函数用于创建画布和子图表，语法如下。

```
matplotlib.pyplot.subplots(nrows,ncols,sharex,sharey,squeeze,subplot_kw,gridspec_kw,**fig_kw)
```

💬 **参数说明：**

- nrows 和 ncols：表示将画布分割成几行几列。例如，nrows=2、ncols=2 表示将画布分割为 2 行 2 列，起始值都为 0。当调用画布中的坐标轴时，ax[0,0] 表示调用左上角的，ax[1,1] 表示调用右下角的。

- sharex 和 sharey：布尔值或者值为 "none" "all" "row" "col"，默认值为 False。用于控制 x 或 y 轴之间的属性共享。具体参数值说明如下。

- True 或者 'all'：表示 x 或 y 轴属性在所有子图表中共享。

○ False 或者 'none'：每个子图的 x 或 y 轴都是独立的部分。

○ 'row'：每个子图在一个 x 或 y 轴共享行（row）。

○ 'col'：每个子图在一个 x 或 y 轴共享列（column）。

○ squeeze：布尔值，默认值为 True，额外的维度从返回的 axes（轴）对象中挤出，对于 $n×1$ 或 $1×n$ 个子图，返回一个一维数组，对于 $n×m$ 且 $n > 1$ 和 $m > 1$ 返回一个二维数组；如果值为 False，则表示不进行挤压操作，返回一个元素为 axes 实例的二维数组，即使它最终是 $1×1$。

○ subplot_kw：字典类型，可选参数。把字典的关键字传递给 add_subplot 来创建每个子图表。

○ gridspec_kw：字典类型，可选参数。把字典的关键字传递给 GridSpec 构造函数创建子图表放在网格里（grid）。

○ **fig_kw：把所有详细的关键字参数传给 figure。

实例 9.37　　　使用 subplots() 函数绘制　◉ **实例位置：资源包 \Code\09\37**
包含多子图表的空图表

绘制一个 2×3 包含 6 个子图表的空图表，使用 subplots() 函数只需三行代码。

```
01 import matplotlib.pyplot as plt
02 figure,axes=plt.subplots(2,3)
03 plt.show()
```

上述代码中，figure 和 axes 是两个关键点。

○ figure：绘制图表的画布。

○ axes：坐标轴对象，可以理解为在画布上绘制坐标轴对象，它帮用户规划出一个个科学作图的坐标轴系统。

如图 9.66 所示，深色的是画布（figure），白色带坐标轴的是坐标轴对象（axes）。

实例 9.38　　　使用 subplots() 函数绘制　◉ **实例位置：资源包 \Code\09\38**
多子图表

使用 subplots() 函数将前面所学的简单图表整合到一张图表上，效果如图 9.67 所示。

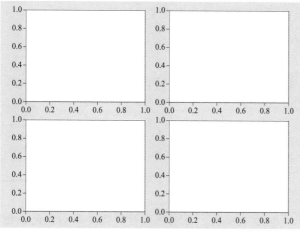

图 9.66　坐标系统示意图

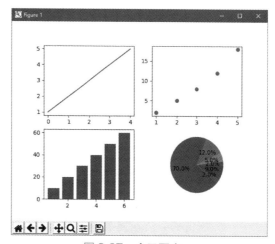

图 9.67　多子图表

程序代码如下。

```
01 import matplotlib.pyplot as plt
02 figure,axes=plt.subplots(2,2)
03 axes[0,0].plot([1, 2, 3, 4,5])   # 第 1 个子图表 - 折线图
04 axes[0,1].plot([1, 2, 3, 4,5], [2, 5, 8, 12,18], 'ro')   # 第 2 个子图表 - 散点图
05 # 第 3 个子图表 - 柱形图
06 x=[1,2,3,4,5,6]
07 height=[10,20,30,40,50,60]
08 axes[1,0].bar(x,height)
09 # 第 4 个子图表 - 饼形图
10 x = [2,5,12,70,2,9]
11 axes[1,1].pie(x,autopct='%1.1f%%')
12 plt.show()
```

3. add_subplot() 函数

实例 9.39

使用 add_subplot() 函数绘制多子图表 ◉ 实例位置：资源包 \Code\09\39

add_subplot() 函数也可以实现在一张图上绘制多个子图表，用法与 subplot() 函数基本相同，先来看一段代码。

```
01 import matplotlib.pyplot as plt
02 fig = plt.figure()
03 ax1 = fig.add_subplot(2,3,1)
04 ax2 = fig.add_subplot(2,3,2)
05 ax3 = fig.add_subplot(2,3,3)
06 ax4 = fig.add_subplot(2,3,4)
07 ax5 = fig.add_subplot(2,3,5)
08 ax6 = fig.add_subplot(2,3,6)
09 plt.show()
```

上述代码同样是绘制一个 2×3 包含 6 个子图表的空图表。首先创建 figure 实例（画布），然后通过 ax1 = fig.add_subplot(2,3,1) 创建第 1 个子图表，返回 axes 实例（坐标轴对象），第 1 个参数为行数，第 2 个参数为列数，第 3 个参数为子图表的位置。

以上用 3 种方法实现了在一张图上绘制多个子图表，3 种方法各有所长。subplot() 方法和 add_subplot() 方法比较灵活，定制化效果比较好，可以实现子图表在图中的各种布局（如一张图上 3 个图表或 5 个图表可以随意摆放），而 subplots() 方法则不那么灵活，但它可以用较少的代码实现绘制多个子图表。

9.6.11 图表的保存

在实际工作中，有时需要将绘制的图表保存为图片放置到报告中。Matplotlib 中的 savefig() 函数可以实现这一功能，将图表保存为 JPEG、TIFF 或 PNG 格式的图片。

例如，保存之前绘制的折线图，关键代码如下。

```
plt.savefig('image.png')
```

💡 **注意**

保存代码必须在图表预览前，也就是 plt.show() 代码前，否则保存后的图片是白色的，图表无法保存。

运行程序，图表被保存在程序所在路径下，名为"image.png"，如图 9.68 所示。

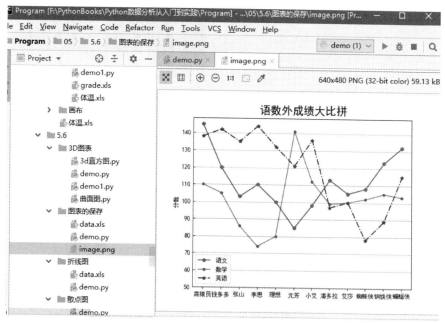

图 9.68 保存后的图表

9.7 Seaborn 图表

Seaborn 是一个基于 Matplotlib 的高级可视化效果库，偏向于统计图表，因此，针对的主要是数据挖掘和机器学习中的变量特征选取。相比 Matplotlib，它的语法相对简单，绘制图表不需要花很多工夫去修饰，但是它的绘图方式比较局限，不够灵活。

9.7.1 Seaborn 图表概述

Seaborn 是基于 Matplotlib 的 Python 可视化效果库，它提供了一个高级界面来绘制有吸引力的统计图表。Seaborn 其实是在 Matplotlib 的基础上进行了更高级的 API 封装，从而使得作图更加容易，不需要经过大量的调整就能使图表变得非常精致。如图 9.69 所示。

Seaborn 主要包括以下功能。

① 计算多变量间关系的面向数据集接口。

② 可视化类别变量的观测与统计。

③ 可视化单变量或多变量分布并与其子数据集比较。

④ 控制线性回归的不同因变量并进行参数估计与作图。

⑤ 对复杂数据进行整体结构可视化。

⑥ 对多表统计图的制作高度抽象并简化可视化过程。

⑦ 提供多个主题渲染 Matplotlib 图表的样式。

⑧ 提供调色板工具生动再现数据。

接下来进入安装环节，利用 pip 工具安装，命令如下。

```
pip install seaborn
```

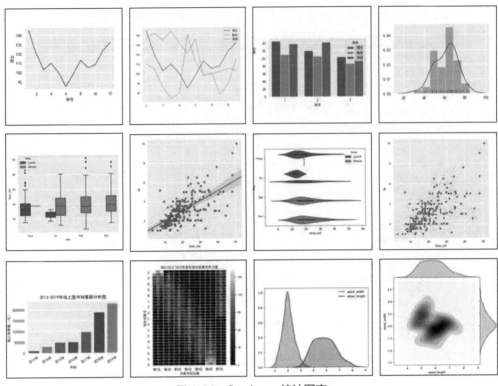

图 9.69　Seaborn 统计图表

或者，在 PyCharm 中安装。需要注意的是，如果安装报错，可能是用户没有安装 Scipy 模块，因为 Seaborn 依赖于 Scipy，所以需要先安装 Scipy。

9.7.2　Seaborn 图表之初体验

实例 9.40

绘制简单的柱形图

◉ **实例位置：资源包 \Code\09\40**

准备工作完成后，先来绘制一款简单的柱形图，程序代码如下。

```
01 import seaborn as sns
02 import matplotlib.pyplot as plt
03 sns.set_style('darkgrid')
04 plt.figure(figsize=(4,3))
05 x=[1,2,3,4,5]
06 y=[10,20,30,40,50]
07 sns.barplot(x,y)
08 plt.show()
```

运行程序，输出结果如图 9.70 所示。

Seaborn 默认的灰色网格底色灵感来源于 Matplotlib，却更加柔和。大多数情况下，图应优于表，Seaborn 默认的灰色网格底色避免了刺目的干扰。

实例 9.40 实现了简单的柱形图，每个柱子指定了不同的颜色，并且设置了特殊的背景风格。接下来，看一下它是如何一步步实现的。

① 首先，导入必要的模块 Seaborn 和 Matplotlib，由于 Seaborn 模块是 Matplotlib 模块的补充，所以

绘制图表前必须引用 Matplotlib 模块。

② 设置 Seaborn 的背景风格为 darkgrid。

③ 指定 *x* 轴、*y* 轴数据。

④ 使用 barplot() 函数绘制柱形图。

9.7.3 Seaborn 图表的基本设置

1. 背景风格

设置 Seaborn 背景风格，主要使用 axes_style() 函数和 set_style() 函数。Seaborn 有 5 个主题，适用于不同的应用场景和人群偏好，具体如下。

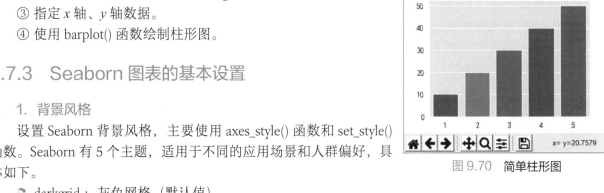

图 9.70　简单柱形图

- ↻ darkgrid：灰色网格（默认值）。
- ↻ whitegrid：白色网格。
- ↻ dark：灰色背景。
- ↻ white：白色背景。
- ↻ ticks：四周带刻度线的白色背景。

网格能够帮助用户查找图表中的定量信息，而灰色网格主题中的白线能避免影响数据的表现，白色网格主题则更适合表达"重数据元素"。

2. 边框控制

控制边框显示方式，主要使用 despine() 函数。

① 移除顶部和右边边框。

```
sns.despine()
```

② 使两坐标轴离开一段距离。

```
sns.despine(offset=10, trim=True)
```

③ 移除左边边框，与 set_style() 的白色网格配合使用效果更佳。

```
sns.set_style("whitegrid")
sns.despine(left=True)
```

④ 移除指定边框，值设置为 True 即可。

```
sns.despine(fig=None, ax=None, top=True, right=True, left=True, bottom=False, offset=None, trim=False)
```

设置后的效果如图 9.71 所示。

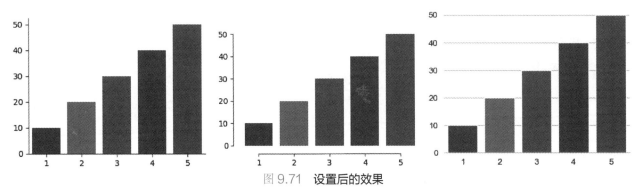

图 9.71　设置后的效果

9.7.4 常用图表的绘制

1. 绘制折线图

在 Seaborn 中实现折线图有两种方法，一是在 relplot() 函数中通过设置 kind 参数为 line，二是使用 lineplot() 函数直接绘制折线图。

（1）使用 relplot() 函数

 实例 9.41　　　　使用 relplot() 函数绘制学生 ◉ **实例位置：资源包 \Code\09\41**
语文成绩折线图

使用 relplot() 函数绘制学生语文成绩折线图，程序代码如下。

```
01 import pandas as pd
02 import matplotlib.pyplot as plt
03 import seaborn as sns
04 sns.set_style('darkgrid')  #灰色网格
05 plt.rcParams['font.sans-serif']=['SimHei']            #解决中文乱码
06 df1=pd.read_excel('data.xls')                          # 导入 Excel 文件
07 #绘制折线图
08 sns.relplot(x=" 学号 ", y=" 语文 ", kind="line", data=df1)
09 plt.show()# 显示
```

运行程序，输出结果如图 9.72 所示。

（2）使用 lineplot() 函数

 实例 9.42　　　　使用 lineplot() 函数绘制学生 ◉ **实例位置：资源包 \Code\09\42**
语文成绩折线图

使用 lineplot() 函数绘制学生语文成绩折线图，程序代码如下。

```
01 import pandas as pd
02 import matplotlib.pyplot as plt
03 import seaborn as sns
04 sns.set_style('darkgrid')
05 plt.rcParams['font.sans-serif']=['SimHei']            #解决中文乱码
06 df1=pd.read_excel('data.xls')                          # 导入 Excel 文件
07 # 绘制折线图
08 sns.lineplot(x=" 学号 ", y=" 语文 ",data=df1)
09 plt.show()# 显示
```

实例 9.43　　　　利用多折线图分析 ◉ **实例位置：资源包 \Code\09\43**
学生各科成绩

接下来，绘制多折线图，关键代码如下。

```
01 dfs=[df1[' 语文 '],df1[' 数学 '],df1[' 英语 ']]
02 sns.lineplot(data=dfs)
```

运行程序，输出结果如图 9.73 所示。

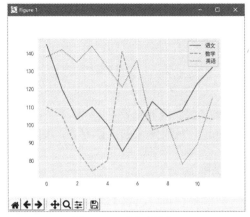

图 9.72　折线图　　　　　　　　　　　图 9.73　多折线图

2. 绘制直方图

在 Seaborn 中绘制直方图主要使用 displot() 函数，语法如下。

```
sns.distplot(data,bins=None,hist=True,kde=True,rug=False,fit=None,color=None,axlabel=None,ax=None)
```

💬 **参数说明：**

- ♻ data：数据。
- ♻ bins：设置矩形图数量。
- ♻ hist：是否显示条形图。
- ♻ kde：是否显示核密度估计图，默认值为 True，表示显示核密度估计图。
- ♻ rug：是否在 x 轴上显示观测的小细条（边际毛毯）。
- ♻ fit：拟合的参数分布图形。

实例 9.44　　　　　　　绘制简单直方图　　　　👁 **实例位置：资源包 \Code\09\44**

下面绘制一个简单的直方图，程序代码如下。

```
01 import pandas as pd
02 import matplotlib.pyplot as plt
03 import seaborn as sns
04 sns.set_style('darkgrid')
05 plt.rcParams['font.sans-serif']=['SimHei']          # 解决中文乱码
06 df1=pd.read_excel('data2.xls')                      # 导入 Excel 文件
07 data=df1[['得分']]
08 sns.distplot(data,rug=True)                         # 直方图，显示观测的小细条
09 plt.show()                                          # 显示
```

运行程序，输出结果如图 9.74 所示。

3. 绘制条形图

在 Seaborn 中绘制条形图主要使用 barplot() 函数，语法如下。

```
sns.barplot(x=None,y=None,hue=None,data=None,order=None,hue_order=None,orient=None,color=None, palette=None,cap
size=None,estimator=mean)
```

💬 **常用参数说明：**

- ♻ x、y：*x* 轴、*y* 轴数据。
- ♻ hue：分类字段。
- ♻ order、hue_order：变量绘图顺序。
- ♻ orient：条形图是水平显示还是竖直显示。
- ♻ capsize：误差线的宽度。
- ♻ estimator：每类变量的统计方式，默认值为平均值 mean。

实例 9.45

利用条形图分析学生各科成绩

👁 **实例位置：资源包 \Code\09\45**

绘制学生成绩条形图，程序代码如下。

```
01 import pandas as pd
02 import matplotlib.pyplot as plt
03 import seaborn as sns
04 sns.set_style('darkgrid')
05 plt.rcParams['font.sans-serif']=['SimHei']    # 解决中文乱码
06 df1=pd.read_excel('data.xls',sheet_name='sheet2')    # 导入 Excel 文件
07 sns.barplot(x=' 学号 ',y=' 得分 ',hue=' 学科 ',data=df1)    # 条形图
08 plt.show()    # 显示
```

运行程序，输出结果如图 9.75 所示。

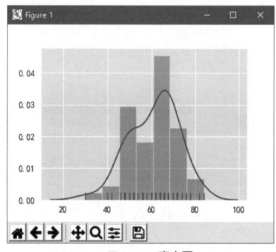

图 9.74　**直方图**

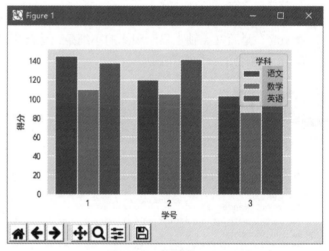

图 9.75　**条形图**

4. 绘制散点图

在 Seaborn 中绘制散点图主要使用 replot() 函数，相关语法可参考 "绘制折线图"。

实例 9.46

利用散点图分析 "小费"

👁 **实例位置：资源包 \Code\09\46**

下面通过 Seaborn 提供的内置数据集 tips（小费数据集）绘制散点图，程序代码如下。

```
01  import matplotlib.pyplot as plt
02  import seaborn as sns
03  sns.set_style('darkgrid')
04  # 加载内置数据集 tips（小费数据集），并对 total_bill 和 tip 字段绘制散点图
05  tips=sns.load_dataset('tips')
06  sns.relplot(x='total_bill',y='tip',data=tips,color='r')
07  plt.show()  # 显示
```

运行程序，输出结果如图 9.76 所示。

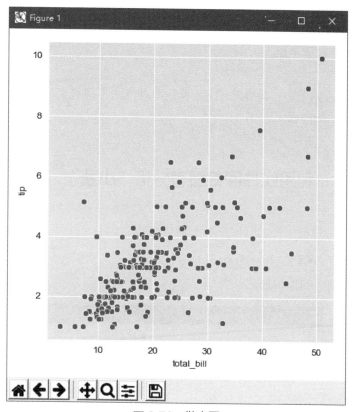

图 9.76　散点图

上述代码使用了内置数据集 tips，下面简单介绍一下该数据集。首先通过 tips.head() 显示部分数据，如图 9.77 所示。

	total_bill	tip	sex	smoker	day	time	size
0	16.99	1.01	Female	No	Sun	Dinner	2
1	10.34	1.66	Male	No	Sun	Dinner	3
2	21.01	3.50	Male	No	Sun	Dinner	3
3	23.68	3.31	Male	No	Sun	Dinner	2
4	24.59	3.61	Female	No	Sun	Dinner	4

图 9.77　tips 的部分数据

字段说明如下：

↻ total_bill：表示总消费。

↻ tip：表示小费。

↻ sex：表示性别。

↻ smoker：表示是否吸烟。

   ↻ day：表示周几。

   ↻ time：表示用餐类型，如早餐、午餐、晚餐（Breakfast、Lunch、Dinner）。

5. 绘制线性回归模型

在 Seaborn 中可以直接绘制线性回归模型，用于描述线性关系，主要使用 lmplot() 函数实现，语法如下。

```
sns.lmplot(x,y,data,hue=None,col=None,row=None,palette=None,col_wrap=3,size=5,markers='o')
```

💬 **参数说明**：

   ↻ hue：散点图中的分类字段。

   ↻ col：列分类变量，构成子集。

   ↻ row：行分类变量。

   ↻ col_wrap：指定每行的列数，最多等于 col 参数所对应的不同类别的数量。

   ↻ markers：标记或标记列表。

实例 9.47　　　**利用线性回归图表分析"小费"**　👁 实例位置：资源包 \Code\09\47

同样使用 tips 数据集，绘制线性回归模型，关键代码如下。

```
sns.lmplot(x='total_bill',y='tip',data=tips)
```

运行程序，输出结果如图 9.78 所示。

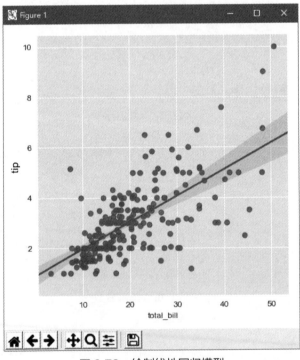

图 9.78　绘制线性回归模型

6. 绘制箱形图

在 Seaborn 中绘制箱形图主要使用 boxplot() 函数，语法如下。

```
sns.boxplot(x=None,y=None,hue=None,data=None,order=None,hue_order=None,orient=None,color=None,palette=None,
width=0.8,notch=False)
```

💬 **参数说明**：

- ♻ hue：分类字段。
- ♻ width：箱形图宽度。
- ♻ notch：中间箱体是否显示缺口，默认值为 False。

实例 9.48

利用箱形图分析"小费"异常数据

👁 **实例位置：资源包 \Code\09\48**

下面绘制箱形图，使用数据集 tips 演示，关键代码如下。

```
sns.boxplot(x='day',y='total_bill',hue='time',data=tips)
```

运行程序，输出结果如图 9.79 所示。

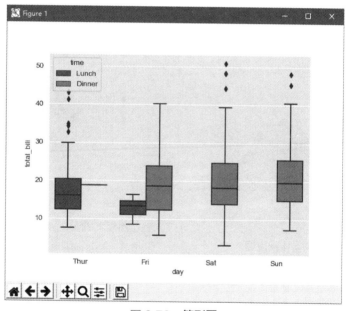

图 9.79　箱形图

从图 9.79 得知，数据存在异常值。箱形图实际上就是利用数据的分位数来识别数据的异常点，这一特点使得箱形图在学术界和工业界的应用非常广泛。

7. 绘制核密度图

核密度是概率论中用来估计未知的密度函数，属于非参数检验方法之一。通过核密度图可以比较直观地看出数据样本本身的分布特征。

在 Seaborn 中绘制核密度图主要使用 kdeplot() 函数，语法如下。

```
sns.kdeplot(data,shade=True)
```

💬 **参数说明**：

- ♻ data：数据。

♻ shade：是否带阴影，默认值为 True，表示带阴影。

实例 9.49　　　　利用核密度图分析"鸢尾花"　　　👁 **实例位置：资源包 \Code\09\49**

绘制核密度图，通过 Seaborn 自带的数据集 iris 演示，关键代码如下。

```
01 # 调用 seaborn 自带数据集 iris
02 df = sns.load_dataset('iris')
03 # 绘制多个变量的核密度图
04 p1=sns.kdeplot(df['sepal_width'], shade=True, color="r")
05 p1=sns.kdeplot(df['sepal_length'], shade=True, color="b")
```

运行程序，输出结果如图 9.80 所示。

下面再介绍一种边际核密度图，利用该图可以更好地体现两个变量之间的关系，如图 9.81 所示。

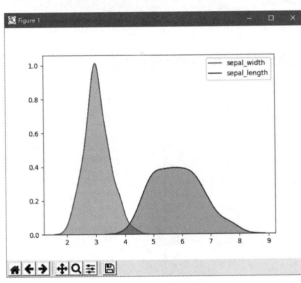

图 9.80　核密度图

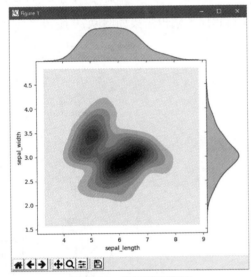

图 9.81　边际核密度图

关键代码如下。

```
sns.jointplot(x=df["sepal_length"], y=df["sepal_width"], kind='kde',space=0)
```

8. 绘制提琴图

提琴图结合了箱形图和核密度图的特征，用于展示数据的分布形状。粗黑线表示四分数范围，延伸的细线表示 95% 的置信区间，白点为中位数。提琴图弥补了箱形图的不足，可以展示数据分布是双模还是多模。提琴图主要使用 violinplot() 函数绘制。

实例 9.50　　　　利用提琴图分析"小费"　　　👁 **实例位置：资源包 \Code\09\50**

绘制提琴图，通过 Seaborn 自带的数据集 tips 演示，关键代码如下。

```
sns.violinplot(x='total_bill',y='day',hue='time',data=tips)
```

运行程序，输出结果如图 9.82 所示。

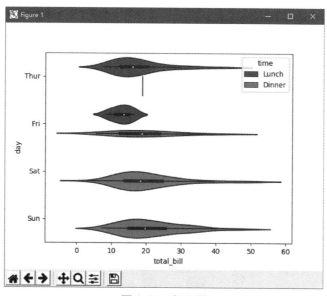

图 9.82 提琴图

9.8 综合案例——京东电商单品销量同比增长情况分析

在数据分析中，有一个重要的分析方法，叫趋势分析法。趋势分析法是指对两期或连续数期报告中的某一指标进行对比，确定其增减变动的方向、数额和幅度，以确定该指标的变动趋势。趋势分析法中的指标，有同比分析、定比（定基比）分析和环比分析，以及同比增长率分析、定比（定基比）增长率分析和环比增长率分析。下面重点了解一下常用的同比和环比分析方法。

◐ 同比：本期数据与历史同期数据比较。例如，2020 年 2 月份与 2019 年 2 月份相比较。

◐ 环比：本期数据与上期数据比较。例如，2020 年 2 月份与 2020 年 1 月份相比较。

举一个生活中经常出现的场景。

◐ 同比：去年这个时候这条裙子我还能穿，现在穿不进去啦！

◐ 环比：这个月好像比上个月胖了。

同比的优势是可以排除一部分季节因素；环比的优势是可以更直观地表明阶段性的变换，但是会受季节性因素影响。

下面简单介绍一下同比和环比的计算公式。

（1）同比

$$同比= \frac{本期数据}{上年同期数据}$$

$$同比增长率= \frac{(本期数-同期数)}{同期数} \times 100\%$$

（2）环比

环比增长率反映本期比上期增长了多少，公式如下。

$$环比增长率= \frac{(本期数-上期数)}{上期数} \times 100\%$$

环比发展速度是本期水平与前一期水平之比，反映前后两期的发展变化情况，公式如下。

9

$$环比发展速度=\frac{本期数}{上期数}\times100\%$$

$$环比增长速度=环比发展速度-1$$

下面分析 2020 年 2 月与 2019 年 2 月相比，京东平台《零基础学 Python》一书销量同比增长情况，效果如图 9.83 所示。

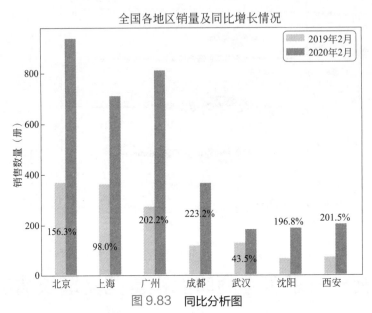

图 9.83　同比分析图

从分析结果得知，武汉、上海同比增长较小。

程序代码如下。

```
01  import pandas as pd
02  import matplotlib.pyplot as plt
03  import numpy as np
04  df=pd.read_excel('JD2019.xlsx')
05  # 数据处理，提取 2019 年 2 月和 2020 年 2 月的数据
06  df= df.set_index('日期') # 将日期设置为索引
07  df1=pd.concat([df['2019-02'],df['2020-02']])
08  df1=df1[df1['商品名称']=='零基础学 Python']
09  df1=df1[['北京','上海','广州','成都','武汉','沈阳','西安']]
10  df2=df1.T    # 行列转置
11  x=np.array([0,1,2,3,4,5,6])
12  y1=df2['2019-02-01']
13  y2=df2['2020-02-01']
14  # 同比增长率
15  df2['rate']=((df2['2020-02-01']-df2['2019-02-01'])/df2['2019-02-01'])*100
16  rate=df2['rate']
17  print(y)
18  width =0.25                                       # 柱子宽度
19  plt.rcParams['font.sans-serif']=['SimHei']        # 解决中文乱码
20  plt.title('全国各地区销量及同比增长情况')            # 图表标题
21  plt.ylabel('销售数量（册）')                        #y 轴标签
22  #x 轴标签
23  plt.xticks(x,['北京','上海','广州','成都','武汉','沈阳','西安'])
24  # 双柱形图
25  plt.bar(x,y1,width=width,color = 'orange',label='2019 年 2 月')
26  plt.bar(x+width,y2,width=width,color = 'deepskyblue',label='2020 年 2 月')
27  # 增长率文本标签
```

```
28 for a, b in zip(x,rate):
29     plt.text(a,b,('%.1f%%' % b), ha='center', va='bottom', fontsize=11)
30 plt.legend()
31 plt.show()
```

9.9 实战练习

根据综合案例中介绍的环比分析方法和提供的数据集"JD2019.xlsx",分析京东平台某一单品销量环比增长情况并绘制柱形图+折线图,柱形图表示销量,折线图表示增长率,效果如图 9.84 所示。

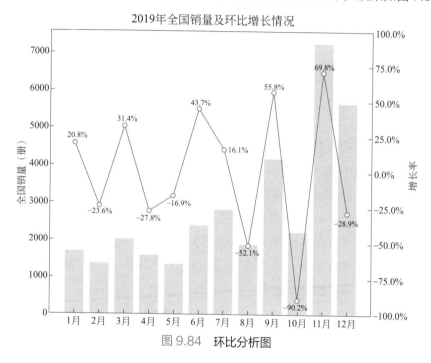

图 9.84 环比分析图

☰ **小结**

数据统计得再好都不如一张图表来得清晰、直观。本章用大量的篇幅详细地介绍了 Matplotlib 图表和 Seaborn 图表,其根本在于使读者能够全面透彻地了解和掌握最基础的图表,并应用到实际数据统计分析工作中,同时也为以后学习其他绘图库奠定坚实的基础。

⧓扫码领取
· 教学视频
· 配套源码
· 实战练习答案
· ……

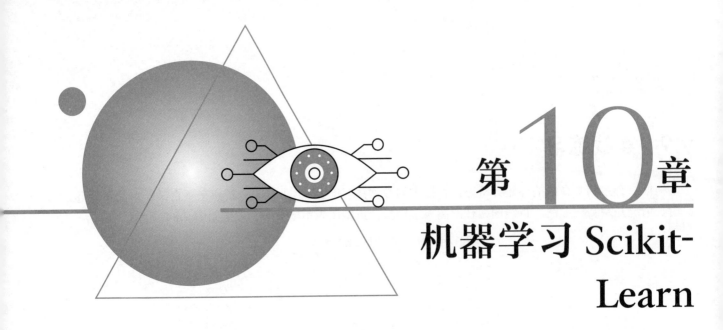

第 10 章
机器学习 Scikit-Learn

机器学习顾名思义就是让机器（计算机）模拟人类学习，有效提高工作效率。Python 提供的第三方模块 Scikit-Learn 融入了大量的数学模型算法，使得数据分析、机器学习变得简单、高效。

由于本书以数据处理和数据分析为主，而非机器学习，所以对于 Scikit-Learn 的相关技术只进行简单讲解，主要包括 Scikit-Learn 简介、安装，常用的线性回归模型，包括最小二乘法回归、岭回归，以及支持向量机和聚类。

10.1　Scikit-Learn 简介

Scikit-Learn（简称 Sklearn）是 Python 的第三方模块，它是机器学习领域中知名的 Python 模块之一，它对常用的机器学习算法进行了封装，包括回归（regression）、降维（dimensionality reduction）、分类（classfication）和聚类（clustering）四大机器学习算法。Scikit-Learn 具有以下特点。

① 简单、高效的数据挖掘和数据分析工具。

② 让每个人能够在复杂环境中重复使用。

③ Scikit-Learn 是 SciPy 模块的扩展，建立在 NumPy 和 Matplotlib 模块的基础上。利用这几大模块的优势，可以大大提高机器学习的效率。

④ 开源，采用 BSD（伯克利软件套件）协议，可用于商业。

10.2　安装 Scikit-Learn

Scikit-Learn 的安装要求如下。

- Python 版本：高于 2.7。
- NumPy 版本：高于 1.8.2。
- SciPy 版本：高于 0.13.3。

如果已经安装了 NumPy 和 SciPy，那么直接使用 pip 工具安装 Scikit-Learn，命令如下。

```
pip install scikit-learn
```

还可以在 PyCharm 中安装。运行 PyCharm，选择"File"→"Settings"菜单项，打开"Settings"窗口，选择"Python Interpreter"选项，然后单击添加（+）按钮，打开"Available Packages"窗口。在搜索文本框中输入需要添加的模块名称，如"scikit-learn"，然后在列表中选择需要安装的模块，如图 10.1 所示，单击"Install Package"按钮即可实现 Scikit-Learn 模块的安装。

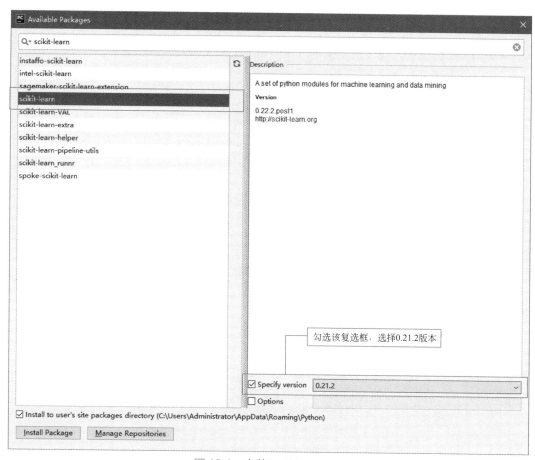

图 10.1　安装 Scikit-Learn

💡 注意

　　尽量选择安装 0.21.2 版本，否则运行程序可能会出现因为模块版本不适合而导致程序出现错误提示——找不到指定的模块。

10.3　线性模型

Scikit-Learn 已经为用户设计好了线性模型（sklearn.linear_model），在程序中直接调用即可，无须编写过多代码就可以轻松实现线性回归分析。首先了解一下线性回归分析。

线性回归是利用数理统计中的回归分析，来确定两种或两种以上变量间相互依赖的定量关系的一种统计分析与预测方法，运用十分广泛。

在线性回归分析中，只包括一个自变量和一个因变量，且二者的关系可用一条直线近似表示，这种回归分析称为一元线性回归分析。如果线性回归分析中包括两个或两个以上的自变量，且因变量和自变量之间是线性关系，则称为多元线性回归分析。

在 Python 中，无须理会烦琐的线性回归求解数学过程，直接使用 Scikit-Learn 的 linear_model 模块就可以实现线性回归分析。linear_model 模块提供了很多线性模型，包括最小二乘法回归、岭回归、Lasso、贝叶斯回归等。本节主要介绍最小二乘法回归和岭回归。

首先导入 linear_model 模块，程序代码如下。

```
from sklearn import linear_model
```

导入 linear_model 模块后，在程序中就可以使用相关函数实现线性回归分析。

10.3.1　最小二乘法回归

线性回归是数据挖掘中的基础算法之一，线性回归的思想其实就是解一组方程，得到回归系数，不过在出现误差项之后，方程的解法就改变了，一般使用最小二乘法进行计算。所谓"二乘"，就是平方的意思，最小二乘法也称最小平方和，其目的是通过最小化误差的平方和，使得预测值与真值无限接近。

linear_model 模块的 LinearRegression() 函数用于实现最小二乘法回归。LinearRegression() 函数拟合一个带有回归系数的线性模型，使得真实数据和预测数据（估计值）之间的残差平方和最小，与真实数据无限接近。LinearRegression() 函数的语法如下。

```
linear_model.LinearRegression(fit_intercept=True,normalize=False,copy_X=True,n_jobs=None)
```

💬 **参数说明：**

- 🔁 fit_intercept：布尔型值，是否需要计算截距，默认值为 True。
- 🔁 normalize：布尔型值，是否需要标准化，默认值为 False。和参数 fit_intercept 有关，当 fit_intercept 参数值为 False 时，将忽略该参数；当 fit_intercept 参数值为 True 时，则回归前对回归量 X 进行归一化处理，取均值相减，再除以 L2 范数（L2 范数是指向量各元素的平方和然后开方）。
- 🔁 copy_X：布尔型值，选择是否复制 X 数据，默认值为 True。如果为 False，则覆盖 X 数据。
- 🔁 n_jobs：整型，代表 CPU（中央处理器）工作效率的核数，默认值为 1。-1 表示跟 CPU 核数一致。

主要属性：

- 🔁 coef_：数组或形状，表示线性回归分析的回归系数。
- 🔁 intercept_：数组，表示截距。

主要方法：

- 🔁 fit(X,y,sample_weight=None)：拟合线性模型。
- 🔁 predict(X)：使用线性模型返回预测数据。
- 🔁 score(X,y,sample_weight=None)：返回预测的确定系数 R^2。

LinearRegression() 函数调用 fit() 方法来拟合数组 X、y，并且将线性模型的回归系数存储在其成员变量 coef_ 属性中。

实例 10.1

智能预测房价

👁 **实例位置：资源包 \Code\10\01**

智能预测房价，假设某地房屋面积和价格关系如图 10.2 所示。下面使用 LinearRegression() 函数预测面积为 170m^2 的房屋的单价。

面积	价格
56	7800
104	9000
156	9200
200	10000
250	11000
300	12000

图 10.2 房屋价格表

程序代码如下。

```
01 from sklearn import linear_model
02 import numpy as np
03 import pandas as pd
04 data=[[56,7800],[104,9000],[156,9200],[200,10000],[250,11000],[300,12000]]
05 columns=['面积','价格']
06 df=pd.DataFrame(data=data,columns=columns)
07 x=pd.DataFrame(df['面积'])
08 y=pd.DataFrame(df['价格'])
09 print(df)
10 clf = linear_model.LinearRegression()
11 clf.fit (x,y)      # 拟合线性模型
12 k=clf.coef_        # 回归系数
13 b=clf.intercept_ # 截距
14 x0=np.array([[170]])
15 print(x0)
16 # 通过给定的 x0 预测 y0，y0= 截距 +X 值 * 回归系数
17 y0=clf.predict(x0)   # 预测值
18 print('回归系数: ',k)
19 print('截距: ',b)
20 print('预测值: ',y0)
```

⟳ **运行程序，输出结果为**

```
回归系数: [[16.32229076]]
截距: [6933.4063421]
预测值: [[9708.19577086]]
```

10.3.2 岭回归

岭回归是在最小二乘法回归基础上，加入了对表示回归系数的 L2 范数约束。岭回归是缩减法的一种，相当于对回归系数的大小施加了限制。岭回归主要使用 linear_model 模块的 Ridge() 函数实现。语法如下。

```
linear_model.Ridge(alpha=1.0,fit_intercept=True,normalize=False,copy_X=True,
max_iter=None,tol=0.001,solver='auto',random_state=None)
```

💬 **参数说明：**

⟳ alpha：权重。

⑩

- fit_intercept：布尔型值，是否需要计算截距，默认值为 True。
- normalize：输入的样本特征归一化，默认值为 False。
- copy_X：复制或者重写。
- max_iter：最大迭代次数。
- tol：浮点型，控制求解的精度。
- solver：求解器，其值包括 auto、svd、cholesky、sparse_cg 和 lsqr，默认值为 auto。

主要属性：

- coef_：数组或形状，表示线性回归分析的回归系数。

主要方法：

- fit(X,y)：拟合线性模型。
- predict(X)：使用线性模型返回预测数据。

Ridge() 函数使用 fit() 方法将线性模型的回归系数存储在其成员变量 coef_ 属性中。

实例 10.2

使用岭回归函数实现智能预测房价

⊙ **实例位置：资源包 \Code\10\02**

使用岭回归函数 Ridge() 实现智能预测房价，程序代码如下。

```
01 from sklearn.linear_model import Ridge
02 import numpy as np
03 import pandas as pd
04 data=[[56,7800],[104,9000],[156,9200],[200,10000],[250,11000],[300,12000]]
05 columns=[' 面积 ',' 价格 ']
06 df=pd.DataFrame(data=data,columns=columns)
07 x=pd.DataFrame(df[' 面积 '])
08 y=pd.DataFrame(df[' 价格 '])
09 clf = Ridge(alpha=1.0)
10 clf.fit(x, y)
11 k=clf.coef_                                        # 回归系数
12 b=clf.intercept_                                   # 截距
13 x0=np.array([[170]])
14 # 通过给定的 x0 预测 y0，y0= 截距 +X 值 * 斜率
15 y0=clf.predict(x0)                                 # 预测值
16 print(' 回归系数: ',k)
17 print(' 截距: ',b)
18 print(' 预测值: ',y0)
```

⊙ 运行程序，输出结果为

```
回归系数: [[16.32189646]]
截距: [6933.47639485]
预测值: [[9708.19879377]]
```

10.4 支持向量机

支持向量机（SVMs）可用于监督学习算法，主要包括分类、回归和异常检测。支持向量分类的方法可以被扩展用作解决回归问题，这个方法被称作支持向量回归。

本节介绍支持向量回归函数——LinearSVR() 函数。LinearSVR() 函数是一个支持向量回归的函数，支持向量回归不仅适用于线性模型，还可以用于对数据和特征之间的非线性关系的研究。语法如下。

```
sklearn.svm.LinearSVR (epsilon = 0.0, tol = 0.0001, C = 1.0, loss ='epsilon_insensitive', fit_intercept = True,
intercept_scaling = 1.0, dual = True, verbose = 0, random_state = None, max_iter = 1000 )
```

参数说明：

- epsilon：float 类型值，默认值为 0.1。
- tol：float 类型值，终止迭代的标准值，默认值为 0.0001。
- C：float 类型值，罚项参数，该参数越大，使用的正则化越少，默认值为 1.0。
- loss：string 类型值，损失函数，该参数有以下两种选项。
- epsilon_insensitive：损失函数为 $L\varepsilon$（标准 SVR）。
- squared_epsilon_insensitive：损失函数为 L_ε^2，默认值为 epsilon_insensitive。
- fit_intercept：boolean 类型值，是否计算此模型的截距。如果设置为 False，则不会在计算中使用截距（数据预计已经居中）。默认值为 True。
- intercept_scaling：float 类型值，当 fit_intercept 为 True 时，实例 x 变为向量 [x, self.intercept_scaling]。此时相当于添加了一个人工特征，该特征将对所有实例都是常数值。此时截距变成 intercept_scaling* 人工特征的权重 u。此时人工特征也参与了罚项的计算。
- dual：boolean 类型值，选择算法以解决对偶或原始优化问题。设置为 True 时，将解决对偶问题；设置为 False 时，解决原始问题。默认值为 True。
- verbose：int 类型值，是否开启 verbose 输出，默认值为 True。
- random_state：int 类型值，随机数生成器的种子，用于在清洗数据时使用。
- max_iter：int 类型值，要运行的最大迭代次数，默认值为 1000。
- coef_：赋予特征的权重，返回 array 数据类型。
- intercept_：决策函数中的常量，返回 array 数据类型。

实例 10.3

"波士顿房价" 预测

◉ **实例位置：资源包 \Code\10\03**

通过 Scikit-Learn 自带的数据集 "波士顿房价"，实现房价预测，程序代码如下。

```
01 from sklearn.svm import LinearSVR                           # 导入线性回归类
02 from sklearn.datasets import load_boston                    # 导入加载波士顿数据集
03 from pandas import DataFrame                                # 导入 DataFrame
04 boston = load_boston()                                      # 创建加载波士顿数据对象
05 # 将波士顿房价数据创建为 DataFrame 对象
06 df = DataFrame(boston.data, columns=boston.feature_names)
07 df.insert(0,'target',boston.target)                         # 将价格添加至 DataFrame 对象中
08 data_mean = df.mean()                                       # 获取平均值
09 data_std = df.std()                                         # 获取标准偏差
10 data_train = (df - data_mean) / data_std                    # 数据标准化
11 x_train = data_train[boston.feature_names].values           # 特征数据
12 y_train = data_train['target'].values                       # 目标数据
13 linearsvr = LinearSVR(C=0.1)                                # 创建 LinearSVR() 对象
14 linearsvr.fit(x_train, y_train)                             # 训练模型
15 # 预测，并还原结果
16 x=((df[boston.feature_names]-data_mean[boston.feature_names])/data_std[boston.feature_names]).values
17 # 添加预测房价的信息列
18 df[u'y_pred'] = linearsvr.predict(x) * data_std['target'] + data_mean['target']
19 print(df[['target', 'y_pred']].head())                      # 输出真实价格与预测价格
```

10

⚙ 运行程序，输出结果为

```
   target      y_pred
0    24.0   28.414753
1    21.6   23.858352
2    34.7   29.933633
3    33.4   28.311133
4    36.2   28.126484
```

10.5 聚类

10.5.1 什么是聚类

聚类类似于分类，不同的是聚类所要求划分的类是未知的，也就是说不知道应该属于哪类，而是通过一定的算法自动分类。在实际应用中，聚类是一个对在某些方面相似的数据进行分类组织的过程（简单地说就是将相似数据聚在一起），如图 10.3 和 10.4 所示。

图 10.3　聚类前

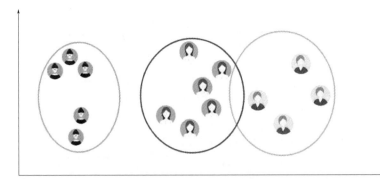

图 10.4　聚类后

聚类的主要应用领域如下。

⮂ 商业：聚类分析被用来发现不同的客户群，并且通过购买模式刻画不同客户群的特征。

⮂ 生物：聚类分析被用来对动植物分类和对基因进行分类，获取对种群固有结构的认识。

⮂ 保险行业：聚类分析通过一个高的平均消费来鉴定汽车保险单持有者的分组。

⮂ 因特网：聚类分析被用来在网上进行文档归类。

⮂ 电子商务：聚类分析在电子商务中的网站建设数据挖掘中也是一个很重要的方面，通过分组聚类出具有相似浏览行为的客户，并分析客户的共同特征，可以更好地帮助电商了解自己的客户，向客户提供更合适的服务。

10.5.2 聚类算法

K-means 算法是一种聚类算法，它是一种无监督学习算法，目的是将相似的对象归到同一个簇中。簇内的对象越相似，聚类的效果就越好。

传统的聚类算法包括划分方法、层次方法、基于密度方法、基于网格方法和基于模型方法。本小节主要介绍 K-means 聚类算法，它是划分方法中较典型的一种。下面介绍什么是 K-means 聚类及相关算法。

1. K-means 聚类

K-means 聚类也称 K 均值聚类，是著名的划分聚类的算法，简洁和高效使得它成为所有聚类算法中应用最为广泛的一种。K-means 聚类是给定一个数据点集合和需要的聚类数目 k，k 由用户指定，K-means 聚类算法根据某个距离函数反复把数据分入 k 个聚类中。

2. 算法

随机选取 k 个点作为初始质心（质心即簇中所有点的中心），然后将数据集中的每个点分配到一个簇中。具体来说，为每个点找距其最近的质心，并将其分配给该质心所对应的簇。这一步完成之后，每个簇的质心更新为该簇所有点的平均值。这个过程将不断重复直到满足某个终止条件。终止条件可以是以下任何一个。

① 没有（或最小数目）对象被重新分配给不同的聚类。

② 没有（或最小数目）聚类中心再发生变化。

③ 误差平方和局部最小。

伪代码如下。

```
01    创建 k 个点作为起始质心，可以随机选择（位于数据边界内）
02    当任意一个点的簇分配结果发生改变时（初始化为 True）
03        对数据集中的每个数据点，重新分配质心
04            对每个质心
05                计算质心与数据点之间的距离
06                将数据点分配到距其最近的簇
07            对每一个簇，计算簇中所有点的均值并将均值作为新的质心
```

在 Python 中应用 K-means 聚类算法无须手动编写代码，因为 Python 第三方模块 Scikit-Learn 已经写好了，并且在性能和稳定性上比自己写的好得多，只需在程序中调用即可。

10.5.3 聚类模块

Scikit-Learn 的 cluster 模块用于聚类分析，该模块提供了很多聚类算法，下面主要介绍 KMeans() 方法，该方法通过 K-means 聚类算法实现聚类分析。

首先导入 sklearn.cluster 模块的 KMeans() 方法，程序代码如下。

```
from sklearn.cluster import KMeans
```

接下来，在程序中就可以使用 KMeans() 方法了。KMeans 方法的语法如下。

```
KMeans(n_clusters=8,init='k-means++',n_init=10,max_iter=300,tol=1e-4,precompute_distances='auto',verbose=0,random_state=None,copy_x=True,n_jobs=None,algorithm='auto')
```

💬 **参数说明：**

♻ n_clusters：整型，默认值为 8，是生成的聚类数，即产生的质心（centroids）数。

♻ init：参数值为 k-means++、random 或者传递一个数组向量。默认值为 k-means++。

     ↻ k-means++：用一种特殊的方法选定初始质心，从而加速迭代过程的收敛。

     ↻ random：随机从训练数据中选取初始质心。如果传递数组类型，则应该是 shape(n_clusters, n_features) 的形式，并给出初始质心。

↻ n_init：整型，默认值为 10，用不同的质心初始化值运行算法的次数。

↻ max_iter：整型，默认值为 300，每执行一次 K-means 算法的最大迭代次数。

↻ tol：浮点型，默认值为 1e-4（科学记数法，即 $1×10^{-4}$ 次方），控制求解的精度。

↻ precompute_distances：参数值为 auto、True 或者 False。用于预先计算距离，计算速度更快但占用更多内存。

     ↻ auto：如果样本数乘以聚类数大于 12e6（科学记数，$12×10^6$），则不预先计算距离。

     ↻ True：总是预先计算距离。

     ↻ False：永远不预先计算距离。

↻ verbose：整型，默认值为 0，冗长的模式。

↻ random_state：整型或随机数组类型。用于初始化质心的生成器（generator）。如果值为一个整数，则确定一个种子（seed）。默认值为 NumPy 的随机数生成器。

↻ copy_x：布尔型，默认值为 True。如果值为 True，则原始数据不会被改变；如果值为 False，则会直接在原始数据上做修改并在函数返回值时将其还原。但是在计算过程中，由于有对数据均值的加、减运算，所以数据返回后，原始数据同计算前数据可能会有细小差别。

↻ n_jobs：整型，指定计算所用的进程数。如果值为 -1，则用所有的 CPU 进行运算；如果值为 1，则不进行并行运算，这样方便调试；如果值小于 -1，则用到的 CPU 数为（n_cpus + 1 + n_jobs）。例如，若 n_jobs=-2，则用到的 CPU 数为总 CPU 数减 1。

↻ algorithm：表示 K-means 算法法则，参数值为 auto、full 或 elkan，默认值为 auto。

主要属性：

↻ cluster_centers_：返回数组，表示分类簇的均值向量。

↻ labels_：返回数组，表示每个样本数据所属的类别标记。

↻ inertia_：返回数组，表示每个样本数据距离它们各自最近簇的中心之和。

主要方法：

↻ fit(X[,y])：计算 K-means 聚类。

↻ fit_predict(X[,y])：计算簇质心并给每个样本数据预测类别。

↻ predict(X)：给每个样本估计最接近的簇。

↻ score(X[,y])：计算聚类误差。

实例 10.4

👁 **实例位置：资源包 \Code\10\04**

对一组数据进行聚类

对一组数据进行聚类，程序代码如下。

```python
01  import numpy as np
02  from sklearn.cluster import KMeans
03  X=np.array([[1,10],[1,11],[1,12],[3,20],[3,23],[3,21],[3,25]])
04  kmodel = KMeans(n_clusters = 2)          # 调用 KMeans() 方法实现聚类（两类）
05  y_pred=kmodel.fit_predict(X)             # 预测类别
06  print(' 预测类别: ',y_pred)
07  print(' 聚类中心坐标值: ','\n',kmodel.cluster_centers_)
08  print(' 类别标记: ',kmodel.labels_)
```

⚙ **运行程序，输出结果为**

```
预测类别: [1 1 1 0 0 0 0]
分类簇的均值向量:
[[ 3.   22.25]
 [ 1.   11.  ]]
类别标记: [1 1 1 0 0 0 0]
```

10.5.4 聚类数据生成器

上一小节中的实例 10.4 是一个简单的聚类示例，但是聚类效果并不明显。本小节生成了专门的聚类算法的测试数据，可以更好地诠释聚类算法，展示聚类效果。

Scikit-Learn 的 make_blobs() 方法用于生成聚类算法的测试数据，直观地说，make_blobs() 方法可以根据用户指定的特征数量、中心点数量、范围等生成几类数据，这些数据可用于测试聚类算法的效果。

make_blobs() 方法的语法如下。

```
sklearn.datasets.make_blobs(n_samples=100,n_features=2,centers=3,cluster_std=1.0,center_box=(-10.0,10.0),shuffle=True,random_state=None)
```

💬 **参数说明：**

- ↻ n_samples：待生成的样本的总数。
- ↻ n_features：每个样本的特征数。
- ↻ centers：类别数。
- ↻ cluster_std：每个类别的方差。例如，生成两类数据，其中一类比另一类具有更大的方差，可以将 cluster_std 设置为 [1.0,3.0]。

 **实例 10.5**

生成用于聚类的测试数据

👁 **实例位置：资源包 \Code\10\05**

生成用于聚类的测试数据（500 个样本，每个样本有 2 个特征），程序代码如下。

```
01 from sklearn.datasets import make_blobs
02 from matplotlib import pyplot
03 x,y = make_blobs(n_samples=500, n_features=2, centers=3)
```

接下来，通过 KMeans() 方法对测试数据进行聚类，程序代码如下。

```
01 from sklearn.cluster import KMeans
02 y_pred = KMeans(n_clusters=4, random_state=9).fit_predict(x)
03 plt.scatter(x[:, 0], x[:, 1], c=y_pred)
04 plt.show()
```

运行程序，效果如图 10.5 所示。

从图 10.5 可以得知，相似的数据聚在一起，分成了 4 堆，也就是 4 类，并以不同的颜色显示，看上去清晰、直观。

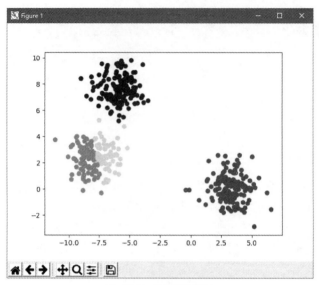

图 10.5 聚类散点图

10.6 综合案例——预测考试成绩

考试成绩与很多因素有关，如学习时间、刷题量、听课质量等。假设考试成绩只与学习时间有关，那么，下面的案例就通过学习时间来预测考试成绩。

例如，一周学习 6 个小时，预测周测成绩。首先创建数据集，然后绘制散点图观察数据、查看数据的相关性，最后使用线性回归模型 linear_model.LinearRegression() 预测考试成绩。程序代码如下。

```
01 import pandas as pd
02 import numpy as np
03 import matplotlib.pyplot as plt
04 from sklearn import linear_model
05 # 创建数据集
06 df=pd.DataFrame({
07     '学习时间':[2.5,3,3.5,3.5,4,4,4.5,5,5.5,5,6,6,6.5,7,7.5,8,8.5,9,9.5,10],
08     '周测成绩':[62,68,65,70,72,73,81,76,82,90,93,95,100,105,102,110,115,110,118,120]})
09 print(df.head)
10 # 抽取数据
11 x=pd.DataFrame(df['学习时间'])
12 y=pd.DataFrame(df['周测成绩'])
13 plt.rcParams['font.sans-serif']=['SimHei']        # 解决中文乱码
14 # 绘制散点图观察数据
15 plt.scatter(x,y,color="b")
16 plt.xlabel("学习时间（小时）")
17 plt.ylabel("周测成绩")
18 plt.show()
19 # 相关系数矩阵
20 rDf=df.corr()
21 print(rDf)
22 clf = linear_model.LinearRegression()
23 clf.fit (x,y)        # 拟合线性模型
24 x0=np.array([[6]])
25 # 通过给定的 x0 预测 y0，y0= 截距 +X 值 * 回归系数
26 y0=clf.predict(x0)  # 预测值
27 print('预测值：',y0)
```

运行程序，效果如图 10.6 和图 10.7 所示。

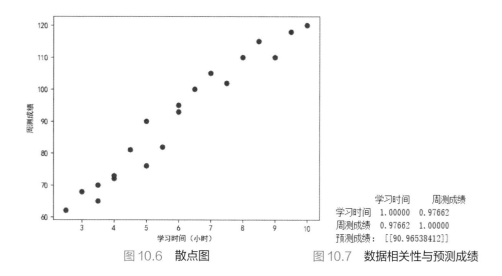

图 10.6　散点图

	学习时间	周测成绩
学习时间	1.00000	0.97662
周测成绩	0.97662	1.00000

预测成绩：[[90.96538412]]

图 10.7　数据相关性与预测成绩

10.7　实战练习

　　根据综合案例的设计方法，预测员工实际加薪幅度。根据以往员工要求加薪的幅度和实际加薪的幅度，预测假设员工要求加薪 30%，那么，实际加薪幅度是多少？数据集如表 10.1 所示。

表 10.1　**数据集**

要求加薪	15	10	3	8	4	14	25	5	5	6	11	7	8	8	9	16
实际加薪	10	8	4	7	6	12	22	7	7	4	9	5	8	6	9	20

▼ 小结

　　通过本章的学习，能够了解机器学习 Scikit-Learn 模块，该模块包含大量的算法模型。本章仅介绍了几个常用模型并结合实例、综合案例和实战练习，力求使读者能够轻松上手，快速理解相关模型的用法，并为后期学习数据分析与预测项目打下良好的基础。

▥扫码领取

· 教学视频
· 配套源码
· 实战练习答案
· ……

Python

数据分析技术手册

基础 · 实战 · 强化

实战篇

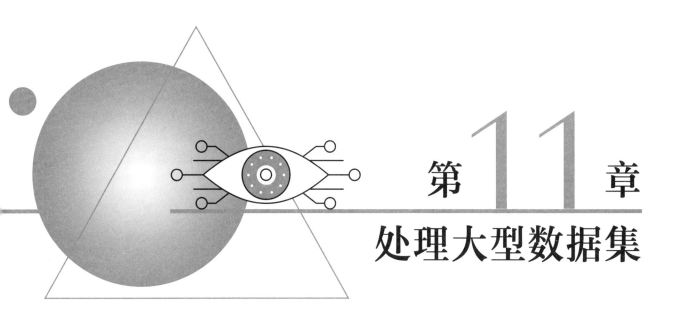

第11章

处理大型数据集

大型数据集是指上 GB 或数百 GB 乃至数 TB 的数据。针对这种大型数据集，如果直接打开或者通过 Pandas 直接读取，可能会造成运行失败或者直接导致系统瘫痪。本章案例将使用 Pandas 实现对大型数据集进行分批读取。

11.1　概述

在数据分析过程中，有时候接触的数据集会非常大。例如，打算在 Kaggle（Kaggle 是一个数据建模和数据分析竞赛平台）竞赛平台上寻找一些数据集来练习，但是发现部分数据集是几 GB 甚至几十 GB 的，如图 11.1 所示。

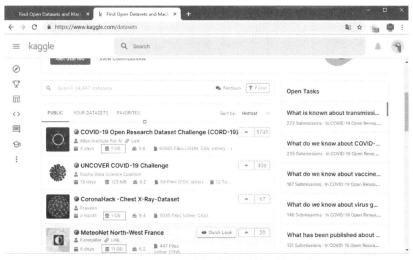

图 11.1　Kaggle 数据建模与数据分析平台

同时，在数据处理过程中，往往会因为没有足够的内存而导致数据处理过慢，即便是计算机有足够的内存，但是读取数据到硬盘依旧非常耗时。此时，有人可能想到了 Hadoop，但实际上只有数据达到 5TB 以上的规模，Hadoop 才是一个合理的选择。

此时，可以使用 Pandas 解决这个问题，它可以将数据分成若干个小块，然后分块读取，这样就减轻了计算机的压力，加快了数据处理的速度。

本案例通过处理一个包含 2000000 行数据的 CSV 文件，详细讲解如何利用 Pandas 处理大型数据集。

11.2　案例效果预览

处理大型数据集，分块读取后的运行效果如图 11.2 和图 11.3 所示。由于数据量非常大且篇幅有限，这里仅展示部分数据。

```
<class 'pandas.core.frame.DataFrame'>
RangeIndex: 100000 entries, 0 to 99999
Data columns (total 4 columns):
 #   Column         Non-Null Count    Dtype
---  ------         --------------    -----
 0   Name           100000 non-null   object
 1   Path           100000 non-null   object
 2   Size           0 non-null        object
 3   Date Modified  39 non-null       object
dtypes: object(4)
memory usage: 3.1+ MB
None
                                     Name                                                                      Path Size   Date Modified
0      "春晚"节目评比短信息互动平台  I:\2009年-图书光盘内容\程序开发范例宝典（第2版）\C#程序开发范例宝典（第2版）\...   NaN  2013-11-27 11:25:44
1      "春晚"节目评比短信息互动平台  I:\2009年-图书光盘内容\程序开发范例宝典（第2版）\SQL Server程序开发范例...   NaN  2013-11-27 11:21:33
2      "春晚"节目评比短信息互动平台  I:\2012年-图书光盘内容\程序开发范例宝典（第3版）2012\C#程序开发范例宝典（第...   NaN  2013-11-27 09:40:50
3      "春晚"节目评比短信息互动平台  I:\2015-图书光盘内容\新版程序开发范例宝典（2015）\C#程序开发范例宝典\min...   NaN  2013-11-28 09:21:32
4      "春晚"节目评比短信息互动平台  L:\2009年-图书光盘内容\程序开发范例宝典（第2版）\C#程序开发范例宝典（第2版）\...   NaN  2016-07-28 12:24:37
...                                   ...                                                                       ...   ...            ...
99995         1012100200030002.files  H:\2012-学习线路图资源\PHP学习线路图资源\PHP典型模块精解 资源\mr\12\...   NaN            NaN
99996         1012100200030002.files  H:\2016-图书光盘内容\开发实例大全\基础卷\PHP\MR\10\492-495\fi...   NaN            NaN
99997         1012100200030002.files  I:\2010年-图书光盘内容\视频学(2010)\视频学C#\《编程词典》体验版\BCCD...   NaN            NaN
99998         1012100200030002.files  I:\2010年-图书光盘内容\视频学(2010)\视频学C语言\《编程词典》体验版\BCC...   NaN            NaN
99999         1012100200030002.files  I:\2010年-图书光盘内容\视频学(2010)\视频学Visual Basic\《编程词...   NaN            NaN

[100000 rows x 4 columns]
```

图 11.2　处理大型数据集（第一块 10 万行数据）

```
<class 'pandas.core.frame.DataFrame'>
RangeIndex: 9682 entries, 2300000 to 2309681
Data columns (total 4 columns):
 #   Column         Non-Null Count   Dtype
---  ------         --------------   -----
 0   Name           9682 non-null    object
 1   Path           9682 non-null    object
 2   Size           0 non-null       object
 3   Date Modified  0 non-null       object
dtypes: object(4)
memory usage: 302.7+ KB
None
                                Name                                                   Path Size Date Modified
2300000                          zzk  E:\Java 编程词典（个人版）\jcbase\4961231212\例002  限制可输...  NaN           NaN
2300001                          zzk  E:\Java 编程词典（个人版）\jcbase\4961231212\例002  限制可输...  NaN           NaN
2300002                          zzk  E:\Java 编程词典（个人版）\jcbase\4961436111\例029  有多列行...  NaN           NaN
2300003                          zzk  E:\Java 编程词典（个人版）\jcbase\4961436111\例029  有多列行...  NaN           NaN
2300004                          zzk  E:\Java 编程词典（个人版）\jcbase\4961845212\例022  表格列的...  NaN           NaN
...                              ...                                                    ...  ...           ...
2309677          例003 用ATL编写Windows服务              E:\VC 编程词典（个人版）\maslab\4363376117  NaN           NaN
2309678  例003 用CAnimateCtrl控件来播放AVI文件              E:\VC 编程词典（个人版）\maslab\4461616419  NaN           NaN
2309679      例003 用JavaScript控制flash          E:\Java Web 编程词典（个人版）\lajend\4878843915  NaN           NaN
2309680          例003 用JSP操作XML实现留言板            E:\Java 编程词典（个人版）\jcbase\4665578819  NaN           NaN
2309681          例003 用JSP操作XML实现留言板            E:\Java 编程词典（个人版）\jcbase\4968489513  NaN           NaN

[9682 rows x 4 columns]
```

图 11.3　处理大型数据集（最后一块 10 万行数据）

11.3 案例准备

本章案例的运行环境及所需模块具体如下。

- 操作系统：Windows 10。
- Python 版本：Python 3.9。
- 开发工具：PyCharm。
- 第三方模块：pandas（1.2.4）、openpyxl（3.0.7）、xlrd（2.0.1）、xlwt（1.3.0）。

11.4 业务流程

Python 处理大型数据集，采用的是分块读取数据的方法，基本实现过程如下。

① 读取一块数据。

② 查看与处理数据。

③ 保存该块数据。

④ 重复步骤①～步骤③，直到所有数据处理完毕。

具体业务流程如图 11.4 所示。

开始
数据准备
数据是否读取完毕
是
结束
否
读取一块数据
查看与处理数据
保存数据

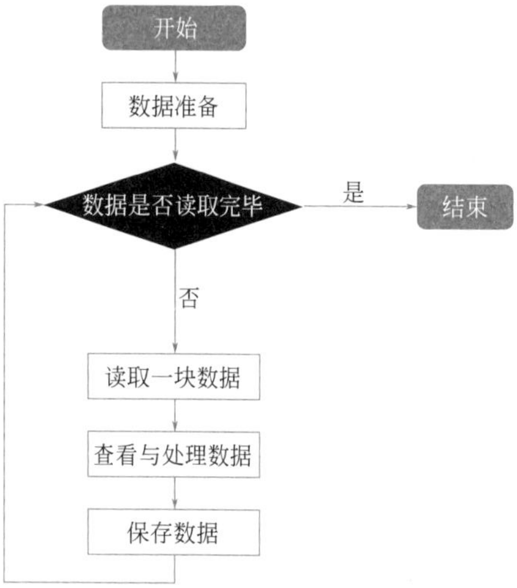

图 11.4　业务流程图

11.5 实现过程

11.5.1 数据准备

首先从数据库中导出 CSV 文件，大约 2GB，如图 11.5 所示，解压后将“全盘文件索引 .csv”文件拷贝到程序所在的路径下。

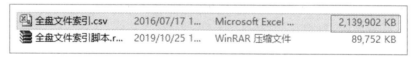

全盘文件索引.csv
2016/07/17 1...
Microsoft Excel ...
2,139,902 KB
全盘文件索引脚本.r...
2019/10/25 1...
WinRAR 压缩文件
89,752 KB

图 11.5　大型 CSV 文件

11.5.2 数据分块

使用 Pandas 的 read_csv() 读取“全盘文件索引 .csv”时，由于文件太大程序出现了错误，如图 11.6 所示。

当遇到 CSV 文件过大，导致内存不足的问题时，可以将整个文件拆分成小块，这里，我们把拆分的小块称为 chunk。一个 chunk 就是数据中的一部分数据，chunk 的大小主要依据内存的大小，由用户自行决定。

下面通过 read_csv() 方法的 chunksize 参数将整个文件拆分成小块，进行分块读取。chunksize 参数是指 Pandas 一次读取到多少行 CSV 文件中的数据。例如，一次读取 10 万行，则设置 chunksize=100000，主要代码如下。

```
df=pd.read_csv('全盘文件索引.csv',chunksize=100000)
```

```
Traceback (most recent call last):
  File "F:\3 PythonBooks\20 Python数据分析\Code\11\demo.py", line 7, in <module>
    df=pd.read_csv('全盘文件索引.csv')
  File "E:\Python\Python 3.9\lib\site-packages\pandas\io\parsers.py", line 610, in read_csv
    return _read(filepath_or_buffer, kwds)
  File "E:\Python\Python 3.9\lib\site-packages\pandas\io\parsers.py", line 468, in _read
    return parser.read(nrows)
  File "E:\Python\Python 3.9\lib\site-packages\pandas\io\parsers.py", line 1057, in read
    index, columns, col_dict = self._engine.read(nrows)
  File "E:\Python\Python 3.9\lib\site-packages\pandas\io\parsers.py", line 2061, in read
    data = self._reader.read(nrows)
  File "pandas\_libs\parsers.pyx", line 756, in pandas._libs.parsers.TextReader.read
  File "pandas\_libs\parsers.pyx", line 771, in pandas._libs.parsers.TextReader._read_low_memory
  File "pandas\_libs\parsers.pyx", line 827, in pandas._libs.parsers.TextReader._read_rows
  File "pandas\_libs\parsers.pyx", line 814, in pandas._libs.parsers.TextReader._tokenize_rows
  File "pandas\_libs\parsers.pyx", line 1951, in pandas._libs.parsers.raise_parser_error
pandas.errors.ParserError: Error tokenizing data. C error: Expected 4 fields in line 8126494, saw 7
```

图 11.6　错误提示

11.5.3　查看与处理数据

分块读取后，对数据分析也需要一块一块地进行。首先使用 info() 方法查看数据，了解每块数据的情况，主要代码如下。

```
01 # 使用 read_csv() 方法读取 CSV 文件，设置块大小参数 chunksize
02 df=pd.read_csv(' 全盘文件索引 .csv',chunksize=100000)
03 # 遍历 DataFrame 数据，分块读取（每 10 万行数据读取一次）
04 for chunk in df:
05     print(chunk.info())
```

运行程序，部分输出结果如图 11.7 所示。

```
"E:\Python\Python 3.9\python.exe" "F:/3 PythonBooks/20 Python数据分析/Code/11/demo.py"
sys:1: DtypeWarning: Columns (3) have mixed types.Specify dtype option on import or set low_memory=False.
<class 'pandas.core.frame.DataFrame'>
RangeIndex: 1000000 entries, 0 to 999999
Data columns (total 4 columns):
 #   Column         Non-Null Count      Dtype
---  ------         --------------      -----
 0   Name           1000000 non-null    object
 1   Path           1000000 non-null    object
 2   Size           0 non-null          float64
 3   Date Modified  80 non-null         object
dtypes: float64(1), object(3)
memory usage: 30.5+ MB
None
<class 'pandas.core.frame.DataFrame'>
RangeIndex: 1000000 entries, 1000000 to 1999999
Data columns (total 4 columns):
 #   Column         Non-Null Count      Dtype
---  ------         --------------      -----
 0   Name           1000000 non-null    object
 1   Path           999993 non-null     object
 2   Size           0 non-null          float64
 3   Date Modified  122 non-null        object
dtypes: float64(1), object(3)
memory usage: 30.5+ MB
None
```

图 11.7　查看数据

这里出现一个关于数据类型的警告信息 "sys:1: DtypeWarning: Columns (3) have mixed types.Specify dtype option on import or set low_memory=False."。意思是 "数据是混合类型，建议在导入数据时指定数

据类型或者设置参数 low_memory=False"。

那么，为什么会出现这种情况呢？

由于 Pandas 读取 CSV 文件时，是分块读取的，并且 Pandas 对于数据类型是通过数据进行判断得出的，读取一块数据就对数据类型判断一次，这样就有可能导致在读取不同块时对同一列的数据类型的判断结果不一致，从而产生这个警告信息。

下面给出两种解决方法。

方法一：设置参数 low_memory=False

参数 low_memory=False，主要代码如下。

```
df=pd.read_csv(' 全盘文件索引 .csv',chunksize=100000,low_memory=False)
```

设置该参数后，Pandas 会一次性读取完 CSV 文件中的所有数据，然后对每一列的数据类型进行判断。这样就不会导致同一列出现不同的数据类型了，但这种方法也有弊端，如果 CSV 文件过大就会出现内存溢出。

方法二：指明每列的数据类型

使用 read_csv() 方法读取 CSV 文件时，设置 dtype 参数，指定每列的数据类型，主要代码如下。

```
df=pd.read_csv(' 全盘文件索引 .csv',chunksize=100000,
               dtype={'Name': str, 'Path': str,'Size': str, 'Date Modified': str}
               )
```

经过上述处理后，问题解决了，接下来就可以对分块数据进行处理和分析了。

11.5.4　保存分块数据

数据处理后，可以使用 DataFrame 对象的 to_csv() 方法将每一块数据保存为一个新的 CSV 文件。这里需要说明的是文件名的问题，由于是自动保存多个文件，因此程序通过序号来标记每一块数据，即使用序号作为文件名。例如，定义一个整型变量 count，初始值为 0，每读取一块数据，count 就加 1，主要代码如下。

```
01 count = 0
02 # 遍历 DataFrame 数据，分块读取（每 10 万行数据读取一次）
03 for chunk in df:
04     # ……此处代码省略
05     count = count + 1  # 文件计数
06     chunk.to_csv('./ 文件 /' + str(count) + '.csv',encoding='gbk',index=False)
```

11.5.5　合并分块数据

在数据量较小的情况下，除了对分块处理后的数据进行保存外，还可以进行合并，主要使用 Pandas 的 concat() 函数。首先创建一个空列表，将每一块数据都保存在列表中，然后使用 concat() 函数将列表中的数据合并，最后保存为一个 CSV 文件。主要程序代码如下。

```
01 df_list=[]
02 for chunk in df:
03     df_list.append(chunk)
04     df1 = pd.concat(df_list, ignore_index=True)
05     df1.to_csv(' 全盘文件索引 处理后 .csv', encoding='gbk', index=False)
```

11.6　关键技术

对于大型数据集的读取，推荐使用以下 4 种方法。

(1) 限定读取的列数

在一个 CSV 文件中往往存在很多列数据，但并不是所有的列都是用户需要的，此时如果将所有的列都读取出来，无疑会减慢数据读取速度。因此在读取数据的时候，通过 Pandas 的 read_csv() 方法的 usecols 参数指定需要读取的列，以提高读取效率。例如，仅读取"图书名称"列和"销量"列，代码如下。

```
01 df=pd.read_csv('mrbook.csv',encoding = 'gbk',usecols=[' 图书名称 ',' 销量 '])
```

(2) 限定读取的行数

通过限定读取的行数来控制一次性读取数据的大小，主要使用 read_csv() 方法的 nrows 参数，该参数用于设置读取的行数。例如，仅读取前 1000 行数据，代码如下。

```
02 df = pd.read_csv('mrbook.csv',encoding = 'gbk',nrows=1000,usecols=[' 图书名称 ',' 销量 '])
```

(3) 分块读取数据

分块读取数据是本案例的重点。read_csv() 方法有一个非常实用的参数——chunksize 参数，利用该参数可以指定一个块的大小（每次读取多少行），返回一个可迭代的 TextFileReader 对象。例如，分块（每 100 万行读取一次）读取一个 2GB 的 CSV 文件，代码如下。

```
03 df=pd.read_csv(' 全盘文件索引 .csv',chunksize=1000000)
04 for chunk in df:
05     print(chunk)
```

(4) 先读取头部数据和尾部数据

当刚刚得到一个很大的 CSV 文件时，迫切想了解数据的情况，此时推荐使用 DataFrame 对象的 head() 方法和 tail() 方法，先查看前 5 行数据和最后 5 行数据。例如：

```
06 df.head()
07 df.tail()
```

📋 **说明**

head() 方法和 tail() 方法默认查看 5 行数据，如果想查看更多的数据可以指定行数，如 head(20)，用于查看前 20 行数据。

� **小结**

本章重点讲述了如何利用 Pandas 处理大型数据集及用 Pandas 处理大数据的优势，同时案例结合前面所学的知识点，对 read_csv() 方法进行了复习，对数据查看、数据保存和数据合并等知识点也进行了回顾。通过案例不仅能够了解 Python 在办公自动化方面的应用，而且还能够解决 Excel 无法处理大数据的问题。

📱扫码领取

· 教学视频
· 配套源码
· 实战练习答案
· ……

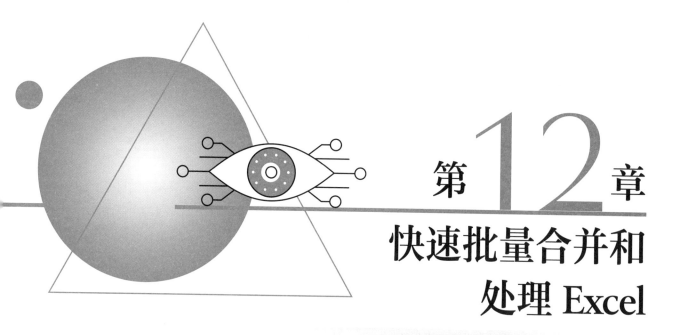

第12章 快速批量合并和处理 Excel

日常工作中经常会处理 Excel 文件，如将多个 Excel 合并为一个 Excel，将多个 Excel 中的指定列合并到一个 Excel 中，合并指定的 Excel 到一个 Excel 的多个 Sheet 中。在文件非常多的情况下，通过 Excel 的常规操作处理起来非常麻烦，此时通过 Python 可以快速批量地完成。那么，本章就介绍如何使用 Python 快速批量合并和处理 Excel。

12.1 概述

日常工作中经常会处理一些 Excel 表格，当有大量的 Excel 表格需要处理时，Python 是一个非常出色的助手。本案例将通过 Python 实现快速批量合并和处理 Excel，主要包括将多个 Excel 合并为一个 Excel，合并指定的 Excel 的指定列到一个 Excel，合并指定的 Excel 到一个 Excel 的多个 Sheet，批量合并文件夹中所有的 Excel 到一个 Excel 的多个 Sheet。

12.2 案例效果预览

将多个 Excel 合并为一个 Excel，如图 12.1、图 12.2 和图 12.3 所示。

合并指定的 Excel 的指定列到一个 Excel，如图 12.4 和图 12.5 所示。

经营状况-商品明细月报-202001-全部-全部-汇总.xlsx
经营状况-商品明细月报-202002-全部-全部-汇总.xlsx
经营状况-商品明细月报-202003-全部-全部-汇总.xlsx
经营状况-商品明细月报-202004-全部-全部-汇总.xlsx
经营状况-商品明细月报-202005-全部-全部-汇总.xlsx
经营状况-商品明细月报-202006-全部-全部-汇总.xlsx

data
data1.xlsx

图 12.1　合并前　　　　　　　　　　　图 12.2　合并后

```
          时间                                      商品名称  ...   成交码洋   加购人数
0       202001           零基础学Python（全彩版）Python3.8 全新升级  ...  283768.8   7745
1       202001  Python从入门到项目实践（全彩版）PyCharm详解，热门游戏、爬虫、数据分析、web和...  ...  143412.6   2531
2       202001       Python项目开发案例集锦（全彩版）赠e学版电子书、源码、项目配置说明书  ...  152576.0   1547
3       202001    零基础学C语言（全彩版）赠e学版电子书、电子版魔卡、必刷题 小白实战手册  ...   52559.4   1349
4       202001                          SQL即查即用（全彩版）  ...   27639.0   1103

[5 rows x 16 columns]
          时间                              商品名称       SKU  ...  首次入库时间  成交码洋  加购人数
52      202006             Python编程超级魔卡（全彩版）  12902248  ...  2020-06-29   0.0     4
53      202006           Python速查手册·模块卷（全彩版）  12883426  ...  2020-06-09   0.0     0
54      202006  Python趣味案例编程（全彩版）赠e学版电子书、源码、开发流程图  12870560  ...            NaN   0.0     0
55      202006             Python编程超级魔卡（全彩版）  12902248  ...         NaN   0.0     0
56      202006             Python编程超级魔卡（全彩版）  12902248  ...         NaN   0.0     0
```

图 12.3　合并后输出的前 5 条和后 5 条数据

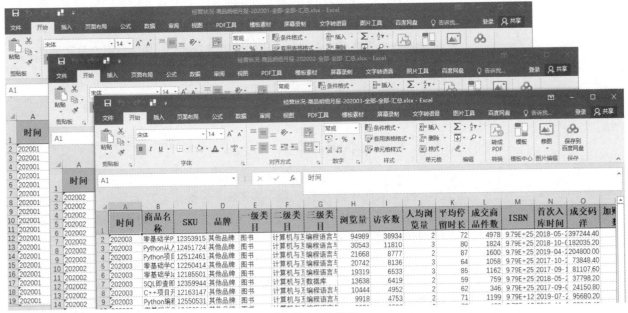

图 12.4　合并前

```
                             商品名称     时间  成交商品件数     时间  成交商品件数     时间  成交商品件数
0          零基础学Python（全彩版）Python3.8 全新升级  202001    3556  202002    3699  202003    4978
1  Python从入门到项目实践（全彩版）PyCharm详解，热门游戏、爬虫、数据分析、web和...  202001    1437  202002    1577  202003    1824
2       Python项目开发案例集锦（全彩版）赠e学版电子书、源码、项目配置说明书......  202001    1192  202002    1240  202003    1600
3     零基础学C语言（全彩版）赠e学版电子书、电子版魔卡、必刷题 小白实战手册......  202001     753  202002     734  202003    1058
4                          SQL即查即用（全彩版）  202001     555  202002     611  202003    1162
```

图 12.5　合并后（前 5 条数据）

合并指定的 Excel 到一个 Excel 的多个 Sheet，如图 12.6 和图 12.7 所示。

批量合并文件夹中所有的 Excel 到一个 Excel 的多个 Sheet，如图 12.8 和图 12.9 所示。

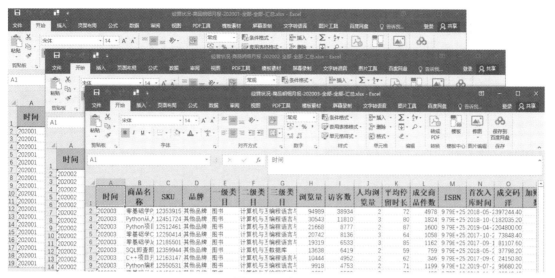

图 12.6　合并前

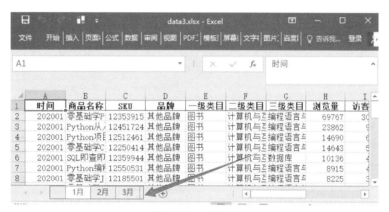

图 12.7　合并后

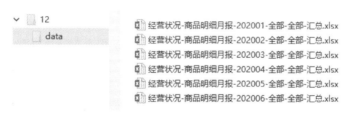

图 12.8　合并前

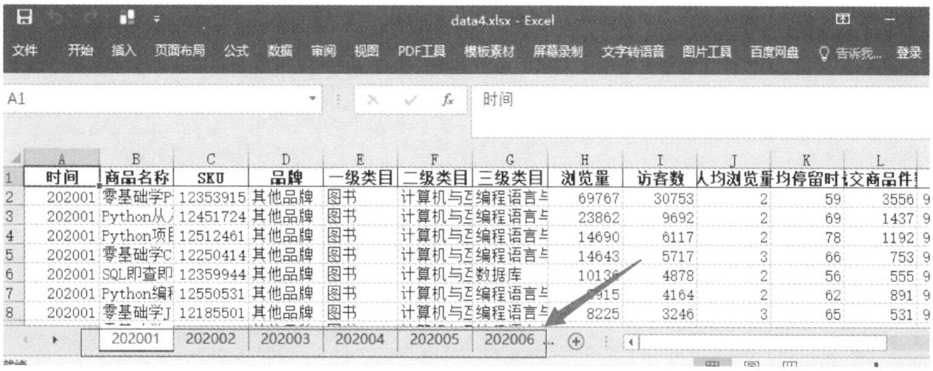

图 12.9　合并后

12.3　案例准备

本章案例的运行环境及所需模块具体如下。

- ♻ 操作系统: Windows 10。
- ♻ Python 版本: Python 3.9。
- ♻ 开发工具: PyCharm。
- ♻ Python 内置模块: os、glob、warnings。
- ♻ 第三方模块: pandas（1.2.4）、openpyxl（3.0.7）、xlrd（2.0.1）、xlwt（1.3.0）。

12.4　业务流程

Python 快速批量合并和处理 Excel 文件, 业务流程如图 12.10 所示。

12.5　实现过程

12.5.1　数据准备

在日常工作中, 经常会处理一些 Excel 报表, 本案例主要介绍 Excel 的多表合并, 为了实现案例效果, 准备了 6 张 Excel 经营状况商品明细月报表, 存放在 data 文件夹下, 如图 12.11 所示。

图 12.10　业务流程图

图 12.11　data 文件夹

12.5.2　将多个 Excel 合并为一个 Excel

在日常数据处理过程中, 经常需要将多个 Excel 合并为一个 Excel。将 data 文件夹下的所有 Excel 合并为一个 Excel, 效果如图 12.1 和图 12.2 所示。合并后输出前 5 条和后 5 条数据观看结果, 如图 12.3 所示。程序代码如下。

 **源码位置**　　　　　　　　　　　　　　　　　　　👁 资源包 \Code\12\demo_1.py

```python
01 import os
02 import pandas as pd
03 #创建一个空列表
04 df_list=[]
05 #遍历 data 文件夹
06 for file in os.listdir('data'):
07     #获取文件路径
08     file_path=os.path.join('data',file)
09     #读取 Excel 文件
10     df=pd.read_excel(file_path)
11     #将 DataFrame 数据增加到列表中
12     df_list.append(df)
13 #使用 concat() 函数合并列表中的数据
14 df1=pd.concat(df_list)
15 #保存为 Excel 文件, 去掉索引
16 df1.to_excel('data1.xlsx',index=False)
```

代码解析：

第 6 行代码：使用了 os.listdir() 函数，该函数用于返回指定的文件夹包含的文件或文件夹的名称的列表。

第 8 行代码：使用了 os.path.join() 函数，该函数用于连接两个或更多的路径名，如果路径名第一个字符前没有 "/"，则函数会自动加上。

注意

在实现该程序的过程中，使用 Pandas 模块操纵 Excel 时，如果您使用的是 Python 3.9，可能会出现如图 12.12 所示的警告信息，但是它不影响程序的运行。如果非要解决这个问题，可以使用 warnings 模块屏蔽掉警告信息。

```
E:\Python\Python 3.9\lib\site-packages\openpyxl\styles\stylesheet.py:221: UserWarning: Workbook contains no default style, apply openpyxl's default
warn("Workbook contains no default style, apply openpyxl's default")
```

图 12.12　警告信息

使用 warnings 模块屏蔽警告信息，主要代码如下。

```
01 # 忽略警告信息
02 with warnings.catch_warnings(record=True):
03     warnings.simplefilter('ignore', ResourceWarning)
04     # 其他代码在此处编写
```

12.5.3　合并指定的 Excel 的指定列到一个 Excel

在数据分析过程中，有些时候需要对数据进行比较、对比分析。例如，对比分析不同月份的销量，但是，可能存在这样的问题：即每个月的销售数据存放在不同的 Excel 中，而且每个 Excel 中都有很多列。这时，可以通过 Pandas 将指定的 Excel 中的指定列的数据合并到一个 Excel 中，以方便对比。

例如，对比分析 1 月、2 月和 3 月的销量，将 data 文件夹下的 "经营状况 - 商品明细月报 -202001- 全部 - 全部 - 汇总 .xlsx"、"经营状况 - 商品明细月报 -202002- 全部 - 全部 - 汇总 .xlsx" 和 "经营状况 - 商品明细月报 -202003- 全部 - 全部 - 汇总 .xlsx"3 个 Excel 文件中的 "时间"、"商品名称" 和 "成交商品件数" 进行合并，效果如图 12.4 和图 12.5 所示。

从图 12.5 中可以看出，经过合并后能够清晰、直观地看到 1 月、2 月和 3 月的销量数据，比较起来非常方便。程序代码如下。

源码位置　　　　　　　　　　　　　　　　　　◉ 资源包 \Code\12\demo_2.py

```
01 import pandas as pd
02 # 设置数据显示的列数和宽度
03 pd.set_option('display.max_columns',500)
04 pd.set_option('display.width',10000)
05 # 解决数据输出时列名不对齐的问题
06 pd.set_option('display.unicode.east_asian_width', True)
07 # 读取指定的 Excel 文件
08 df_1=pd.read_excel('data/ 经营状况 - 商品明细月报 -202001- 全部 - 全部 - 汇总 .xlsx')
09 df_2=pd.read_excel('data/ 经营状况 - 商品明细月报 -202002- 全部 - 全部 - 汇总 .xlsx')
10 df_3=pd.read_excel('data/ 经营状况 - 商品明细月报 -202003- 全部 - 全部 - 汇总 .xlsx')
11 # 抽取 0 列、1 列和 11 列的数据，即 " 时间 "、" 商品名称 " 和 " 成交商品件数 "
12 df_1=df_1.iloc[:,[1,0,11]]
13 df_2=df_2.iloc[:,[0,11]]
14 df_3=df_3.iloc[:,[0,11]]
15 # 将数据按列合并
16 df_new=pd.concat([df_1,df_2,df_3],axis=1)
```

```
17  # 将数据保存为 Excel 文件
18  df_new.to_excel('data2.xlsx',index=False)
19  # 输出前 5 条数据
20  print(df_new.head())
```

代码解析：

第 12 ～ 第 14 行代码：用于抽取指定列的数据，冒号 ":" 表示所有行，多列使用列表，在列表中给出指定的列。这里需要注意的是，在第 12 行代码中，[1，0，11] 中将 1 放在最前面，是为了将 "商品名称" 作为第一列。

第 16 行代码：使用 Pandas 的 concat() 函数将抽取后的数据按列进行合并。

12.5.4　合并指定的 Excel 到一个 Excel 的多个 Sheet

在日常工作中，为了方便管理，可能需要将同一类型的 Excel 文件合并到一个 Excel 文件中的多个 Sheet 中。例如，将 data 文件夹下的 "经营状况 - 商品明细月报 -202001- 全部 - 全部 - 汇总 .xlsx"、"经营状况 - 商品明细月报 -202002- 全部 - 全部 - 汇总 .xlsx" 和 "经营状况 - 商品明细月报 -202003- 全部 - 全部 - 汇总 .xlsx"3 个 Excel 文件中的数据合并到一个 Excel 文件中的 3 个 Sheet 中，并分别命名为 "1 月"、"2 月" 和 "3 月"，效果如图 12.6 和图 12.7 所示。

数据合并后被存放在一个名为 "data3.xlsx" 的 Excel 文件中，其中包括 3 个 Sheet，名为 "1 月"、"2 月" 和 "3 月"，分别是合并前的 3 个 Excel 文件。程序代码如下。

 源码位置　　　　　　　　　　　　　　　　　　　　👁 资源包 \Code\12\demo_3.py

```
01  import pandas as pd
02  import warnings
03  # 忽略警告信息
04  with warnings.catch_warnings(record=True):
05      warnings.simplefilter('ignore', ResourceWarning)
06      # 读取指定的 Excel 文件
07      df_1 = pd.read_excel('data/ 经营状况 - 商品明细月报 -202001- 全部 - 全部 - 汇总 .xlsx')
08      df_2 = pd.read_excel('data/ 经营状况 - 商品明细月报 -202002- 全部 - 全部 - 汇总 .xlsx')
09      df_3 = pd.read_excel('data/ 经营状况 - 商品明细月报 -202003- 全部 - 全部 - 汇总 .xlsx')
10      # 创建 ExcelWriter() 对象，避免覆盖 Sheet
11      work = pd.ExcelWriter('data3.xlsx')   # 创建一个 Excel 文件
12      # 将数据导出到一个 Excel 文件的不同的 Sheet 中
13      df_1.to_excel(work, sheet_name='1 月 ', index=False)
14      df_2.to_excel(work, sheet_name='2 月 ', index=False)
15      df_3.to_excel(work, sheet_name='3 月 ', index=False)
16      # 保存 Excel 文件
17      work.save()
```

代码解析：

第 11 行代码：代码中使用 ExcelWriter() 对象是为了避免覆盖原有的 Sheet，ExcelWriter() 对象可以向同一个 Excel 的不同的 Sheet 中写入数据。

12.5.5　批量合并文件夹中所有的 Excel 到一个 Excel 的多个 Sheet

上一小节实现的是合并指定的 Excel 到一个 Excel 的多个 Sheet 中，下面将要实现的是自动批量地将文件夹下所有的 Excel 合并到一个 Excel 的多个 Sheet 中，并自动命名。例如，将 data 文件夹下所有的 Excel 合并到一个 Excel 的多个 Sheet 中，效果如图 12.8 和图 12.9 所示。

程序代码如下。

源码位置　　　　　　　　　　　　　　　　　　　　◎ 资源包 \Code\12\demo_4.py

```
01 import glob
02 import pandas as pd
03 # 创建 ExcelWriter() 对象，避免覆盖 Sheet
04 writer = pd.ExcelWriter('data4.xlsx')
05 # 返回所有匹配的文件路径的列表
06 files=glob.glob(r'data\*.xlsx')
07 # 遍历文件路径列表
08 for i in files:
09     df=pd.read_excel(i)
10     # 提取文件路径中的文件名
11     fname=i.split('\\')[-1]
12     # 提取日期作为 Sheet 的名称
13     fname=fname.split('-')[2]
14     # 导出为 Excel 文件的不同 Sheet 页，以 fname 命名
15     df.to_excel(writer, sheet_name=fname,index=False)
16 writer.save()
```

代码解析：

第 6 行代码：代码中的 glob 是 Python 自带的一个操作文件的模块，glob.glob 用于返回所有匹配的文件路径列表。它只有一个参数 pathname，用于定义文件路径的匹配规则，可以是绝对路径，也可以是相对路径。使用该模块查找文件，只需用到 "*"、"?" 和 "[]" 三个匹配符。其中，"*" 匹配 0 个或多个字符；"?" 匹配单个字符；"[]" 匹配指定范围内的字符，如 [0-9] 匹配数字。

第 11 行代码：该行代码用于提取文件路径中的文件名，使用 split() 方法切分字符串，将文件名从文件路径中分离出来，以文件路径中的反斜杠 "\" 作为分隔符。需要注意的是，split() 中的参数必须是两个反斜杠 "\\"，不能是一个反斜杠 "\"，否则会出现错误，无法识别。[-1] 是切片的反向索引，表示反向索引从 -1 开始，也就是从右开始依次递减。

第 15 行代码：使用 to_excel() 方法保存到同一文件，sheet_name 参数使用不同的值。

12.6　关键技术

Pandas 的 ExcelWriter() 对象用于实现向同一个 Excel 的不同 Sheet 中写入数据。首先需要创建一个 writer 对象，其中传入的主要参数是 Excel 的文件路径（.xls 或 .xlsx）；其次，基于已创建的 writer 对象，使用 to_excel() 方法将不同的数据及其对应的 Sheet 的名称写入该 writer 对象中；最后，写入完成之后，使用 save() 方法保存数据到 Excel 文件。

ExcelWriter() 对象的语法格式如下。

```
pandas.ExcelWriter(path, engine=None, date_format=None, datetime_format=None, mode='w', **engine_kwargs)
```

💬 **参数说明**：

⟳ path：字符串，.xls 或 .xlsx 文件的路径。

⟳ engine：字符串，可选参数，用于编写的引擎。如果为无，则默认为 "io.excel.<extension>.writer"。

⚡ **注意**

> engine 只能作为关键字参数传递。

⟳ date_format：字符串，默认值为 None，格式化字符串，用于写入 Excel 文件的日期，如 "YYYY-

MM-DD"。

- datetime_format：字符串，默认值为 None，格式化字符串，用于写入 Excel 文件的日期时间，如 "YYYY-MM-DD HH：MM：SS"。
- mode：表示要使用的文件模式，文件写入（'w'）或者文件追加（'a'），默认值为 'w'。

下面通过具体的例子介绍 ExcelWriter() 对象的用法。

（1）默认用法

```
01 import pandas as pd
02 df1=pd.read_excel('data1.xlsx')
03 with pd.ExcelWriter('test.xlsx') as writer:
04     df1.to_excel(writer,index=False)
```

（2）将数据写入同一个 Excel 的不同的 Sheet 中

```
01 with pd.ExcelWriter('test.xlsx') as writer:
02     df1.to_excel(writer, sheet_name='1月')
03     df2.to_excel(writer, sheet_name='2月')
```

（3）以追加的方式将数据写入 Excel

```
01 with pd.ExcelWriter('test2.xlsx', mode='a') as writer:
02     df2.to_excel(writer, sheet_name='Sheet666',index=False)
```

 小结

本章通过实际的案例应用讲述了 Python 快速批量处理 Excel 的方法，对前面所学知识进行综合应用，同时还进行了扩展，了解了 os 模块、glob 模块在文件处理方面的应用，掌握了 Pandas 的 ExcelWriter() 对象，以及应用该对象实现向同一个 Excel 的不同的 Sheet 中写入数据。

扫码领取
· 教学视频
· 配套源码
· 实战练习答案
· ……

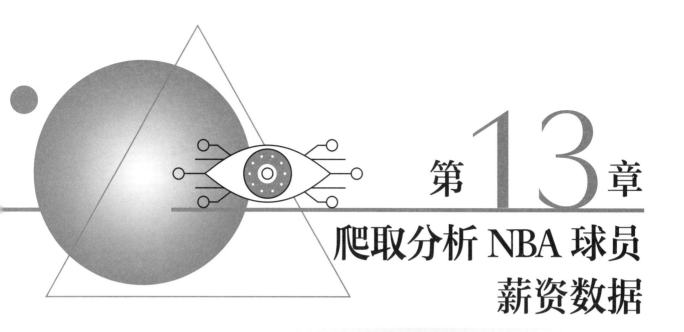

第13章

爬取分析 NBA 球员
薪资数据

互联网时代，随处可见的网页表格数据是数据分析、数据挖掘很好的资源。例如，分析 NBA（美国职业篮球联赛）球员薪资数据，如果直接复制、粘贴网页上的数据不仅费时费力，而且容易漏掉有用的数据或复制了其他没用的数据。Pandas 提供了专门获取网页数据的方法，可以轻松地解决这一问题。本案例将使用 Pandas 实现简单爬虫，爬取分析 NBA 球员薪资数据。

13.1　概述

本案例实现了爬取分析 NBA 球员薪资数据，主要使用了 Pandas 模块和 Matplotlib 模块，爬取数据前首先确定网页格式，然后爬取数据，接下来对爬取的数据进行简单的清洗，最后绘制水平柱形图分析 NBA 湖人队薪资状况。

13.2　案例效果预览

爬取后的 NBA 球员薪资数据将保存到 Excel 文件中，效果如图 13.1 所示，通过水平柱形图分析 NBA 湖人队薪资状况，效果如图 13.2 所示。

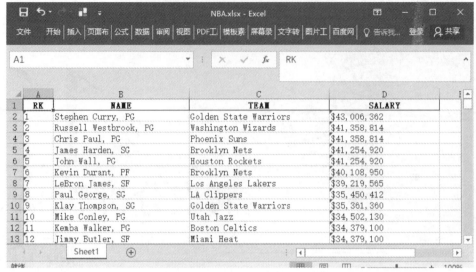

图 13.1　处理后保存到 Excel 中的 NBA 球员薪资数据

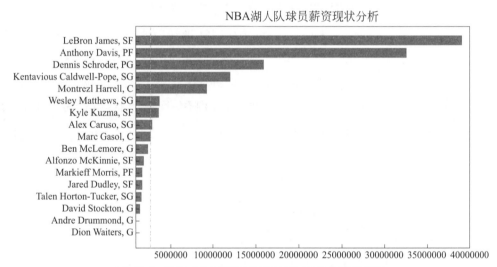

图 13.2　通过水平柱形图分析 NBA 湖人队薪资状况

13.3　案例准备

本章案例的运行环境及所需模块具体如下。

♻ 操作系统：Windows 10。

♻ Python 版本：Python 3.9。

♻ 开发工具：PyCharm。

♻ 第三方模块：pandas（1.2.4）、openpyxl（3.0.7）、xlrd（2.0.1）、xlwt（1.3.0）、matplotlib（3.4.2）。

13.4　业务流程

爬取分析 NBA 球员薪资数据，具体业务流程如图 13.3 所示。

13.5 实现过程

13.5.1 数据准备

本案例主要实现的是通过 Pandas 爬取 NBA 球员薪资数据，因此数据来源于 NBA 球员薪资网页，网页地址为"http://www.espn.com/nba/salaries"。

13.5.2 确定网页格式

通过 Pandas 爬取 NBA 球员薪资数据主要使用 read_html() 函数，那么，在使用该函数前首先要确定网页表格是否为 table 类型，因为只有这种类型的网页表格才能被 read_html() 函数获取到其中的数据。

下面介绍如何判断网页表格是否为 table 类型，以 NBA 球员薪资网页（http://www.espn.com/nba/salaries）为

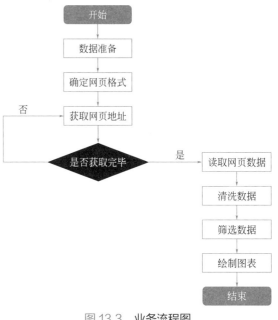

图 13.3 业务流程图

例，首先在浏览器中输入该网址打开网页，如图 13.4 所示。右击该网页中的表格，在弹出的快捷菜单中选择"检查"菜单项（或者为"检查元素"，不同浏览器显示的菜单项不同），如图 13.5 所示，打开对应的代码。查看代码中是否含有表格标签 <table>……</table> 的字样，如图 13.6 所示，确定后才能使用 read_html() 函数爬取数据。

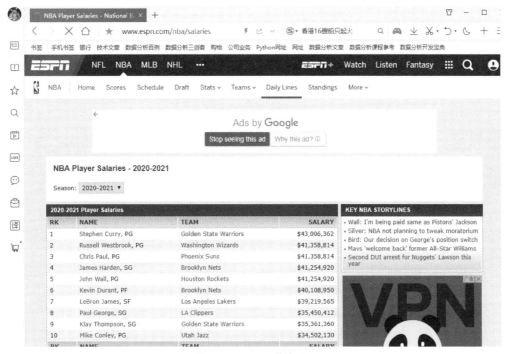

图 13.4 NBA 薪资网页

13.5.3 爬取数据

确定网页格式后，即可使用 Pandas 的 read_html() 函数爬取数据，具体实现步骤如下。

图 13.5　选择"检查"菜单项

图 13.6　<table>……</table> 表格标签

① 首先创建一个空的 DataFrame 对象（用于存储数据）和一个空的列表（用于存放网页地址），代码如下。

```
01 import pandas as pd
02 # 创建一个空的 DataFrame 对象
03 df=pd.DataFrame()
04 # 创建一个空列表
05 url_list=[]
```

② 查看 NBA 网页薪资数据，其中包括 14 页数据，如图 13.7 所示。虽然每一页的网页地址都不相同，但是有一定的规律性，即翻到哪一页，网页地址中只有中间的数字发生相应变化，而其他内容不变，如图 13.8 所示，该数字代表页码。

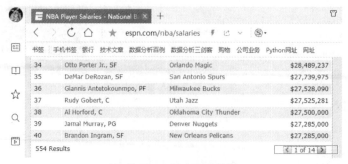

图 13.7　NBA 网页数据

只有该数字发生变化

www.espn.com/nba/salaries/_/page/3/seasontype/3

图 13.8　网页地址

发现这一规律后，便可以使用 for 循环来获取每一个网页的地址，其中变量 i 为页码，然后将获取到的网页地址保存到列表中，代码如下。

```
01  # 获取网页地址，将地址保存在列表中
02  for i in range(1,15):
03      # 网页地址字符串，使用 str() 函数将整型变量 i 转换为字符串
04      url='http://www.espn.com/nba/salaries/_/page/'+ str(i)
05      url_list.append(url)
```

③ 获取到网页地址后就可以轻松获取数据了。首先使用 for 循环遍历网页地址，并使用 read_html() 函数读取每一个网页中的数据，然后将数据添加到 DataFrame 对象中，代码如下。

```
01  # 遍历列表读取网页数据
02  for url in url_list:
03      df=df.append(pd.read_html(url),ignore_index=True)
04  print(df)
```

13.5.4　清洗数据

经过以上步骤，即可爬取到 NBA 球员薪资数据，效果如图 13.9 所示。但从此图可以看出，数据并不完美。首先，表头为数字 0、1、2、3，不能表明每列数据的作用；其次，数据存在重复的表头，即多次出现 "RK"、"NAME"、"TEAM" 和 "SALARY"。

接下来进行数据清洗。首先去掉重复的表头数据，主要使用字符串函数 startswith()，遍历 DataFrame 对象的第 4 列（索引为 3 的列），筛出以子字符串 $ 开头的数据，这样便可去除重复的表头。主要代码如下。

```
df=df[[x.startswith('$') for x in df[3]]]
```

再次运行程序，数据从 610 条变成了 554 条，重复的表头被去除了，如图 13.10 所示。

	0	1	2	3
0	RK	NAME	TEAM	SALARY
1	1	Stephen Curry, PG	Golden State Warriors	$43,006,362
2	2	Russell Westbrook, PG	Washington Wizards	$41,358,814
3	3	Chris Paul, PG	Phoenix Suns	$41,358,814
4	4	James Harden, SG	Brooklyn Nets	$41,254,920
..	...	...	...	...
605	RK	NAME	TEAM	SALARY
606	551	Devonte' Graham, PG	Charlotte Hornets	$163,861
607	552	Mfiondu Kabengele, F	Cleveland Cavaliers	$154,433
608	553	Mike James, PG	Brooklyn Nets	$39,608
609	554	Omer Yurtseven, C	Miami Heat	$18,458

[610 rows x 4 columns]

图 13.9　获取到的 NBA 薪资数据

	0	1	2	3
1	1	Stephen Curry, PG	Golden State Warriors	$43,006,362
2	2	Russell Westbrook, PG	Washington Wizards	$41,358,814
3	3	Chris Paul, PG	Phoenix Suns	$41,358,814
4	4	James Harden, SG	Brooklyn Nets	$41,254,920
5	5	John Wall, PG	Houston Rockets	$41,254,920
...	...	...	...	...
604	550	Jimmer Fredette, G	Phoenix Suns	$208,509
606	551	Devonte' Graham, PG	Charlotte Hornets	$163,861
607	552	Mfiondu Kabengele, F	Cleveland Cavaliers	$154,433
608	553	Mike James, PG	Brooklyn Nets	$39,608
609	554	Omer Yurtseven, C	Miami Heat	$18,458

[554 rows x 4 columns]

图 13.10　清洗后的 NBA 薪资数据

最后，重新赋予表头以说明每列的作用，方法为：在数据导出为 Excel 文件时，通过 DataFrame 对象的 to_excel() 方法的 header 参数指定表头。主要代码如下。

```
df.to_excel('NBA.xlsx',header=['RK','NAME','TEAM','SALARY'],index=False)
```

13.5.5 绘制水平柱形图分析湖人队薪资状况

通过水平柱形图分析湖人队薪资状况，效果如图 13.2 所示。

从图 13.2 可以清晰地看出，湖人队各球员之间薪资的差距非常大。

通过水平柱形图分析湖人队薪资状况，主要使用 Matplotlib 模块。在绘制图表前，需要对数据进行筛选和简单的清洗，具体过程如下。

① 筛选"湖人队"数据，去掉薪资中的"$"和","两个符号，然后按照薪资由高到低降序排序。主要代码如下。

```
01 # 筛选"湖人队"
02 df_hr=df[df[2]=='Los Angeles Lakers']
03 df_hr_new=df_hr.copy()     # 拷贝一个副本
04 df_hr_new[3]=df_hr_new[3].map(lambda a: a.replace('$', ''))  # 去掉薪资中的"$"
05 df_hr_new[3]=df_hr_new[3].apply(lambda x: float(x.replace(",", "")))  # 去掉薪资中的","
06 df_hr_new=df_hr_new.sort_values(by=3,ascending=True)  # 按照"薪资"降序排序
07 print(df_hr_new)
```

② 绘制图表，主要代码如下。

```
01  绘制图表
02 fig=plt.figure(figsize=(8,4))  # 画布大小
03 plt.subplots_adjust(left=0.3)  # 调整图表空白处
04 plt.rcParams['font.sans-serif']=['SimHei']          # 解决中文乱码
05 plt.ticklabel_format(useOffset=False, style='plain')  # 禁止科学记数法
06 plt.title('NBA湖人队球员薪资现状分析',fontsize='18')  # 图表标题
07 plt.xlim(800000,40000000)  # 设置x轴坐标范围
08 x=df_hr_new[1]  # 球员
09 y=df_hr_new[3]  # 薪资
10 # 薪资中位数
11 median=df_hr_new[3].median()
12 # 绘制水平柱形图
13 plt.barh(x,y,label='薪资',color='r')
14 # 薪资中位数参考线
15 plt.axvline(median,color='blue',linestyle='--',)
16 # 显示图表
17 plt.show()
```

13.6 关键技术

在数据清洗过程中，程序运用了 Series 对象的 map() 方法和 apply() 方法，这两个方法在数据清洗和数据计算方面应用非常广泛。Series 对象的 map() 方法可以接收一个函数，如 lambda() 匿名函数、自定义函数等，或者是含有映射关系的字典。map() 方法是一个实现元素级转换及在数据清理工作中常用且非常便捷的方法。例如，将 NBA 球员薪资数据中的球员"姓名"列转换为小写字母，代码如下。

```
df[1] = df[1].map(str.lower)
```

例如，使用 map() 方法为商品数据标记类别，其中字典是商品名称及对应的类别，代码如下。

```
01 import pandas as pd
02 # 通过字典创建商品数据
03 df= pd.DataFrame({'商品名称': ['菠菜', '土豆', '西红柿', '五花肉',
```

```
04                          '牛腩', '西蓝花', '苹果', '桃子', '西瓜'],
05                    '价格': [0.5, 0.7, 4, 15, 40, 5, 3, 2, 1]})
06 # 创建字典，商品名称及对应的类别
07 dict_category = {
08     '菠菜': '蔬菜',
09     '土豆': '蔬菜',
10     '西红柿': '蔬菜',
11     '五花肉': '肉类',
12     '牛腩': '肉类',
13     '西蓝花': '蔬菜',
14     '苹果': '水果',
15     '桃子': '水果',
16     '西瓜': '水果'}
17 print(df)
18 # 通过 map() 方法为商品数据标记类别
19 df['类别'] = df['商品名称'].map(dict_category)
20 print(df)
```

运行程序，输出结果如图 13.11 和图 13.12 所示。

有时候需要对每一列数据中的值进行一些操作，但是又没有相应的内置函数，这个时候可以自己编写一个函数，然后使用 Series 对象的 apply() 方法，该方法可以对列数据中的每个值都调用这个函数，从而实现批量处理数据。函数返回值为一个新的 Series 对象。

例如，创建一列数据，使数据中的每一个值都加 5，代码如下。

```
01 import pandas as pd
02 # 自定义函数（原值加 5）
03 def add(x):
04     return x + 5
05 # 创建一列数据
06 s = pd.Series([1, 2, 3, 4, 5])
07 # 使用 apply() 方法调用自定义函数 add()
08 print(s.apply(add))
```

运行程序，输出结果如图 13.13 和图 13.14 所示。

```
   商品名称  价格            商品名称  价格  类别          0  1              0   6
0   菠菜   0.5         0   菠菜   0.5  蔬菜          1  2              1   7
1   土豆   0.7         1   土豆   0.7  蔬菜          2  3              2   8
2  西红柿   4.0         2  西红柿   4.0  蔬菜          3  4              3   9
3  五花肉  15.0         3  五花肉  15.0  肉类          4  5              4  10
4   牛腩  40.0         4   牛腩  40.0  肉类   dtype: int64     dtype: int64
5  西蓝花   5.0         5  西蓝花   5.0  蔬菜
6   苹果   3.0         6   苹果   3.0  水果
7   桃子   2.0         7   桃子   2.0  水果
8   西瓜   1.0         8   西瓜   1.0  水果
```

图 13.11　原始数据　图 13.12　分类后的数据　　图 13.13　原始数据　图 13.14　批量处理后（加 5）

▽ 小结

通过本案例可以轻松了解从爬虫到数据分析的基本流程。首先确定网页格式，然后使用 Pandas 实现简单的爬虫和数据清洗，最后通过 Matplotlib 实现数据可视化。在数据分析过程中，经常需要对数据进行批量处理，这个时候就会用到 map() 方法和 apply() 方法，这两个方法读者一定要掌握。

扫码领取
·教学视频
·配套源码
·实战练习答案
·……

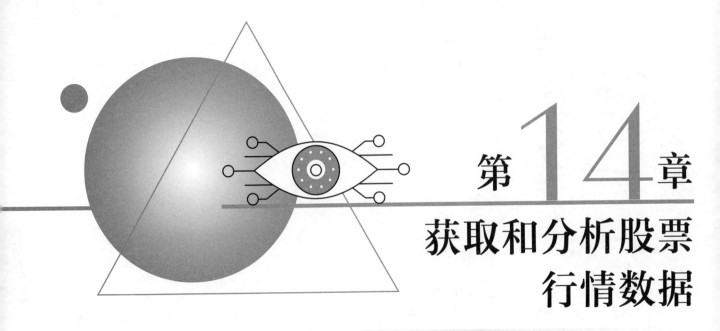

第14章

获取和分析股票 行情数据

无论是金融分析师，还是股票爱好者，日常都会接触到股票数据，而 Python 在处理和分析股票金融类数据方面具有相当大的优势，因为 Pandas 创始人本身就是一名量化分析师，其中的很多函数和方法是专门为分析这类数据而设计的。那么，本章就介绍如何通过 Python 获取和分析股票行情数据。

14.1　概述

通过 Python 获取和分析股票行情数据主要包括获取股票历史数据、数据归一化处理、可视化股票走势图、股票收盘价格走势图、股票涨跌情况分析图、股票 k 线走势图。首先通过 Tushare 模块获取股票数据，然后对数据进行归一化处理，通过 Matpoltlib 模块绘制股票走势图、收盘价格走势图、涨跌情况分析图，通过 mplfinance 模块绘制股票 k 线图。

14.2　案例效果预览

通过 Python 获取和分析股票行情数据，可视化股票走势图如图 14.1 所示，股票收盘价格走势图如图 14.2 所示，股票涨跌情况分析图如图 14.3 所示，股票 k 线走势图如图 14.4 所示。

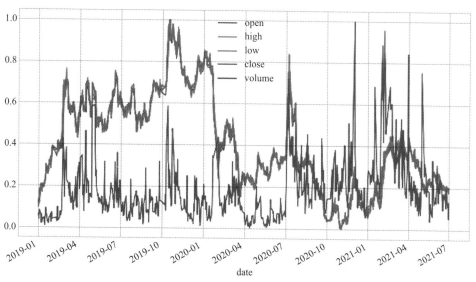

图 14.1　可视化股票走势图

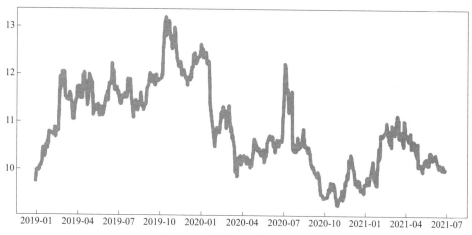

图 14.2　股票收盘价格走势图

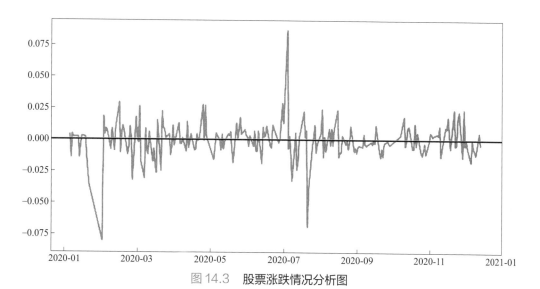

图 14.3　股票涨跌情况分析图

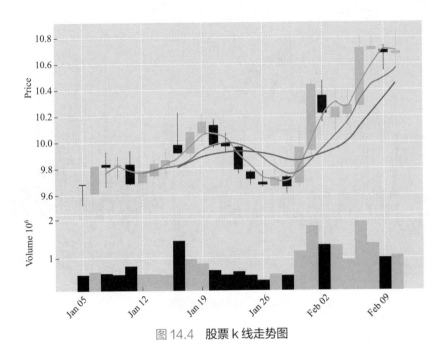

图 14.4　股票 k 线走势图

14.3　案例准备

本章案例的运行环境及所需模块具体如下。

- ♻ 操作系统: Windows 10。
- ♻ Python 版本: Python 3.9。
- ♻ 开发工具: PyCharm。
- ♻ 第三方模块: pandas（1.2.4）、openpyxl（3.0.7）、xlrd（2.0.1）、xlwt（1.3.0）、numpy（1.20.3）、matplotlib（3.4.2）、tushare（1.2.64）、mplfinance（0.12.7a17）。

14.4　业务流程

通过 Python 获取和分析股票行情数据，具体业务流程如图 14.5 所示。

14.5　实现过程

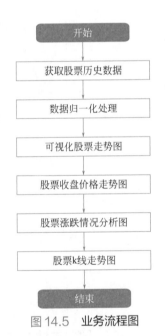

图 14.5　业务流程图

14.5.1　安装第三方模块

本案例涉及两个比较特殊的模块，即 Tushare 模块和 mplfinance 模块。Tushare 模块用于获取股票数据，mplfinance 模块用于绘制 k 线图。下面分别介绍 Tushare 模块和 mplfinance 模块的安装方法。

（1）Tushare 模块

Tushare 是一个免费的、开源的 Python 财经数据接口包，主要实现对股票等金融类数据从数据采集、清洗加工到数据存储的过程，能够为金融分析人员快速提供整洁的、多样的、便于分析的数据，为他们在数据获取方面极大地减轻了工作量。Tushare 返回的绝大部分的数据格式都是 Pandas DataFrame 对象，非常适合用 Pandas、NumPy、Matplotlib 进行数据分析和可视化。

可以在 PyCharm 中安装 Tushare 模块，也可以使用 pip 工具安装，命令如下。

```
pip install tushare
```

（2）mplfinance 模块

由于 Matplotlib 的 finance 停止了更新，因此本案例使用 mplfinance 模块来绘制 k 线图。相比于 finance，mplfinance 模块更加简单、易用，增加了很多新功能，如 renko 砖形图、volume 柱形图、ohlc 图等，并且支持多种风格，可以定制多种颜色、线条（默认线条较粗，影响观感）等。

可以在 PyCharm 中安装 mplfinance 模块，也可以使用 pip 工具安装，命令如下。

```
pip install mplfinance
```

14.5.2 获取股票历史数据

下面使用 Tushare 模块获取股票代码为 "600000" 的股票的历史数据，然后将该数据导出为 Excel 文件，方便日后使用，代码如下。

源码位置　　　　　　　　　　　　　　　　　　　　👁 资源包 \Code\14\demo_1.py

```python
01 import pandas as pd
02 import tushare as ts
03 # 设置数据显示的最大列数
04 pd.set_option('display.max_columns',500)
05 # 设置数据显示的宽度
06 pd.set_option('display.width',10000)
07 # 设置数据显示的编码格式为东亚宽度，以使列对齐
08 pd.set_option('display.unicode.east_asian_width', True)
09 # 通过股票代码获取股票历史数据
10 df=ts.get_hist_data('600000')
11 print(df.head())
12 # 将数据导出为 Excel 文件
13 df.to_excel('600000.xlsx')
```

运行程序，输出结果如图 14.6 所示。

date	open	high	close	low	volume	price_change	p_change	ma5	ma10	ma20	v_ma5	v_ma10	v_ma20	turnover
2021-07-01	10.01	10.06	10.03	9.99	369991.38	0.03	0.30	10.020	10.025	10.099	344490.12	367749.34	423406.83	0.13
2021-06-30	10.00	10.02	10.00	9.97	215800.52	0.02	0.20	10.018	10.026	10.109	333797.17	360440.05	422822.50	0.07
2021-06-29	10.01	10.04	9.98	9.98	327333.69	-0.03	-0.30	10.016	10.031	10.118	359437.26	371031.07	432972.67	0.11
2021-06-28	10.06	10.07	10.01	9.99	325971.12	-0.07	-0.69	10.026	10.036	10.133	384339.65	385253.48	435233.85	0.11
2021-06-25	10.02	10.11	10.08	10.01	483353.88	0.06	0.60	10.026	10.052	10.150	398776.91	410686.62	436231.94	0.16

图 14.6　获取股票历史数据（前 5 条）

上述程序，通过 head() 方法显示前 5 条数据，下面来了解一下各个字段的意思。

- ℃ date：日期，索引列。
- ℃ open：开盘价。
- ℃ high：最高价。
- ℃ close：收盘价。
- ℃ low：最低价。
- ℃ volume：成交量。
- ℃ price_change：价格变动。
- ℃ p_change：涨跌幅。
- ℃ ma5：5 日均价。

- ↻ ma10: 10 日均价。
- ↻ ma20: 20 日均价。
- ↻ v_ma5: 5 日均量。
- ↻ v_ma10: 10 日均量。
- ↻ v_ma20: 20 日均量。
- ↻ turnover：换手率。

14.5.3　数据归一化处理

数据归一化也称数据标准化。在数据可视化过程中，由于不同特征的数据在一起的时候，一些小数据（数值较小的数据）往往会被大数据淹没掉，从而导致在图表中看不出来。例如，抽取如图 14.7 所示的数据。其中 volume（成交量）的数值都非常大，这种情况下如果不进行数据归一化处理，图表中很可能会出现只显示 volume（成交量）而不显示其他指标数据的状况，如图 14.8 所示。

date	open	high	close	low	volume
2021-07-01	10.01	10.06	10.03	9.99	369991.38
2021-06-30	10.00	10.02	10.00	9.97	215800.52
2021-06-29	10.01	10.04	9.98	9.98	327333.69
2021-06-28	10.06	10.07	10.01	9.99	325971.12
2021-06-25	10.02	10.11	10.08	10.01	483353.88

图 14.7　抽取部分数据

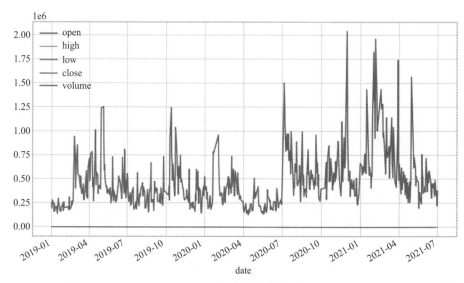

图 14.8　股票走势图（1）

数据归一化有多种方法，下面使用 0-1 标准化方法。该方法非常简单，它通过遍历特征数据里的每一个数值，将 Max（最大值）和 Min（最小值）记录下来，然后通过 Max-Min 作为基数（Min=0，Max=1）进行数据的归一化处理，公式如下。

```
x = (x - Min) / (Max - Min)
```

例如，对上述数据进行归一化处理，代码如下。

源码位置　　　　　　　　　　　　　　　　　　　◉ 资源包 \Code\14\demo_2.py

```
01 import pandas as pd
02 # 读取 Excel 文件
03 # index_col=0, 设置 0 列（date）为索引列
04 # parse_dates=True, 将数据中的时间字符串转换成日期格式
05 df=pd.read_excel('600000.xlsx',index_col=0,parse_dates=True)
```

```
06 # 抽取指定列
07 df=df[['open','high','low','close','volume']]
08 print(df)
09 # 数据归一化（采用 0-1 标准化方法）
10 df=(df-df.min())/(df.max()-df.min())
11 print(df)
```

运行程序，输出结果如图 14.9 所示。

从图 14.9 中可以看出，数据发生了变化，所有数据都在一个水平线上。那么，有的读者可能会问：数据归一化后，会不会影响数据的走势呢？答案是：不影响。因为它没有改变原始数据。

```
              open    high      low    close   volume
date
2021-07-01  0.184343  0.1825  0.202100  0.198980  0.130694
2021-06-30  0.181818  0.1725  0.196850  0.191327  0.050190
2021-06-29  0.184343  0.1775  0.199475  0.186224  0.108423
2021-06-28  0.196970  0.1850  0.202100  0.193878  0.107711
2021-06-25  0.186869  0.1950  0.207349  0.211735  0.189882
...           ...       ...       ...       ...       ...
2019-01-08  0.189394  0.1750  0.181102  0.181122  0.016383
2019-01-07  0.204545  0.1900  0.183727  0.186224  0.060723
2019-01-04  0.113636  0.1675  0.125984  0.181122  0.079391
2019-01-03  0.106061  0.1225  0.115486  0.142857  0.034915
2019-01-02  0.116162  0.1150  0.094488  0.114796  0.061587
```

图 14.9　**数据归一化**

14.5.4　可视化股票走势图

数据处理完成后，接下来对数据进行可视化，观察股票走势，主要代码如下。

📀 **源码位置**　　　　　　　　　　　　　　　　👁 **资源包 \Code\14\demo_3.py**

```
01 # 绘制股票走势图
02 # 设置图表风格
03 plt.style.use('seaborn-whitegrid')
04 # 使用 DataFrame 对象的 plot() 方法绘制折线图
05 df.plot(figsize=(9,5))
06 plt.show()
```

运行程序，输出结果如图 14.1 所示。

14.5.5　股票收盘价格走势图

绘制股票收盘价格走势图只需要一个字段，即 colse（收盘价），主要代码如下。

📀 **源码位置**　　　　　　　　　　　　　　　　👁 **资源包 \Code\14\demo_4.py**

```
01 # 设置画布大小
02 plt.subplots(figsize=(9,4))
03 # 设置图表风格
04 plt.style.use('fivethirtyeight')
05 # 绘制股票收盘价格走势图
06 plt.plot(df['close'])
07 # 显示图表
08 plt.show()
```

运行程序，输出结果如图 14.2 所示。

14.5.6　股票涨跌情况分析图

股票涨跌情况分析主要分析收盘价，收盘价的分析常常是基于股票收益率的。股票收益率又可以分为简单收益率和对数收益率。

　🔁 简单收益率：是指相邻两个价格之间的变化率。

　🔁 对数收益率：是指所有价格取对数后两两之间的差值。

下面通过对数收益率分析股票涨跌情况并绘制成图表，具体步骤如下。

① 抽取指定日期范围内的收盘价数据。

② 使用 NumPy 模块的 log() 函数计算对数收益率。log() 函数用于计算 x 的自然对数。

③ 绘制图表，同时绘制水平分割线，标记股票涨跌情况。

程序代码如下。

源码位置 资源包 \Code\14\demo_5.py

```
01 import numpy as np
02 import pandas as pd
03 import matplotlib.pyplot as plt
04 # 读取 Excel 文件
05 # index_col=0，设置 0 列（date）为索引列
06 # parse_dates=True，将数据中的时间字符串转换成日期格式
07 df=pd.read_excel('600000.xlsx',index_col=0,parse_dates=True)
08 # 按日期升序排序，原始数据是降序排序
09 df=df.sort_values(by='date')
10 # 抽取指定日期范围内的收盘价数据
11 mydate=df['2020-01-05':'2020-12-15']
12 mydate_close=mydate.close
13 # 对数收益率 = 当日收盘价取对数-昨日收盘价取对数
14 log_change=np.log(mydate_close)－np.log(mydate_close.shift(1))
15 # 设置画布和画板
16 fig,ax=plt.subplots(figsize=(8,4))
17 # 绘制图表
18 ax.plot(log_change)
19 # 绘制水平分割线，标记股票收盘价相对于 y=0 的偏离程度
20 ax.axhline(y=0,color='red')
21 plt.show()
```

代码解析：

第 11 行代码：这里需要注意一个问题，在数据抽取过程中，如果数据是升序排序的，则小日期在前，大日期在后；如果数据是降序排序的，则大日期在前，小日期在后。否则，将出现空数据，即找不到指定范围内的数据。

第 14 行代码：使用 NumPy 模块的 log() 函数计算对数。对数收益率公式为：对数收益率 = 当日收盘价取对数 - 昨日收盘价取对数。

运行程序，输出结果如图 14.3 所示。

在图 14.3 中，以水平分割线为基准，值在上面表示今天相对于昨天股票涨了，值在下面表示今天相对于昨天股票跌了。

14.5.7 股票 k 线走势图

相传 k 线图起源于日本德川幕府时代，当时的商人用此图来记录米市的行情和价格波动，后来 k 线图被引入到股票市场。在 k 线图中，每天的四项指标数据（"最高价"、"收盘价"、"开盘价"和"最低价"）用蜡烛形状的图表进行标记，不同的颜色代表涨跌情况，如图 14.10 所示。

在 Python 中，主要使用 mplfinance 模块绘制 k 线图，具体步骤如下。

① 抽取"最高价"、"收盘价"、"开盘价"、"最低价"和"成交量"数据。

② 抽取指定日期范围内的数据。

③ 自定义颜色和图表样式。

④ 绘制 k 线图。

程序代码如下。

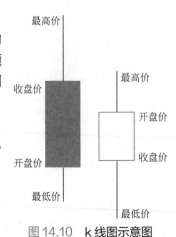

图 14.10　k 线图示意图

 **源码位置** 　　　　　　　　　　　　　　　　　　👁 资源包 \Code\14\demo_6.py

```
01 import matplotlib.pyplot as plt
02 import pandas as pd
03 import mplfinance as mpf
04 df=pd.read_excel('600000.xlsx',index_col=0,parse_dates=True)
05 # 抽取指定列数据
06 df=df[['open','high','low','close','volume']]
07 # 按日期升序排序，原始数据是降序排序
08 df=df.sort_values(by='date')
09 # 抽取指定日期范围内的数据
10 mydate=df['2021-01-05':'2021-02-15']
11 # 绘制 k 线图
12 # 自定义颜色
13 mc = mpf.make_marketcolors(
14     up='red',       # 上涨 k 线柱子的颜色为 " 红色 "
15     down='green',   # 下跌 k 线柱子的颜色为 " 绿色 "
16     edge='i',       # k 线图柱子边缘的颜色（i 代表继承自 up 和 down 的颜色），下同
17     volume='i',     # 成交量直方图的颜色
18     wick='i'        # 上下影线的颜色
19 )
20 # 调用 make_mpf_style() 函数，自定义 k 线图样式
21 mystyle = mpf.make_mpf_style(base_mpl_style="ggplot", marketcolors=mc)
22 # 自定义样式 mystyle
23 # 显示成交量
24 # 添加移动平均线 mav（3、6、9 日的平均线）
25 mpf.plot(mydate,type='candle',style=mystyle,volume=True,mav=(3,6,9))
26 plt.show()
```

运行程序，输出结果如图 14.4 所示。

14.6 关键技术

在 Python 中，绘制 k 线图主要使用 mplfinance 模块，语法格式如下。

```
mplfinance.plot(data, type, title, ylabel, style, volume, ylabel_lower, show_nontrading, figratio, mav)
```

💬 **参数说明**：

- data：DataFrame 对象，其中包含 "open"、"high"、"low" 和 "close" 字典，如果要显示成交量，还需要提供 "volume" 字段。默认 date 字段为索引。
- type：图表类型，可选参数值为 "ohlc"、"candle"、"line"、"renko" 和 "pnf"。
- title：图表标题。
- ylabel：y 轴标签。
- style：k 线图的样式，mplfinance 模块提供了很多内置样式。
- volume：参数值为 True，表示添加成交量。默认值为 False。
- ylabel_lower：成交量的 y 轴标签。
- show_nontrading：参数值为 True，表示显示非交易日。默认值为 False。
- figratio：控制图表大小的元组。
- mav：整数或包含整数的元组，用于在图表中添加移动平均线。

下面按功能详细介绍一下 mplfinance 模块。

（1）调整样式

mplfinance 模块提供了很多内置样式，方便用户快速创建美观的 k 线图，主要通过 style 参数进行设

277

置，该参数值为: 'binance'、'blueskies'、'brasil'、'charles'、'checkers'、'classic'、'default'、'mike'、'nightclouds'、'sas'、'starsandstripes' 或者 'yahoo'，用户可以随意选择一种样式。例如:

```
mpf.plot(mydate,type='candle',style='yahoo')
```

（2）添加成交量

添加成交量主要通过 volume 参数进行设置，设置该参数值为 True，即可在图表中添加成交量。例如:

```
mpf.plot(mydate,type='candle',style='yahoo',volume=True)
```

运行程序，效果如图 14.11 所示。

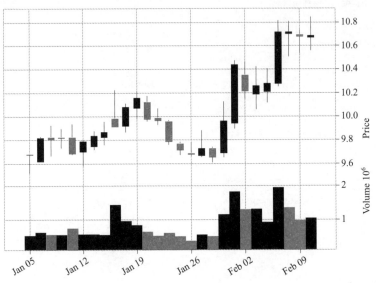

图 14.11　添加成交量的 k 线走势图

（3）显示非交易日

显示非交易日主要通过 show_nontrading 参数进行设置，设置该参数值为 True，即可在图表中显示非交易日。例如:

```
mpf.plot(mydate,type='candle',style='yahoo',volume=True,show_nontrading=True)
```

（4）自定义样式

如果内置样式不满足需求，可以自定义样式，并将该样式指定给 style 参数。

首先设置 k 线的颜色，调用 make_marketcolors() 函数。例如:

```
01 mc = mpf.make_marketcolors(
02     up='red',       # 上涨 k 线柱子的颜色为 " 红色 "
03     down='green',   # 下跌 k 线柱子的颜色为 " 绿色 "
04     edge='i',       # k 线图柱子边缘的颜色（i 代表继承自 up 和 down 的颜色），下同
05     volume='i',     # 成交量直方图的颜色
06     wick='i'        # 上下影线的颜色
07 )
```

然后调用 make_mpf_style() 函数，自定义 k 线图样式。例如:

```
mystyle = mpf.make_mpf_style(base_mpl_style="ggplot", marketcolors=mc)
```

最后将自定义样式 mystyle 指定给 style 参数。例如:

```
mpf.plot(mydate,type='candle',style=mystyle,volume=True)
```

（5）调整图表大小

调整图表大小主要使用 figratio 参数进行设置。例如：

```
mpf.plot(mydate,type='candle',style=mystyle,volume=True,figratio=(3,2))
```

（6）添加移动平均线

添加移动平均线主要使用 mav 参数，该参数值为整数或包含整数的列表、元组。例如，添加 3、6、9 日的平均线，代码如下。

```
mpf.plot(mydate,type='candle',style=mystyle,volume=True,mav=(3,6,9))
```

运行程序，输出结果如图 14.12 所示。

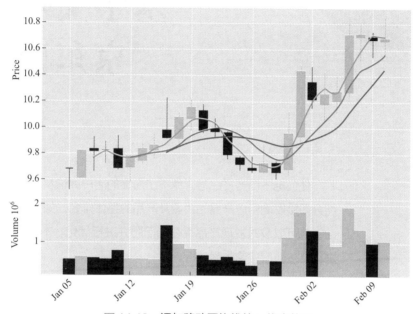

图 14.12　添加移动平均线的 k 线走势图

▽ 小结

通过本章的学习，读者不仅能够学习到股票数据的分析方法，而且还能够了解股票相关的术语。本章应重点掌握两个在股票数据分析方面比较强大的模块，即 tushare 模块和 mplfinance 模块，tushare 模块主要用于获取股票数据，mplfinance 模块主要用于绘制股票 k 线走势图。

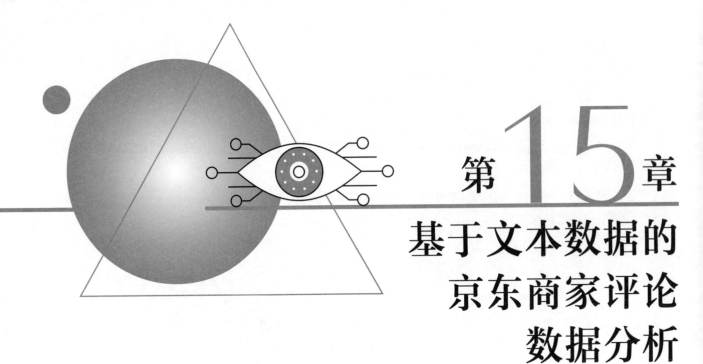

第15章

基于文本数据的京东商家评论数据分析

任何电子商务产品都避免不了海量的用户评论及反馈，用户的评价可能会间接影响相应产品的销量及产品的整体排名。如果能正确分析这些评论，就可以及时发现产品存在的问题并进行优化。本案例将通过 Python 进行京东商家评论数据分析。

15.1　概述

京东商家评论数据分析主要通过 Python 实现了总体评价状况分析、差评商品分析及负面评价内容分析并通过词云图展示，其中主要使用了 Pandas 模块、Matplotlib 模块、jieba 模块和 Pyecharts 的词云图模块 WordCloud。

15.2　案例效果预览

京东商家评论数据分析主要包括总体评价状况分析（见图 15.1）、差评商品分析（见图 15.2）和利用词云图分析负面评价（见图 15.3）。

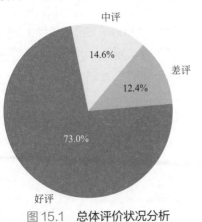

图 15.1　总体评价状况分析

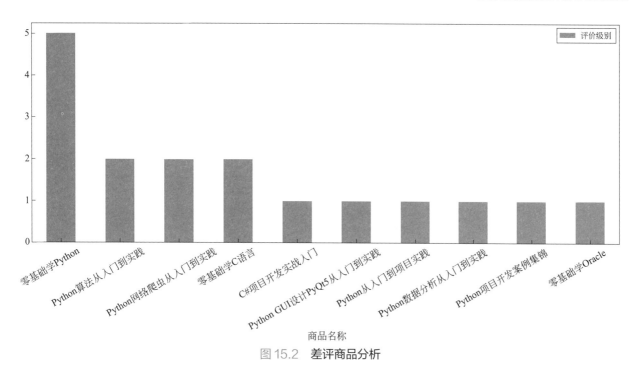

图 15.2　差评商品分析

15.3　案例准备

本章案例的运行环境及所需模块具体如下。

- ♻ 操作系统: Windows 10。
- ♻ Python 版本: Python 3.9。
- ♻ 开发工具: PyCharm。
- ♻ 第三方模块: pandas（1.2.4）、openpyxl（3.0.7）、xlrd（2.0.1）、xlwt（1.3.0）、numpy（1.20.3）、matplotlib（3.4.2）、jieba（0.42.1）、pyecharts（1.7.1）。

图 15.3　利用词云图分析负面评价

15.4　业务流程

京东商家评论数据分析主要包括总体评价状况分析、差评商品分析及利用词云图分析负面评价，具体业务流程如图 15.4 所示。

15.5　实现过程

15.5.1　安装第三方模块

本案例中涉及了一个比较重要的模块，即 Pyecharts 模块，该模块是一个用于生成 Echarts 图表的类库。Echarts 是百度开源的一个数据可视化 JS 库，用 Echarts 生成的图可视化效果非常好。而 Pyecharts 则是专门为了与 Python 衔接，方便在 Python 中直接使用

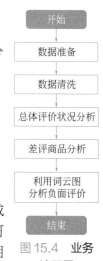

图 15.4　业务流程图

的可视化数据分析图表。使用 Pyecharts 可以生成独立的网页格式的图表，还可以在 flask、django 中直接使用，非常方便。

可以在 PyCharm 中安装 Pyecharts 模块，也可以使用 pip 工具安装，命令如下。

```
pip install pyecharts==1.7.1
```

安装成功后，将提示安装成功的字样，如 "Successfully installed pyecharts-1.7.1"。

说明

> 由于 Pyecharts 各个版本的相关代码有一些区别，因此这里建议安装与笔者相同的版本，以免造成不必要的麻烦。那么，对于已经安装完成的 Pyecharts，可以使用如下方法查看 Pyecharts 的版本。代码如下。
>
> ```
> import pyecharts
> print(pyecharts.__version__)
> ```

运行程序输出结果为

```
1.7.1
```

如果安装版本与笔者不同，建议卸载重新安装 pyecharts-1.7.1。

15.5.2 数据准备

本案例的数据集来自京东某商家的评论数据，其中包括 "订单编号"、"商品编号"、"商品名称"、"评价级别"、"评价内容" 和 "评价时间" 等字段。

15.5.3 数据清洗

数据清洗仍然是比较重要的部分，针对不同的数据需要采取不同的清洗方法。首先查看数据了解数据状况，主要代码如下。

```
01 # 读取 Excel 文件
02 df=pd.read_excel('JDPJ.xlsx')
03 # 查看数据
04 print(df.info())
05 print(df.isnull())
```

运行程序，输出结果如图 15.5 所示。

从图 15.5 中可以看出，数据存在缺失，对于 "评价级别" 和 "评价内容" 缺失的数据需要做删除处理，因为本案例主要分析评价状况。另外，还需要注意的是 "订单编号" 和 "商品编号" 的数据类型为浮点型，因此需要进行数据类型转换。

接下来进行数据清洗工作，主要包括删除缺失值和数据类型转换。首先介绍删除缺失值的几种方法。

1. 删除某列缺失值所在的行

通过 info() 和 isnull() 方法我们发现一些列存在缺失值，下面使用 dropna() 方法删除所有有缺失值的行，该

```
<class 'pandas.core.frame.DataFrame'>
RangeIndex: 153 entries, 0 to 152
Data columns (total 6 columns):
 #   Column   Non-Null Count   Dtype
---  ------   --------------   -----
 0   订单编号    137 non-null     float64
 1   商品编号    137 non-null     float64
 2   商品名称    137 non-null     object
 3   评价级别    137 non-null     object
 4   评价内容    150 non-null     object
 5   评价时间    137 non-null     datetime64[ns]
dtypes: datetime64[ns](1), float64(2), object(3)
memory usage: 7.3+ KB
None
```

	订单编号	商品编号	商品名称	评价级别	评价内容	评价时间
0	False	False	False	False	False	False
1	False	False	False	False	False	False
2	False	False	False	False	False	False
3	False	False	False	False	False	False
4	False	False	False	False	False	False
5	False	False	False	False	False	False
6	False	False	False	False	False	False
7	True	True	True	True	False	True
8	False	False	False	False	False	False
9	False	False	False	False	False	False
10	False	False	False	False	False	False
11	True	True	True	True	False	True
12	False	False	False	False	False	False
13	True	True	True	True	False	True

图 15.5 查看数据

方法主要用于滤除缺失值。下面举例说明。

（1）删除全为缺失值的行

```
01 df.dropna(how = 'all')
```

（2）删除包括缺失值的列

```
02 df.dropna(axis = 1)
```

⚡ 注意

一般不会这么做，因为这样会删掉一个特征。

（3）删除全为缺失值的列

```
03 df.dropna(axis=1,how="all")
```

（4）删除指定列中包括缺失值的行

```
04 df.dropna(axis=0,subset = [" 评价级别 ", " 评价内容 "])
```

2. 数据类型转换

当利用 Pandas 进行数据处理的时候，经常会遇到数据类型的问题，不正确的数据类型可能导致程序出现错误，或分析结果不正确。因此，当拿到数据的时候，首先需要确定拿到的是正确类型的数据。在图 15.5 中可以看出"订单编号"和"商品编号"为 float64（浮点型），接下来使用 astype() 方法将其转换为整型。主要代码如下。

```
01 df[' 订单编号 ']=df[' 订单编号 '].astype('int64')
02 df[' 商品编号 ']=df[' 商品编号 '].astype('int64')
```

运行程序，数据类型转换前后的对比效果如图 15.6 所示。

	订单编号	商品编号	商品名称	评价级别	评价内容	评价时间
0	2.097497e+11	12353915.0	零基础学Python	好评	此用户未填写评价内容	2021-06-30 23:27:26.000000
1	2.097497e+11	12859710.0	Python实效编程百例·综合卷	好评	此用户未填写评价内容	2021-06-30 23:27:26.000003
2	2.097497e+11	12647829.0	Python项目开发实战入门	好评	此用户未填写评价内容	2021-06-30 23:27:22.999997
3	1.708360e+11	12185501.0	零基础学Java	好评	可以的	2021-06-30 23:07:37.000001
4	1.681569e+11	12902248.0	Python编程超级魔卡	好评	办公用品	2021-06-30 22:37:37.999998

	订单编号	商品编号	商品名称	评价级别	评价内容	评价时间
0	209749660633	12353915	零基础学Python	好评	此用户未填写评价内容	2021-06-30 23:27:26.000000
1	209749660633	12859710	Python实效编程百例·综合卷	好评	此用户未填写评价内容	2021-06-30 23:27:26.000003
2	209749660633	12647829	Python项目开发实战入门	好评	此用户未填写评价内容	2021-06-30 23:27:22.999997
3	170835951514	12185501	零基础学Java	好评	可以的	2021-06-30 23:07:37.000001
4	168156906462	12902248	Python编程超级魔卡	好评	办公用品	2021-06-30 22:37:37.999998

图 15.6　数据类型转换对比图

15.5.4　总体评价状况分析

总体评价状况分析主要分析所有商品的评分情况，包括"好评"、"中评"和"差评"所占百分比，并通过饼形图展示，主要代码如下。

源码位置

👁 资源包 \Code\15\demo_1.py

```
01 # 总体评价状况分析
02 # 按评价级别分组统计
```

```
03 df1=df.groupby('评价级别').agg({'评价级别':'count'})
04 # 获取评价级别及记录数
05 labels=df1.index
06 x=df1['评价级别']
07 # 定义饼形图颜色列表
08 colors=['lightgreen','lightcoral','lightskyblue']
09 plt.pie(x,                    # 每一块饼形图的比例
10         labels=labels,  # 每一块饼形图外侧显示的说明文字
11         colors=colors,  # 每一块饼形图的颜色
12         autopct='%1.1f%%') # 设置百分比的格式，保留一位小数
13 plt.show()
```

运行程序，效果如图 15.1 所示。

从图 15.1 中可以看出约 73% 的人给了好评（4 星或 5 星），12.4% 的用户给了差评，总体评分尚可。

15.5.5　差评商品分析

差评商品分析主要统计商品差评的数量并进行降序排序，然后通过柱形图展示，主要代码如下。

📚 **源码位置**　　　　　　　　　　　　　　　　　　　　👁 资源包 \Code\15\demo_2.py

```
01 # 差评商品分析
02 # 首先将差评数据筛选出来
03 bad_books=df[df.loc[:,'评价级别']=='差评']
04 # 统计差评数量
05 bad_books_new=bad_books.groupby(['商品名称']).agg({'评价级别':'count'})
06 # 按差评数量降序排序
07 bad_books_new=bad_books_new.sort_values(by='评价级别',ascending=False)
08 # 绘制柱形图并设置画布大小
09 bad_books_new.plot(kind='bar',figsize=(11,6))
10 # 设置 x 轴标签字体的大小并旋转 45 度
11 plt.xticks(size = 10,rotation = 45)
12 # tight_layout 布局，可以使得图形元素进行一定程度的自适应
13 plt.tight_layout()
14 plt.show()
```

代码解析：

第 13 行代码：使用 tight_layout 布局图形元素，使 x 轴标签文本自动适应画布，从而显示完整。

运行程序，效果如图 15.2 所示。

15.5.6　利用词云图分析负面评价

通过对负面评价的内容进行关键词提取，分析用户遇到了什么问题，哪些地方不满意，并通过词云图展示，程序代码如下。

📚 **源码位置**　　　　　　　　　　　　　　　　　　　　👁 资源包 \Code\15\demo_3.py

```
01 import pandas as pd
02 from jieba import analyse
03 from pyecharts.charts import WordCloud
04 # 设置数据显示的最大列数
05 pd.set_option('display.max_columns',10)
06 # 设置数据显示的宽度
07 pd.set_option('display.width',10000)
08 # 设置数据显示的编码格式为东亚宽度，以使列对齐
09 pd.set_option('display.unicode.east_asian_width', True)
10 # 读取 Excel 文件
```

```
11  df=pd.read_excel('JDPJ.xlsx')
12  # 删除 "订单编号"、"商品名称" 和 "评价内容" 这三列中有缺失值的行
13  df=df.dropna(axis=0,subset = ["订单编号"," 商品名称 ","评价内容"])
14  # 提取负面评价内容
15  bad_books=df[df.loc[:,' 评价级别 ']==' 差评 ']
16  bad_books_content=bad_books.loc[:,' 评价内容 ']
17  # 读取停用词文件
18  stopwords = [line.strip() for line in open(
19      'stopwords.txt').readlines()]
20  # 定义列表和元组
21  list1=[]
22  list2 = []
23  tup1=()
24  # 将负面评价内容添加到列表中
25  for i in bad_books_content:
26      list1.append(i)
27  # 将列表转换为字符串
28  str1 = ' '.join(list1)
29  # 基于 TextRank 算法从文本中提取关键词
30  textrank = analyse.textrank
31  for keyword, weight in textrank(str1,topK=100,withWeight=True):
32      if keyword in stopwords:
33          # 如果关键词为停用词，则跳出本次循环
34          continue
35      else:
36          # 否则输出关键词和关键词权重
37          print('%s %s' % (keyword, weight))
38          tup1 = (keyword, weight) # 关键词权重
39          list2.append(tup1)          # 添加到列表中
40  # 绘制词云图
41  mywordcloud = WordCloud()
42  mywordcloud.add('', list2, word_size_range=[15, 70], shape='circle')
43  mywordcloud.render('wordclound.html')
```

代码解析：

第 31 行代码：通过 TextRank 算法提取前 100 个关键词，withWeight=True 返回关键词权重。

第 42 行代码：mywordcloud.add 指定了 4 个参数，第 1 个参数是提示文本或图例标签，可以为空；第 2 个参数是出现的单词和单词对应的权重（或词频）列表；第 3 个参数是词云图上字体的大小范围；第 4 个参数是生成的词云图轮廓，有'circle'、'cardioid'、'diamond'、'triangle-forward'、'triangle'、'pentagon' 和 'star' 可选。

运行程序，输出负面评价关键词及权重，如图 15.7 所示（部分数据）。同时，程序所在路径下将自动生成一个名为 "wordclound.html" 的 HTML 网页，打开该网页即可查看词云图，效果如图 15.3 所示。

从上述结果中可以看出，其中排名比较靠前的关键词有快递问题，还有版本问题和体验问题等。

```
快递 0.7938918692116197
内容 0.7923902580851927
版本 0.6933700376000603
体验 0.6918335429324903
好看 0.680086596591174
回复 0.6859012761376119
理解 0.6705337939210687
技术 0.6308467332956842
资源 0.6098862690544645
客服 0.5948700419299118
书本 0.5561418811707672
错误 0.5180390227365628
基础 0.498162813963464473
答疑 0.4727222398839871
入门 0.47258901685845645
时间 0.47055654533404984
```

图 15.7　负面评价关键词及权重（部分数据）

15.6　关键技术

本案例绘制词云图主要使用了 Pyecharts 的 WordCloud 模块的 add() 方法。下面介绍 add() 方法的几个主要参数。

⟳ series_name：系列名称，用于提示文本和图例标签。

⟳ data_pair：数据项，格式为 [(word1,count1), (word2, count2)]。可使用 zip() 函数将可迭代对象打包成元组，然后再转换为列表。

- shape：字符型，词云图的轮廓。其值为 circle、cardioid、diamond、triangle-forward、triangle、pentagon 或 star。
- mask_image：自定义图片（支持的图片格式为 jpg、jpeg、png 和 ico。）。该参数支持 base64（一种基于 64 个可打印字符来表示二进制数据的方法）和本地文件路径（相对路径或者绝对路径都可以）。
- word_gap：单词间隔。
- word_size_range：单词字体大小范围。
- rotate_step：旋转单词角度。
- pos_left：距离左侧的距离。
- pos_top：距离顶部的距离。
- pos_right：距离右侧的距离。
- pos_bottom：距离底部的距离。
- width：词云图的宽度。
- height：词云图的高度。

小结

本章主要介绍了如何分析商家评论数据，读者应重点了解文本类数据的处理方法和分析方法。其中涉及了缺失值处理、数据类型转换、绘制饼形图、绘制柱形图以及第三方图表 Pyecharts 中词云图的绘制方法。通过本章案例读者不仅能够复习以前学过的知识，而且还能够学习到很多新的知识点，如使用 Python 中的 TextRank 算法提取关键词及如何绘制一张漂亮的词云图。

扫码领取
· 教学视频
· 配套源码
· 实战练习答案
· ……

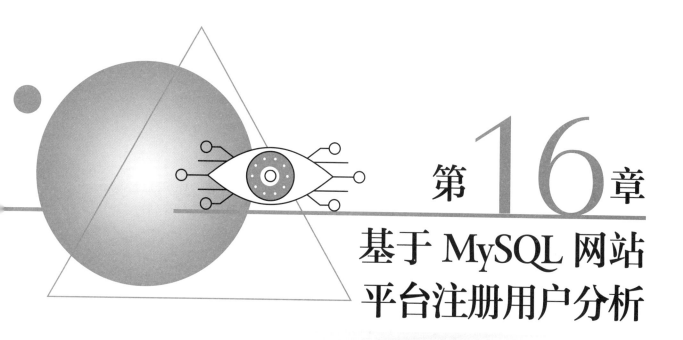

第16章
基于 MySQL 网站平台注册用户分析

网站平台注册用户分析，是指获得网站平台用户的注册情况，并对用户注册数据进行统计、分析，从中发现产品推广对新注册用户的影响，从而发现目前营销策略中可能存在的问题，为进一步修正或重新制定营销策略提供有效的依据。

通过对注册用户的分析可以让企业更加详细、清楚地了解用户的行为习惯，从而找出产品推广中存在的问题，让企业的营销更加精准、有效，提高业务转化率，从而提升企业收益。

16.1　概述

网站平台注册用户分析是对平台的注册用户数据进行统计和分析，从而发现目前营销策略中可能存在的问题。由于平台使用了 MySQL 数据库，因此在进行数据统计与分析前，首要任务是通过 Python 连接 MySQL 数据库，并获取 MySQL 数据库中的数据。

网站平台注册用户分析主要包括年度注册用户分析和新注册用户分析。其中，新注册用户分析对于新品推广尤为重要，它能够使企业了解新品推广中存在的问题，让企业的营销更加精准、有效。

16.2　案例效果预览

年度注册用户分析如图 16.1 所示，新注册用户分析如图 16.2 所示。

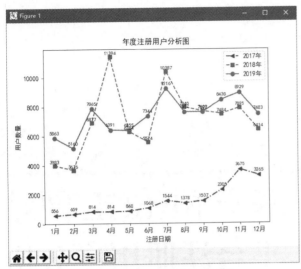

图 16.1　年度注册用户分析图

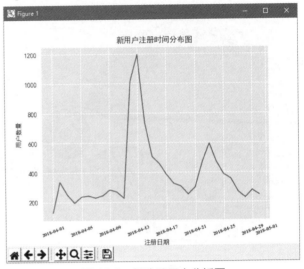

图 16.2　新注册用户分析图

16.3　案例准备

本章案例的运行环境及所需模块具体如下。

♻ 操作系统: Windows 10。

♻ Python 版本: Python 3.9。

♻ 开发工具: PyCharm。

♻ 第三方模块: pymysql (1.0.2)、pandas (1.2.4)、openpyxl (3.0.7)、xlrd (2.0.1)、xlwt (1.3.0)、
numpy (1.20.3)、matplotlib (3.4.2)。

16.4　业务流程

基于 MySQL 的网站平台注册用户分析，具体业务流程如图 16.3 所示。

16.5　导入 MySQL 数据

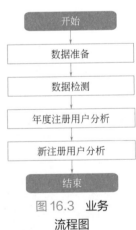

图 16.3　业务
流程图

16.5.1　导入 MySQL 数据

导入 MySQL 数据的具体步骤如下。

（1）安装 MySQL 软件并设置密码

本项目的密码为 "root"，也可以是其他密码。该密码一定要记住，连接 MySQL 数据库时会用到，其
他设置采用默认设置即可。

（2）创建数据库

运行 MySQL，首先输入密码，进入 MySQL 命令提示符，如图 16.4 所示，然后使用 "CREATE
DATABASE" 命令创建数据库。例如，创建数据库 test，命令如下。

```
CREATE DATABASE test;
```

（3）导入 SQL 文件（user.sql）

在 MySQL 命令提示符下通过 use 命令进入对应的数据库。例如，进入数据库 test，命令如下。

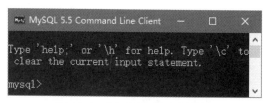

```
use test;
```

出现"Database changed"提示，说明已经进入数据库。接下来使用 source 命令指定 SQL 文件，然后导入该文件。例如，导入 user.sql，命令如下。

图 16.4　MySQL 命令提示符

```
source D:/user.sql
```

注意

由于数据量较大（约 19 万条），导入数据的时间比较长，一定要耐心等待数据导入完成。

数据导入完成后，预览导入的数据，使用 SQL 查询语句（select 语句）查询表中前 5 条数据，命令如下。

```
select * from user limit 5;
```

运行结果如图 16.5 所示。

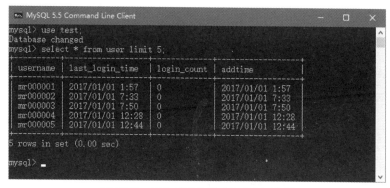

图 16.5　导入成功后的 MySQL 数据

至此，导入 MySQL 数据的任务就完成了，接下来在 Python 中安装 PyMySQL 模块，连接 MySQL 数据库。

16.5.2　连接 MySQL 数据库

首先在 PyCharm 中安装 pymysql 模块，然后导入 pymysql 模块，使用连接语句连接 MySQL 数据库，程序代码如下。

```
01 import pymysql
02 # 连接 MySQL 数据库
03 conn=pymysql.connect(host="localhost",user='root',passwd = password,db = database_name,charset="utf8")
04 sql_query = 'SELECT * FROM database_name.table_name'
```

上述语句中，需要修改的参数代码是 passwd 和 db，即指定 MySQL 密码和项目使用的数据库。那么，本项目连接代码如下。

```
conn = pymysql.connect(host = "localhost",user = 'root',passwd ='root',db = 'test',charset="utf8")
```

接下来，使用 Pandas 模块的 read_sql() 方法读取 MySQL 数据，程序代码如下。

```
01 sql_query = 'SELECT * FROM test.user'          #SQL 查询语句
02 data = pd.read_sql(sql_query, con=conn)         # 读取 MySQL 数据
03 conn.close()                                     # 关闭数据库连接
04 print(data.head())                               # 输出部分数据
```

运行程序，输出结果如图 16.6 所示。

```
   username   last_login_time  login_count          addtime
0  mr000001  2017/01/01 1:57             0  2017/01/01 1:57
1  mr000002  2017/01/01 7:33             0  2017/01/01 7:33
2  mr000003  2017/01/01 7:50             0  2017/01/01 7:50
3  mr000004  2017/01/01 12:28            0  2017/01/01 12:28
4  mr000005  2017/01/01 12:44            0  2017/01/01 12:44
```

图 16.6　读取 MySQL 数据（部分数据）

16.6　实现过程

16.6.1　数据准备

本案例分析了近 3 年的网站用户注册数据，即 2017 年 1 月 1 日至 2019 年 12 月 31 日，主要包括用户名、最后访问时间、访问次数和注册时间。

16.6.2　数据检测

鉴于数据量非常之大，下面使用 DataFrame 对象提供的方法对数据进行检测。

① 使用 info() 方法查看每个字段的情况，如类型、是否为空等，程序代码如下。

```
data.info()
```

② 使用 describe() 方法查看数据描述信息，程序代码如下。

```
data.describe()
```

③ 统计每列的缺失值情况，程序代码如下。

```
data.isnull().sum()
```

运行程序，输出结果如图 16.7 所示。

```
<class 'pandas.core.frame.DataFrame'>
RangeIndex: 192308 entries, 0 to 192307
Data columns (total 4 columns):
username          192308 non-null object
last_login_time   192308 non-null object
login_count       192308 non-null object
addtime           192308 non-null object
dtypes: object(4)
memory usage: 5.9+ MB
None
          username  last_login_time login_count          addtime
count       192308           192308      192308           192308
unique      192308           169999         182           169854
top       mr085081  2017/11/29 12:22           1  2017/11/29 12:22
freq             1               11       79588               10
username          0
last_login_time   0
login_count       0
addtime           0
dtype: int64
```

图 16.7　数据检测结果

从图 16.7 可以得知，用户注册数据表现非常好，不存在异常数据和缺失值。

16.6.3　年度注册用户分析

按月统计每一年注册用户增长情况，程序代码如下。

源码位置　　　　　　　　　　　　　　　　　　　　　◉ 资源包 \Code\16\data_year.py

```python
01 import pymysql
02 import pandas as pd
03 import matplotlib.pyplot as plt
04 # 连接 MySQL 数据库，指定密码（passwd）和数据库（db）
05 conn = pymysql.connect(host = "localhost",user = 'root',passwd ='root',db= 'test',charset="utf8")
06 sql_query = 'SELECT * FROM test.user'        #SQL 查询语句
07 data = pd.read_sql(sql_query, con=conn)    # 读取 MySQL 数据
08 conn.close()            # 关闭数据库连接
09 data=data[['username','addtime']]         # 提取指定列数据
10 data.rename(columns = {'addtime':' 注册日期 ','username':' 用户数量 '},inplace=True)  # 列重命名
11 data[' 注册日期 '] = pd.to_datetime(data[' 注册日期 '])  # 将数据类型转换为日期类型
12 data = data.set_index(' 注册日期 ') # 将日期设置为索引
13 # 按月统计每一年的注册用户
14 index=['1 月 ','2 月 ','3 月 ','4 月 ','5 月 ','6 月 ','7 月 ','8 月 ','9 月 ','10 月 ','11 月 ','12 月 ']
15 df_2017=data['2017']
16 df_2017=df_2017.resample('M').size().to_period('M')
17 df_2017.index=index
18 df_2018=data['2018']
19 df_2018=df_2018.resample('M').size().to_period('M')
20 df_2018.index=index
21 df_2019=data['2019']
22 df_2019=df_2019.resample('M').size().to_period('M')
23 df_2019.index=index
24 dfs=pd.concat([df_2017,df_2018,df_2019],axis=1)
25 # 设置列索引
26 dfs.columns=['2017 年 ','2018 年 ','2019 年 ']
27 dfs.to_excel('result2.xlsx',index=False)# 导出数据为 Excel 文件
28 # 绘制折线图
29 plt.rcParams['font.sans-serif']=['SimHei'] # 解决中文乱码
30 plt.title(' 年度注册用户分析图 ')
31 x=index
32 y1=dfs['2017 年 ']
33 y2=dfs['2018 年 ']
34 y3=dfs['2019 年 ']
35 plt.plot(x,y1,label='2017 年 ',linestyle='-.',color='b',marker='<')    # 绘制 2017 年数据
36 plt.plot(x,y2,label='2018 年 ',linestyle='--',color='g',marker='s')    # 绘制 2018 年数据
37 plt.plot(x,y3,label='2019 年 ',color='r',marker='o')                   # 绘制 2019 年数据
38 # 添加文本标签
39 for a,b1,b2,b3 in zip(x,y1,y2,y3):
40     plt.text(a,b1+200,b1,ha = 'center',va = 'bottom',fontsize=8)
41     plt.text(a,b2+100,b2,ha='center', va='bottom', fontsize=8)
42     plt.text(a,b3+200,b3,ha='center', va='bottom', fontsize=8)
43 x = range(0, 12, 1)
44 plt.xlabel(' 注册日期 ')
45 plt.ylabel(' 用户数量 ')
46 plt.legend()
47 plt.show()
```

运行程序，输出结果如图 16.1 所示。

通过折线图分析可知，2017 年注册用户增长比较平稳，2018 年、2019 年比 2017 年注册用户增长约 6 倍。2018 年和 2019 年数据每次的最高点都在同一个月，存在一定的趋势变化。

16.6.4　新注册用户分析

通过年度注册用户分析情况，我们观察新注册用户的时间分布，近三年新用户的注册量最高峰值出现在 2018 年 4 月。下面以 2018 年 4 月 1 日至 4 月 30 日数据为例，对新注册用户进行分析，程序代码如下。

📚 源码位置　　　　　　　　　　　　　　　　　　　　　👁 资源包 \Code\16\data_new.py

```python
01 import pymysql
02 import pandas as pd
03 import matplotlib.pyplot as plt
04 from pandas.plotting import register_matplotlib_converters
05 register_matplotlib_converters()                            # 解决图表显示日期出现警告信息
06 # 连接 MySQL 数据库，指定密码（passwd）和数据库（db）
07 conn = pymysql.connect(host = "localhost",user = 'root',passwd ='111',db = 'test',charset="utf8")
08 sql_query = 'SELECT * FROM test.user'                       # SQL 查询语句
09 data = pd.read_sql(sql_query, con=conn)                     # 读取 MySQL 数据
10 conn.close()            # 关闭数据库连接
11 data=data[['username','addtime']]                           # 提取指定列数据
12 data.rename(columns = {'addtime':' 注册日期 ','username':' 用户数量 '},inplace=True)  # 列重命名
13 data[' 注册日期 '] = pd.to_datetime(data[' 注册日期 '])         # 将数据类型转换为日期类型
14 data = data.set_index(' 注册日期 ')                           # 将日期设置为索引
15 data=data['2018-04-01':'2018-04-30']                        # 提取指定日期数据
16 # 按天统计新注册用户
17 df=data.resample('D').size().to_period('D')
18 df.to_excel('result1.xlsx',index=False)                     # 导出数据为 Excel 文件
19 x=pd.date_range(start='20180401', periods=30)
20 y=df
21 # 绘制折线图
22 plt.rcParams['font.sans-serif']=['SimHei']                  # 解决中文乱码
23 plt.title(' 新用户注册时间分布图 ')                             # 图表标题
24 plt.xticks(fontproperties = 'Times New Roman', size = 8,rotation=20)  # X 轴字体大小
25 plt.plot(x,y)
26 plt.xlabel(' 注册日期 ')
27 plt.ylabel(' 用户数量 ')
28 plt.show()
```

运行程序，输出结果如图 16.2 所示。

在图 16.2 中，首先观察新用户注册的时间分布，可以发现在此期间，新用户的注册量有 3 次小高峰，并且在 4 月 13 日迎来最高峰，此后新用户注册量逐渐下降。

经过研究后发现，这个期间推出了新品，同时开放了新品并纳入了开学季活动，致使新用户注册人数达到新高峰。

▽ 小结

通过本章案例的学习，能够使读者了解 Python 连接 MySQL 数据库的相关技术。通过时间序列分析近三年注册用户增长情况和变化趋势，以及对新注册用户情况的分析，了解产品对新注册用户的影响，从而推出合理的营销方案，引导新用户注册，逐步扩大影响力和知名度。

扫码领取
· 教学视频
· 配套源码
· 实战练习答案
· ……

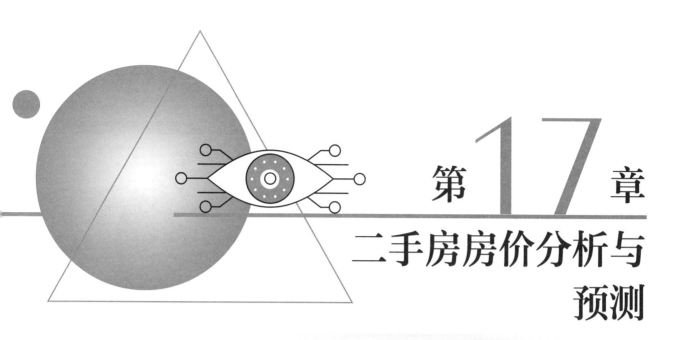

第17章
二手房房价分析与预测

衣食住行，住房一直以来都是热门话题，而房价更是大家时时刻刻关心的问题。虽然新商品房听着上档次，但是二手房是现房交易，并且具有地段较好、配套设施完善、产权权属清晰、选择面更广等优势，使得二手房越来越受到广大消费者的青睐。由此，越来越多的人关注二手房，对房价、面积、地段、装修等进行多维度对比与分析，从而找到既适合自己又具备一定升值空间的房子。

17.1 概述

本案例将通过数据分析方法实现"二手房数据分析预测系统"，用于对二手房数据进行分析、统计，并根据数据中的重要特征实现房屋价格的预测，最后通过可视化图表方式进行数据的显示功能。

17.2 案例效果预览

在"二手房数据分析预测系统"中，查看二手房各种数据分析图表时，需要在主窗体工具栏中单击对应的工具栏按钮。主窗体运行效果如图 17.1 所示。

在主窗体工具栏中单击"各区二手房均价分析"按钮，显示各区域二手房均

图 17.1　主窗体

价，如图 17.2 所示。

在主窗体工具栏中单击"各区二手房数量所占比例"按钮，了解各区二手房的销售数量和占比情况，如图 17.3 所示。

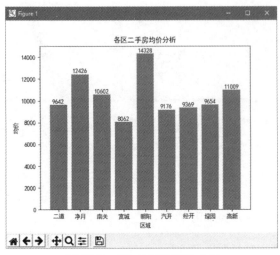

图 17.2　各区二手房均价分析

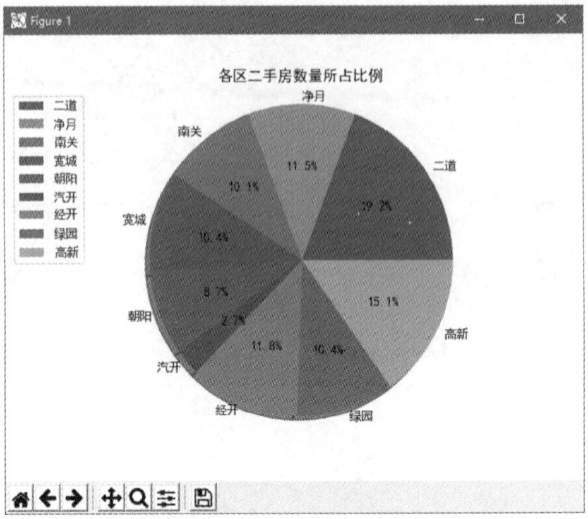

图 17.3　各区二手房数量所占比例

经过分析得知，二手房的装修程度也是购买者关心的一个重要元素。在主窗体工具栏中单击"全市二手房装修程度分析"按钮，分析全市二手房装修程度，如图 17.4 所示。

二手房的户型类别很多，如果需要查看所有二手房户型中比较热门的户型均价，则在主窗体工具栏中单击"热门户型均价分析"按钮，分析热门户型均价，如图 17.5 所示。

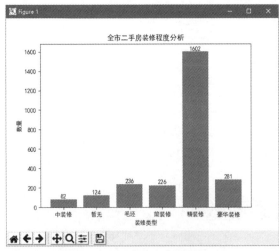

图 17.4　全市二手房装修程度分析

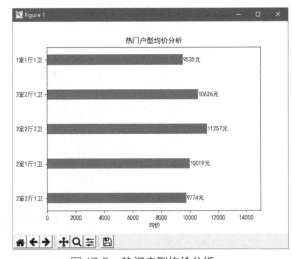

图 17.5　热门户型均价分析

分析二手房数据时，首先分析特征数据，然后通过回归算法的函数预测二手房的售价。在主窗体工具栏中单击"二手房售价预测"按钮，显示二手房售价预测的折线图，如图 17.6 所示。

17.3　案例准备

本章案例的运行环境及所需模块具体如下。

♻ 操作系统：Windows 10。

- Python 版本：Python 3.9。
- 开发工具：PyCharm。
- Python 内置模块：sys。
- 第三方模块：pandas（1.2.4）、openpyxl（3.0.7）、xlrd（2.0.1）、xlwt（1.3.0）、numpy（1.20.3）、matplotlib（3.4.2）、PyQt5（5.15.4）、PyQt5Designer（5.14.1）、pytq5-tools（5.15.3.3.1）、scipy（1.7.1）、Scikit-Learn（0.24.2）。

17.4 业务流程

基于线性回归的二手房房价分析与预测，具体业务流程如图 17.7 所示。

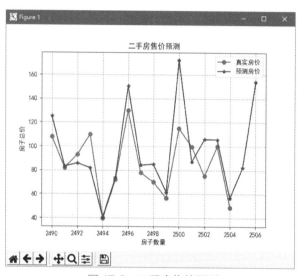

图 17.6　二手房售价预测

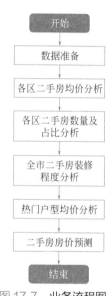

图 17.7　业务流程图

17.5 图表工具模块

图表工具模块为自定义工具模块，该模块中主要定义用于显示可视化数据图表的函数，用于实现饼形图、折线图及条形图的绘制与显示工作。图表工具模块创建完成后根据数据分析的类型调用对应的图表函数，就可以实现数据的可视化操作。

17.5.1 绘制饼形图

在绘制饼形图时，首先需要创建 chart.py 文件，该文件为图表工具的自定义模块。然后在该文件中导入 matplotlib 模块与 pyplot 子模块，接下来为了避免中文乱码，需要创建 rcParams() 对象。

绘制饼形图的函数名称为 pie_chart()，用于显示各区二手房数量所占比例。该函数需要三个参数：size 为饼形图中每个区的二手房数量，label 为每个区对应的名称，title 为图表的标题。程序代码如下。

 源码位置　　　　　　　　　　　　　　　👁 资源包 \Code\17\ house_data_analysis\chart.py

```
01 import matplotlib  # 导入图表模块
02 import matplotlib.pyplot as plt  # 导入绘图模块
```

```
03  # 避免中文乱码
04  matplotlib.rcParams['font.sans-serif'] = ['SimHei']
05  matplotlib.rcParams['axes.unicode_minus'] = False
06  # 显示饼形图
07  def pie_chart(size,label,title):
08      """
09      绘制饼形图
10      size: 各部分大小
11      labels: 设置各部分标签
12      labeldistance: 设置标签文本距圆心位置，1.1 表示 1.1 倍半径
13      autopct: 设置圆里面文本
14      shadow: 设置是否有阴影
15      startangle: 起始角度，默认从 0 开始逆时针转
16      pctdistance: 设置圆内文本距圆心距离
17      """
18      plt.figure()                               # 图表画布
19      plt.pie(size, labels=label,labeldistance=1.05,
20              autopct="%1.1f%%", shadow=True, startangle=0, pctdistance=0.6)
21      plt.axis("equal")                          # 设置横轴和纵轴大小相等，这样饼才是圆的
22      plt.title(title, fontsize=12)
23      plt.legend(bbox_to_anchor=(0.03, 1))       # 让图例生效，并设置图例显示位置
24      plt.show()                                 # 显示饼形图
```

17.5.2 绘制折线图

绘制折线图的函数名称为 broken_line()，用于显示真实房价与预测房价的折线图。该函数需要三个参数，y 用于表示二手房的真实价格，y_pred 为二手房的预测价格，title 为图表的标题。程序代码如下。

 **源码位置** ◉ 资源包 \Code\17\ house_data_analysis\chart.py

```
01  # 显示预测房价折线图
02  def broken_line(y,y_pred,title):
03      '''
04      y:y 轴折线点，也就是房子总价
05      y_pred，预测房价的折线点
06      color: 折线的颜色
07      marker: 折点的形状
08      '''
09      plt.figure()                                        # 画布
10      plt.plot(y, color='r', marker='o',label=' 真实房价 ')  # 绘制折线，并在折点添加红色圆点
11      plt.plot(y_pred, color='b', marker='*',label=' 预测房价 ')
12      plt.xlabel(' 房子数量 ')
13      plt.ylabel(' 房子总价 ')
14      plt.title(title)                                    # 表标题文字
15      plt.legend()                                        # 显示图例
16      plt.grid()                                          # 显示网格
17      plt.show()                                          # 显示图表
```

17.5.3 绘制条形图

本案例涉及的绘制条形图的函数一共有三个，分别用于显示各区二手房均价、全市二手房装修程度及热门户型均价。定义函数的具体方式如下。

1. 绘制各区二手房均价的条形图

各区二手房均价的条形图为纵向条形图，函数名称为 average_price_bar()，该函数需要三个参数，x 为各区的名称，y 为各区二手房的均价数据，title 为图表的标题。程序代码如下：

源码位置　　　　　　　　　　　　　　　　　◉ 资源包 \Code\17\ house_data_analysis\chart.py

```
01  # 显示均价条形图
02  def average_price_bar(x,y, title):
03      plt.figure()                              # 画布
04      plt.bar(x,y, alpha=0.8)                    # 绘制条形图
05      plt.xlabel(" 区域 ")                        # " 区域 " 文字
06      plt.ylabel(" 均价 ")                        # " 均价 " 文字
07      plt.title(title)                           # 表标题文字
08      # 为每一个图形加数值标签
09      for x, y in enumerate(y):
10          plt.text(x, y + 100, y, ha='center')
11      plt.show()                                 # 显示图表
```

2. 绘制全市二手房装修程度的条形图

全市二手房装修程度的条形图为纵向条形图，函数名称为 renovation_bar()，该函数需要三个参数，*x* 为装修类型的名称，*y* 为每种装修类型对应的数量，title 为图表的标题。程序代码如下。

源码位置　　　　　　　　　　　　　　　　　◉ 资源包 \Code\17\ house_data_analysis\chart.py

```
01  # 显示装修条形图
02  def renovation_bar(x,y, title):
03      plt.figure()                              # 画布
04      plt.bar(x,y, alpha=0.8)                    # 绘制条形图
05      plt.xlabel(" 装修类型 ")                    # " 装修类型 " 文字
06      plt.ylabel(" 数量 ")                        # " 数量 " 文字
07      plt.title(title)                           # 表标题文字
08      # 为每一个图形加数值标签
09      for x, y in enumerate(y):
10          plt.text(x, y + 10, y, ha='center')
11      plt.show()                                 # 显示图表
```

3. 绘制热门户型均价的条形图

热门户型均价的条形图为水平条形图，函数名称为 bar()，该函数需要三个参数，price 为热门户型的均价，type 为热门户型的名称，title 为图表的标题。程序代码如下。

源码位置　　　　　　　　　　　　　　　　　◉ 资源包 \Code\17\ house_data_analysis\chart.py

```
01  # 显示热门户型的水平条形图
02  def bar(price,type, title):
03      """
04      绘制水平条形图方法 barh
05      参数一: y 轴
06      参数二: x 轴
07      """
08      plt.figure()                              # 画布
09      plt.barh(type, price, height=0.3, color='r', alpha=0.8)  # 从下往上画水平条形图
10      plt.xlim(0, 15000)                         # X 轴的均价为 0 ~ 15000
11      plt.xlabel(" 均价 ")                        # " 均价 " 文字
12      plt.title(title)                           # 表标题文字
13      # 为每一个图形加数值标签
14      for y, x in enumerate(price):
15          plt.text(x + 10, y,str(x) + ' 元 ', va='center')
16      plt.show()                                 # 显示图表
```

17.6 实现过程

17.6.1 数据清洗

在实现数据分析前需要先对数据进行清洗工作，清洗数据的主要目的是为了减小数据分析的误差。清洗数据时首先需要读取数据，然后观察数据中是否存在无用值、缺失值及数据类型是否需要进行转换等。清洗二手房数据的具体步骤如下。

① 读取二手房数据文件，显示部分数据，程序代码如下。

📀 源码位置　　　　　　　　　　　👁 资源包 \Code\17\house_data_analysis\house_analysis.py

```
01 import pandas as as pd            # 导入数据统计模块
02 data = pd.read_csv('data.csv')    # 读取 csv 数据文件
03 print(data.head())                # 打印文件内容的头部信息
```

运行程序，输出结果如图 17.8 所示。

	Unnamed: 0	小区名字	总价	户型	建筑面积	单价	朝向	楼层	装修	区域
0	0	中天北湾新城	89万	2室2厅1卫	89平米	10000元/平米	南北	低层	毛坯	高新
1	1	桦林苑	99.8万	3室2厅1卫	143平米	6979元/平米	南北	中层	毛坯	净月
2	2	嘉柏湾	32万	1室1厅1卫	43.3平米	7390元/平米	南	高层	精装修	经开
3	3	中环12区	51.5万	2室1厅1卫	57平米	9035元/平米	南北	高层	精装修	南关
4	4	昊源高格蓝湾	210万	3室2厅2卫	160.8平米	13060元/平米	南北	高层	精装修	二道

图 17.8　二手房数据（部分数据）

观察上述数据，首先"Unnamed: 0"索引列对于数据分析没有任何帮助，然后"总价""建筑面积"及"单价"所对应的数据不是数值类型，所以无法进行计算。接下来对这些数据进行处理。

② 将索引列"Unnamed: 0"删除，然后将数据中的所有缺失值删除，再分别将"总价""建筑面积"及"单价"对应数据中的字符删除仅保留数字部分，接着将数字转换为 float 类型，最后输出数据。程序代码如下。

📀 源码位置　　　　　　　　　　　👁 资源包 \Code\17\ house_data_analysis\house_analysis.py

```
01 del data['Unnamed: 0']                                        # 将索引列删除
02 data.dropna(axis=0, how='any', inplace=True)                  # 删除 data 数据中的所有空值
03 # 将单价中的 " 元 / 平米 " 去掉
04 data[' 单价 '] = data[' 单价 '].map(lambda d: d.replace(' 元 / 平米 ', ''))
05 data[' 单价 '] = data[' 单价 '].astype(float)                    # 将房子单价转换为浮点类型
06 data[' 总价 '] = data[' 总价 '].map(lambda z: z.replace(' 万 ', ''))  # 将总价中的 " 万 " 去掉
07 data[' 总价 '] = data[' 总价 '].astype(float)                    # 将房子总价转换为浮点类型
08 # 将建筑面积中的 " 平米 " 去掉
09 data[' 建筑面积 '] = data[' 建筑面积 '].map(lambda p: p.replace(' 平米 ', ''))
10 data[' 建筑面积 '] = data[' 建筑面积 '].astype(float)              # 将建筑面积转换为浮点类型
11 print(data.head())                                            # 打印文件内容的头部信息
```

运行程序，输出结果如图 17.9 所示。

17.6.2 各区二手房均价分析

实现各区二手房均价分析前，首先需要将数据按所属区域进行划分，然后计算每个区域的二

	小区名字	总价	户型	建筑面积	单价	朝向	楼层	装修	区域
0	中天北湾新城	89.0	2室2厅1卫	89.0	10000.0	南北	低层	毛坯	高新
1	桦林苑	99.8	3室2厅1卫	143.0	6979.0	南北	中层	毛坯	净月
2	嘉柏湾	32.0	1室1厅1卫	43.3	7390.0	南	高层	精装修	经开
3	中环12区	51.5	2室1厅1卫	57.0	9035.0	南北	高层	精装修	南关
4	昊源高格蓝湾	210.0	3室2厅2卫	160.8	13060.0	南北	高层	精装修	二道

图 17.9　处理后的二手房数据（部分数据）

手房均价，最后将区域及对应的房屋均价信息通过纵向条形图显示，具体步骤如下。

① 通过 groupby() 方法实现二手房区域的划分，然后通过 mean() 方法计算出每个区域的二手房均价，最后分别通过 index 属性与 values 属性获取所有区域信息与对应的均价。程序代码如下。

源码位置 　　　　　　　　　　👁 资源包 \Code\17\house_data_analysis\house_analysis.py

```
01 def get_average_price():
02     group = data.groupby(' 区域 ')                         # 将房子区域分组
03     average_price_group = group[' 单价 '].mean()           # 计算每个区域的均价
04     region = average_price_group.index                    # 区域
05     average_price = average_price_group.values.astype(int) # 区域对应的均价
06     return region, average_price                          # 返回区域与对应的均价
```

② 在主窗体初始化类中创建 show_average_price() 方法，用于绘制并显示各区二手房均价分析图。程序代码如下。

源码位置 　　　　　　　　　　👁 资源包 \Code\17\house_data_analysis\show_window.py

```
01 # 显示各区二手房均价分析图
02 def show_average_price(self):
03     region, average_price= house_analysis.get_average_price()  # 获取房子区域与均价
04     chart.average_price_bar(region,average_price,' 各区二手房均价分析 ')
```

③ 指定显示各区二手房均价分析图按钮事件所对应的方法。程序代码如下。

源码位置 　　　　　　　　　　👁 资源包 \Code\17\house_data_analysis\show_window.py

```
01 # 显示各区二手房均价分析图，按钮事件
02 main.btn_1.triggered.connect(main.show_average_price)
```

④ 在主窗体工具栏中单击"各区二手房均价分析"按钮，显示各区二手房均价分析图，如图 17.2 所示。

17.6.3　各区二手房数量及占比分析

在实现各区二手房数量及占比分析时，首先需要对数据中的每个区域进行分组并获取每个区域的房子数量，然后获取每个区域与对应的二手房数量，最后计算每个区域二手房数量的百分比。具体步骤如下。

① 通过 groupby() 方法对二手房区域进行分组，并使用 size() 方法获取每个区域的分组数量（区域对应的二手房数量），然后使用 index 属性与 values 属性分别获取每个区域与对应的二手房数量，最后计算每个区域二手房数量的百分比。程序代码如下。

源码位置 　　　　　　　　　　👁 资源包 \Code\17\house_data_analysis\house_analysis.py

```
01 # 获取各区二手房数量比例
02 def get_house_number():
03     group_number = data.groupby(' 区域 ').size()        # 二手房区域分组数量
04     region = group_number.index                         # 区域
05     numbers = group_number.values                       # 获取每个区域内二手房出售的数量
06     percentage = numbers / numbers.sum() * 100          # 计算每个区域二手房数量的百分比
07     return region, percentage                           # 返回百分比
```

② 在主窗体初始化类中创建 show_house_number() 方法，用于绘制并显示各区二手房数量所占比例的分析图。程序代码如下。

299

源码位置　　　　　　　　　　　　　👁 资源包 \Code\17\house_data_analysis\show_window.py

```
01  # 显示各区二手房数量所占比例
02  def show_house_number(self):
03      region, percentage = house_analysis.get_house_number()      # 获取二手房区域与数量百分比
04      chart.pie_chart(percentage,region,'各区二手房数量所占比例')   # 显示图表
```

③ 指定显示各区二手房数量所占比例图按钮事件所对应的方法。程序代码如下。

源码位置　　　　　　　　　　　　　👁 资源包 \Code\17\house_data_analysis\show_window.py

```
01  # 显示各区二手房数量所占比例图，按钮事件
02  main.btn_2.triggered.connect(main.show_house_number)
```

④ 在主窗体工具栏中单击"各区二手房数量所占比例"按钮，显示各区二手房数量及占比分析图，如图 17.3 所示。

17.6.4　全市二手房装修程度分析

在实现全市二手房装修程度分析时，首先需要将二手房的装修程度进行分组并将每个分组对应的数量统计出来，再将装修程度分类信息与对应的数量进行数据的分离工作。具体步骤如下。

① 通过 groupby() 方法对房子的装修程度进行分组，并使用 size() 方法获取每个装修程度分组的数量，然后使用 index 属性与 values 属性分别获取每个装修程度分组与对应的数量。程序代码如下。

源码位置　　　　　　　　　　　　　👁 资源包 \Code\17\house_data_analysis\house_analysis.py

```
01  # 获取全市二手房装修程度对比
02  def get_renovation():
03      group_renovation = data.groupby('装修').size()    # 将房子装修程度分组并统计数量
04      type = group_renovation.index                      # 装修程度
05      number = group_renovation.values                   # 装修程度对应的数量
06      return type, number                                # 返回装修程度与对应的数量
```

② 在主窗体初始化类中创建 show_renovation() 方法，用于绘制并显示全市二手房装修程度分析图。程序代码如下。

源码位置　　　　　　　　　　　　　👁 资源包 \Code\17\house_data_analysis\show_window.py

```
01  # 显示全市二手房装修程度分析
02  def show_renovation(self):
03      type, number = house_analysis.get_renovation()         # 获取全市二手房装修程度
04      chart.renovation_bar(type,number,'全市二手房装修程度分析')  # 显示图表
```

③ 指定显示全市二手房装修程度分析图按钮事件所对应的方法。程序代码如下。

源码位置　　　　　　　　　　　　　👁 资源包 \Code\17\house_data_analysis\show_window.py

```
01  # 显示全市二手房装修程度分析图，按钮事件
02  main.btn_3.triggered.connect(main.show_renovation)
```

④ 在主窗体工具栏中单击"全市二手房装修程度分析"按钮，显示全市二手房装修程度分析图，如图 17.4 所示。

17.6.5 热门户型均价分析

在实现热门户型均价分析时,首先需要对户型进行分组并获取每个分组所对应的数量,然后对户型分组数量进行降序处理,提取前 5 组户型数据,作为热门户型的数据,最后计算每个热门户型的均价。具体步骤如下。

① 首先通过 groupby() 方法对二手房的户型进行分组,并使用 size() 方法获取每个户型分组的数量,使用 sort_values() 方法对户型分组数量进行降序处理;然后通过 head() 方法,提取前 5 组户型数据;再通过 mean() 方法计算每个户型的均价;最后使用 index 属性与 values 属性分别获取户型与对应的均价。程序代码如下。

源码位置 👁 资源包 \Code\17\house_data_analysis\house_analysis.py

```
01 # 获取二手房热门户型均价
02 def get_house_type():
03     house_type_number = data.groupby('户型').size()           # 二手房户型分组数量
04     sort_values = house_type_number.sort_values(ascending=False)  # 将户型分组数量进行降序处理
05     top_five = sort_values.head(5)                            # 提取前 5 组户型数据
06     house_type_mean = data.groupby('户型')['单价'].mean()      # 计算每个热门户型的均价
07     type = house_type_mean[top_five.index].index              # 热门户型
08     price = house_type_mean[top_five.index].values            # 热门户型对应的均价
09     return type, price.astype(int)                            # 返回热门户型与对应的均价
```

② 在主窗体初始化类中创建 show_type() 方法,绘制并显示热门户型均价的分析图。程序代码如下。

源码位置 👁 资源包 \Code\17\house_data_analysis\show_window.py

```
01 # 显示热门户型均价分析图
02 def show_type(self):
03     type, price = house_analysis.get_house_type()            # 获取全市二手房热门户型均价
04     chart.bar(price,type,'热门户型均价分析')
```

③ 指定显示热门户型均价分析图按钮事件所对应的方法。程序代码如下。

源码位置 👁 资源包 \Code\17\house_data_analysis\show_window.py

```
01 # 显示热门户型均价分析图,按钮事件
02 main.btn_4.triggered.connect(main.show_type)
```

④ 在主窗体工具栏中单击"热门户型均价分析"按钮,显示热门户型均价分析图,效果如图 17.5 所示。

17.6.6 二手房房价预测

在实现二手房房价预测时,需要提供二手房源数据中的参考数据(特征值),这里将"户型"与"建筑面积"作为参考数据来进行房价的预测,所以需要观察"户型"数据是否符合分析条件。如果参考数据不符合分析条件时,需要再次对数据进行清洗处理,再通过源数据中已知的参考数据"建筑面积"及"户型"进行未知房价的预测。实现的具体步骤如下。

① 查看源数据中的"建筑面积"与"户型"数据,确认数据是否符合数据分析条件。程序代码如下。

源码位置 👁 资源包 \Code\17\house_data_analysis\house_analysis.py

```
01 # 获取价格预测
02 def get_price_forecast():
03     data_copy = data.copy()        # 拷贝数据
04     print(data_copy[['户型', '建筑面积']].head())
```

运行程序，输出结果如图 17.10 所示。

	户型	建筑面积
0	2室2厅1卫	89.0
1	3室2厅1卫	143.0
2	1室1厅1卫	43.3
3	2室1厅1卫	57.0
4	3室2厅2卫	160.8

图 17.10　户型和建筑面积（部分数据）

② 从输出结果得知，"户型"数据中包含文字信息，而文字信息并不能实现数据分析时的拟合工作，所以需要将"室"、"厅"和"卫"进行独立字段的处理。程序代码如下。

📚 **源码位置**　　　　　　　　👁 资源包 \Code\17\house_data_analysis\house_analysis.py

```
01  data_copy[['室', '厅', '卫']] = data_copy['户型'].str.extract('(\d+)室(\d+)厅(\d+)卫')
02  data_copy['室'] = data_copy['室'].astype(float)    # 将房子"室"转换为浮点类型
03  data_copy['厅'] = data_copy['厅'].astype(float)    # 将房子"厅"转换为浮点类型
04  data_copy['卫'] = data_copy['卫'].astype(float)    # 将房子"卫"转换为浮点类型
05  print(data_copy[['室', '厅', '卫']].head())         # 打印"室""厅""卫"数据
```

运行程序，输出结果如图 17.11 所示。

	室	厅	卫
0	2.0	2.0	1.0
1	3.0	2.0	1.0
2	1.0	1.0	1.0
3	2.0	1.0	1.0
4	3.0	2.0	2.0

图 17.11　处理后的户型数据（部分数据）

③ 将数据中没有参考意义的数据删除，其中包含"小区名字""户型""朝向""楼层""装修""区域""单价"及缺失空值，然后将"建筑面积"小于 300m^2 的房子信息筛选出来。程序代码如下。

📚 **源码位置**　　　　　　　　👁 资源包 \Code\17\house_data_analysis\house_analysis.py

```
01  del data_copy['小区名字']
02  del data_copy['户型']
03  del data_copy['朝向']
04  del data_copy['楼层']
05  del data_copy['装修']
06  del data_copy['区域']
07  del data_copy['单价']
08  data_copy.dropna(axis=0, how='any', inplace=True)    # 删除 data 数据中的所有缺失值
09  # 获取"建筑面积"小于 300 平方米的房子信息
10  new_data = data_copy[data_copy['建筑面积'] < 300].reset_index(drop=True)
11  print(new_data.head())                               # 打印处理后的前 5 条信息
```

运行程序，输出结果如图 17.12 所示。

	总价	建筑面积	室	厅	卫
0	89.0	89.0	2.0	2.0	1.0
1	99.8	143.0	3.0	2.0	1.0
2	32.0	43.3	1.0	1.0	1.0
3	51.5	57.0	2.0	1.0	1.0
4	210.0	160.8	3.0	2.0	2.0

图 17.12　"建筑面积"小于 300m^2 的数据（部分数据）

④ 添加自定义预测数据，其中包含"总价""建筑面积""室""厅""卫"，总价数据为"None"，其他数据为模拟数据，然后进行数据的标准化，定义特征数据与目标数据，最后训练回归模型进行未知房价的预测。程序代码如下。

源码位置　　　　　　　　　　　　◎ 资源包 \Code\17\house_data_analysis\house_analysis.py

```
01 #   添加自定义预测数据
02 new_data.loc[2505] = [None, 88.0, 2.0, 1.0, 1.0]
03 new_data.loc[2506] = [None, 136.0, 3.0, 2.0, 2.0]
04 data_train=new_data.loc[0:2504]
05 x_list = ['建筑面积', '室', '厅', '卫']                    # 自变量参考列
06 data_mean = data_train.mean()                            # 获取平均值
07 data_std = data_train.std()                              # 获取标准偏差
08 data_train = (data_train - data_mean) / data_std         # 数据标准化
09 x_train = data_train[x_list].values                      # 特征数据
10 y_train = data_train['总价'].values                       # 目标数据，总价
11 linearsvr = LinearSVR(C=0.1)                             # 创建 LinearSVR() 对象
12 linearsvr.fit(x_train, y_train)                          # 训练模型
13 # 标准化特征数据
14 x = ((new_data[x_list] - data_mean[x_list]) / data_std[x_list]).values
15 # 添加预测房价的信息列
16 new_data[u'y_pred'] = linearsvr.predict(x) * data_std['总价'] + data_mean['总价']
17 print('真实值与预测值分别为: \n', new_data[['总价', 'y_pred']])
18 y = new_data[['总价']][2490:]                            # 获取 2490 以后的真实总价
19 y_pred = new_data[['y_pred']][2490:]                     # 获取 2490 以后的预测总价
20 return y,y_pred                                          # 返回真实房价与预测房价
```

查看打印的"真实值"与"预测值"，其中索引编号为"2505""2506"的数据是模拟的未知数据，输出结果如图 17.13 所示（由于数据过多，省略部分数据）。

```
真实值与预测值分别为:
        总价        y_pred
0       89.0      84.769660
1       99.8     143.716392
2       32.0      32.521474
3       51.5      50.998585
4      210.0     178.942263
5      118.0     199.319915
...
2505     NaN      82.129063
2506     NaN     154.037881
```

图 17.13　真实值和预测值（省略部分数据）

从输出结果得知，"总价"列为房价的真实数据，而"y_pred"列为房价的预测数据，其中索引号为"2505"与"2506"的数据是模拟的未知数据，所以对应的"总价"列中的数据为空，而右侧的数据是根据已知的参考数据预测而来的。

⑤ 在主窗体初始化类中创建 show_total_price() 方法，用于绘制并显示二手房售价预测折线图。程序代码如下。

源码位置　　　　　　　　　　　　◎ 资源包 \Code\17\house_data_analysis\show_window.py

```
01 def show_total_price(self):
02     true_price,forecast_price = house_analysis.get_price_forecast()   # 获取预测房价
03     chart.broken_line(true_price,forecast_price,'二手房售价预测')        # 绘制及显示图表
```

⑥ 指定显示全市二手房售价预测图按钮事件所对应的方法。程序代码如下。

源码位置　　　　　　　　👁 资源包 \Code\17\house_data_analysis\show_window.py

```
01 # 显示全市二手房户售价预测图，按钮事件
02 main.btn_5.triggered.connect(main.show_total_price)
```

⑦ 在主窗体工具栏中单击"二手房售价预测"按钮，显示全市二手房售价预测分析图，效果如图 17.6 所示。

说明

　　为了清晰地体现二手房售价预测数据，以上选择了展示部分数据，即索引为"2490"以后的预测房价，其中蓝色多出的部分为索引"2505"和"2506"的预测房价。

小结

　　本章主要使用 Python 开发了"二手房数据分析预测系统"，该项目主要应用了 Pandas 和 Scikit-Learn 模块。其中，Pandas 模块主要用于实现数据的预处理及数据的分类等，而 Scikit-Learn 模块主要用于实现数据的回归模型及预测功能，最后通过绘图模块 Matplotlib，将分析后的数据绘制成图表，从而形成更直观的可视化数据。在开发过程中，数据分析是该案例的重点与难点，需要读者认真领会其中的算法，方便读者开发其他项目。

扫码领取
·教学视频
·配套源码
·实战练习答案
·......

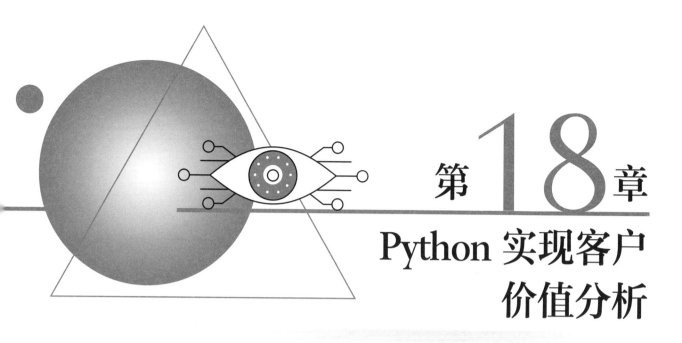

第18章

Python 实现客户价值分析

随着行业竞争越来越激烈，商家将更多的运营思路转向客户，客户是企业生存的关键，能够把握住客户就能够掌控企业的未来。

客户的需求是客户消费的最直接原因，那么，企业如何细分客户，确定哪些是重要保持客户、哪些是发展客户、哪些是潜在客户，从而针对不同客户群体定制不同的营销策略，实现精准营销，降低营销成本，提高销售业绩，使企业利润最大化。

18.1 概述

淘宝客户价值分析通过聚类分析方法实现根据客户历史消费记录分析不同客户群体的特征和价值。例如，哪些是重要保持客户、哪些是发展客户、哪些是潜在客户，从而帮助电商针对不同客户群体定制不同的营销策略，实现精准营销、降低营销成本，提高销售业绩，使企业利润最大化。

18.2 案例效果预览

淘宝客户价值分析对客户数据进行分类，根据业务需要这里分为4类，如图 18.1～图 18.4 所示。

18.3 案例准备

本章案例的运行环境及所需模块具体如下。

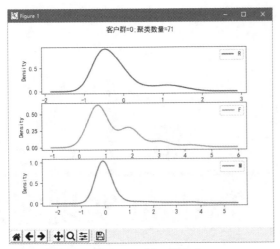

图 18.1　第一类客户

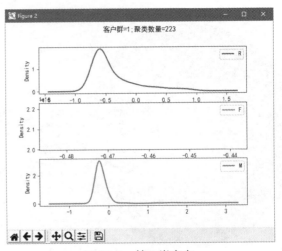

图 18.2　第二类客户

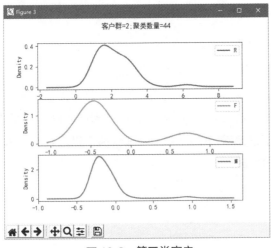

图 18.3　第三类客户

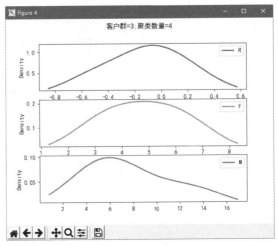

图 18.4　第四类客户

- ☞ 操作系统: Windows 10。
- ☞ Python 版本: Python 3.9
- ☞ 开发工具: PyCharm。
- ☞ 第三方模块: pandas（1.2.4）、openpyxl（3.0.7）、xlrd（2.0.1）、xlwt（1.3.0）、numpy（1.20.3）、matplotlib（3.4.2）、scipy（1.7.1）、scikit-learn（0.24.2）。

18.4　业务流程

淘宝客户价值分析主要包括数据准备、数据抽取、数据探索分析、数据处理、客户聚类以及标记客户类别，具体业务流程如图 18.5 所示。

18.5　分析方法

本章客户价值分析主要使用的是聚类分析方法，在对客户进行聚类前，首先要使用 RFM 模型分析客户价值，那么下面就从 RFM 模型说起。

图 18.5　业务流程图

18.5.1　RFM 模型

RFM 模型是衡量客户价值和客户潜在价值的重要工具和手段，大部分运营人员都会接触到该模型。RFM 模型是国际上最成熟、最简单的客户价值分析方法，它包括以下 3 个指标。

🔁 R：最近消费时间间隔（recency）。

🔁 F：消费频率（frequency）。

🔁 M：消费金额（monetary）。

RFM 模型由 3 个指标的首字母组合而成，如图 18.6 所示。

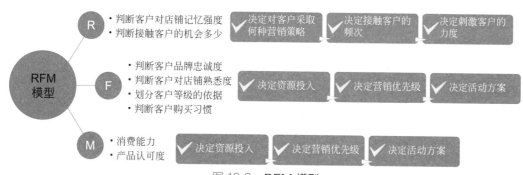

图 18.6　RFM 模型

下面对 R、F、M 3 个指标进行详细介绍。

🔁 R：最近消费时间间隔，表示客户最近一次消费时间与上一次消费时间的距离。R 越大，表示客户越久未发生交易；R 越小，表示客户越近有交易发生。R 越大，则客户越可能会"沉睡"，流失的可能性越大。在这部分客户中，可能有些优质客户，值得通过一些营销手段进行激活。

F：消费频率，表示客户在一段时间内的消费次数。F 越大，表示客户交易越频繁，是非常忠诚的客户，是对公司的产品认同度较高的客户；F 越小，则表示客户不够活跃，且可能是竞争对手的常客。针对 F 较小且消费额较大的客户，需要推出一定的竞争策略，将这批客户从竞争对手手中争取过来。

M：消费金额，可以是最近一次消费金额，也可以是过去的平均消费金额。根据分析的目的不同，可以有不同的标识方法。

一般来讲，单次交易金额较大的客户，支付能力强，价格敏感度低。帕累托法则告诉我们，一个公司 80% 的收入都是由消费最多的 20% 的客户贡献的，所以消费金额大的客户是较为优质的客户，是高价值客户，这类客户可采取一对一的营销方案。

18.5.2　聚类

聚类的目的是把数据分类，但是事先我们不知道如何去分，完全是靠算法判断数据之间的相似性，相似的就放在一起。本章通过聚类实现客户分类，将相似的客户分为一类，主要使用了机器学习 Scikit-Learn 中的聚类模块 cluster 提供的 K-means 方法。有关聚类的介绍可以参考第 10 章。

18.6　实现过程

18.6.1　数据准备

实现客户价值分析首先需要准备数据，淘宝电商存在大量的历史交易数据，本案例仅抽取近两年的交易数据，即 2018 年 1 月 1 日至 2019 年 12 月 31 日的交易数据。通过数据中的"买家会员名""订单付款时间"和"买家实际支付金额"来分析客户价值。

18.6.2 数据抽取

由于近两年的数据分别存放在不同的 Excel 中，那么，在数据抽取前需要对数据进行合并，然后从合并后的数据中抽取与客户价值分析相关的数据，即"买家会员名""订单付款时间"和"买家实际支付金额"。程序代码如下。

源码位置　　　　　　　　　　　　　　　　　　　　👁 资源包 \Code\18\data_concat.py

```
01 import pandas as pd
02 #读取 Excel 文件
03 df_2018=pd.read_excel('./data/2018.xlsx')
04 df_2019=pd.read_excel('./data/2019.xlsx')
05 #抽取指定列数据
06 df_2018=df_2018[['买家会员名','买家实际支付金额','订单付款时间']]
07 df_2019=df_2019[['买家会员名','买家实际支付金额','订单付款时间']]
08 #数据合并与导出
09 dfs=pd.concat([df_2018,df_2019])
10 print(dfs.head())        #输出部分数据
11 dfs.to_excel('./data/all.xlsx')
```

18.6.3 数据探索分析

数据探索分析的目的是分析与客户价值 RFM 模型有关的数据是否存在数据缺失、数据异常的情况，分析出数据的规律。通常在数据量较小的情况下，打开数据表就能够看到不符合要求的数据，手动处理即可，而在数据量较大的情况下就需要使用 Python。这里主要使用 describe() 函数，通过该函数可以自动计算字段非空值数（count）（空值数 = 数据总数 - 非空值数）、最大值（max）、最小值（min）、平均值（mean）、唯一值数（unique）、中位数（50%）、频数最高者（top）、最高频数（freq）、方差（std），从而帮我们分析有多少数据存在数据缺失、数据异常的情况。如图 18.7 所示，"订单付款时间"中有 637 条空值记录，"买家实际支付金额"的最小值为 0，说明这些数据中的客户并没有在店铺消费，属于无效数据，因此没有必要对这部分客户进行分析。

	A	B	C	D
1		空值数	最大值	最小值
2	买家会员名	0		
3	买家实际支付金额	0	25332.97	0
4	订单付款时间	637		

图 18.7　数据缺失异常情况

程序代码如下。

源码位置　　　　　　　　　　　　　　　　　　　　👁 资源包 \Code\18\data_test.py

```
01 #对数据进行基本的探索
02 #返回空值个数及最大值、最小值
03 import pandas as pd
04 data = pd.read_excel('./data/all.xlsx')              # 读取 Excel 文件
05 view = data.describe(percentiles = [], include = 'all').T    # 数据的基本描述
06 view['null'] = len(data)-view['count']               # 快速查看数据的统计信息
07 view = view[['null', 'max', 'min']]
08 view.columns = [u'空值数', u'最大值', u'最小值']        # 表头重命名
09 print(view)                                          # 输出结果
10 view.to_excel('./data/result.xlsx')                 # 导出结果
```

18.6.4 计算 RFM 值

计算 RFM 值，需要对数据进行简单处理，去除"订单付款时间"中的空值，去除"买家实际支付金

额"中为 0 的数据，关键代码如下。

```
data=data_all[data_all[' 订单付款时间 '].notnull() & data_all[' 买家实际支付金额 '] !=0]
```

在计算 RFM 值前首先了解下 RFM 值的计算方法。

- ♻ 最近消费时间间隔（R 值）：最近一次消费时间与某时刻的时间间隔。计算公式为"某时刻的时间（如 2019-12-31）− 最近一次消费时间"。
- ♻ 消费频率（F 值）：客户累计消费次数。
- ♻ 消费金额（M 值）：客户累计消费金额。

了解了 RFM 值的计算方法，下面开始编写代码。

源码位置　　　　　　　　　　　　　　　　　　　　👁 资源包 \Code\18\data_RFM.py

```
01 import pandas as pd
02 import numpy as np
03 data_all = pd.read_excel('./data/all.xlsx')    # 读取 Excel 文件
04 # 去除空值，" 订单付款时间 " 非空值才保留
05 # 去除 " 买家实际支付金额 " 为 0 的记录
06 data=data_all[data_all[' 订单付款时间 '].notnull() & data_all[' 买家实际支付金额 '] !=0]
07 data=data.copy()        # 复制数据
08 # 计算 RFM 值
09 data[' 最近消费时间间隔 '] = (pd.to_datetime('2019-12-31') - pd.to_datetime(data[' 订单付款时间 '])).values/
np.timedelta64(1, 'D')
10 df=data[[' 订单付款时间 ',' 买家会员名 ',' 买家实际支付金额 ',' 最近消费时间间隔 ']]
11 df1=df.groupby(' 买家会员名 ').agg({' 买家会员名 ':'size',' 最近消费时间间隔 ': 'min',' 买家实际支付金额 ':'sum'})
12 df2=df1.rename(columns={' 买家会员名 ':' 消费频率 ',' 买家实际支付金额 ':' 消费金额 '})
13 df2.to_excel('./data/RFM.xlsx') # 导出结果
```

编写上述代码时，出现了如下警告信息。

```
01 SettingWithCopyWarning:
02 A value is trying to be set on a copy of a slice from a DataFrame.
03 Try using .loc[row_indexer,col_indexer] = value instead
```

解决办法是复制 DataFrame 数据，关键代码如下。

```
data=data.copy()
```

18.6.5　数据转换

数据转换是将数据转换成"适当的"格式，以适应数据分析和数据挖掘算法的需要。下面对 RFM 模型的数据进行标准化处理，程序代码如下。

源码位置　　　　　　　　　　　　　　　　　　　👁 资源包 \Code\18\data_transform.py

```
01 import pandas as pd
02 data = pd.read_excel('./data/RFM.xlsx')                 # 读取 Excel 文件
03 data=data[[' 最近消费时间间隔 ',' 消费频率 ',' 消费金额 ']]    # 提取指定列数据
04 data = (data - data.mean(axis = 0))/(data.std(axis = 0))  # 标准化处理
05 data.columns=['R','F','M']                              # 表头重命名
06 print(data.head())                                      # 输出部分数据
07 data.to_excel('./data/transformdata.xlsx', index = False) # 导出数据
```

运行程序，输出部分数据，如图 18.8 所示。

	R	F	M
0	-1.391819	-0.349334	-0.220797
1	-1.236457	-0.349334	-0.168030
2	-0.117496	-0.349334	0.012967
3	-1.244047	-0.349334	-0.148718
4	0.510053	0.976162	0.345271

18.6.6 客户聚类

下面使用 Scikit-Learn 的 cluster 模块的 K-means 方法实现客户聚类，聚类结果通过密度图显示，程序代码如下。

图 18.8 标准化处理（部分数据）

源码位置　　　　　　　　　　　　　　　◎ 资源包 \Code\18\data_kmeans.py

```python
01 import pandas as pd
02 # 引入 cluster 模块，导入 K-means 方法
03 from sklearn.cluster import KMeans
04 import matplotlib.pyplot as plt
05 # 读取数据并进行聚类分析
06 data = pd.read_excel('./data/transformdata.xlsx')      # 读取数据
07 k = 4                                                   # 设置聚类类别数
08 kmodel = KMeans(n_clusters = k)                         # 创建聚类模型
09 kmodel.fit(data)                                        # 训练模型
10 r1=pd.Series(kmodel.labels_).value_counts()
11 r2=pd.DataFrame(kmodel.cluster_centers_)
12 r=pd.concat([r2,r1],axis=1)
13 r.columns=list(data.columns)+[u'聚类数量']
14 r3 = pd.Series(kmodel.labels_,index=data.index)         # 类别标记
15 r = pd.concat([data,r3], axis=1)                        # 数据合并
16 r.columns = list(data.columns)+[u'聚类类别']
17 r.to_excel('./data/type.xlsx')                          # 导出数据
18 plt.rcParams['font.sans-serif']=['SimHei']              # 解决中文乱码
19 plt.rcParams['axes.unicode_minus']=False                # 解决负号不显示
20 # 密度图
21 for i in range(k):
22     cls=data[r[u'聚类类别']==i]
23     cls.plot(kind='kde',linewidth=2,subplots=True,sharex=False)
24     plt.suptitle('客户群=%d; 聚类数量=%d' %(i,r1[i]))
25 plt.show()
```

运行程序，效果如图 18.9、图 18.10、图 18.11 和图 18.12 所示。

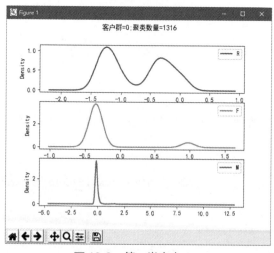

图 18.9 第一类客户

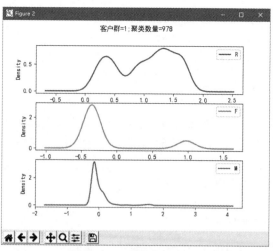

图 18.10 第二类客户

18.6.7 标记客户类别

为了清晰地分析客户，通过聚类模型标记客户类别，同时根据客户类别统计客户 RFM 值的特征。关

键代码如下。

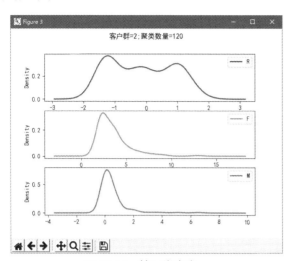

图 18.11　第三类客户

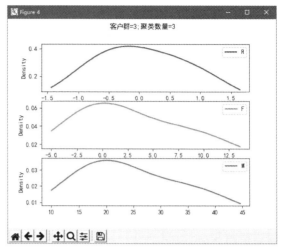

图 18.12　第四类客户

源码位置

👁 资源包 \Code\18\data_kmeans.py

```
01  # 标记原始数据的类别
02  cdata= pd.concat([cdata, pd.Series(kmodel.labels_, index=cdata.index)], axis=1)
03  # 重命名最后一列为 " 类别 "
04  cdata.columns=[' 买家会员名 ','R- 最近消费时间间隔 ','F- 消费频率 ','M- 消费金额 ',' 类别 ']
05  cdata.to_excel('./data/client.xlsx')
06  # 按照类别分组统计 R，F，M 的指标均值
07  data_mean = cdata.groupby([' 类别 ']).mean()
08  print(data_mean)
09  data_mean.to_excel('./data/client_mean.xlsx')
10  new=data_mean.mean()
11  # 增加一行 RFM 平均值（忽略索引），判断 RFM 值的高低
12  df=data_mean.append(new,ignore_index=True)
13  print(df)
```

运行程序，标记客户类别如图 18.13 所示。由于篇幅有限，这里只显示部分数据。

	A	B 买家会员名	C R-最近消费时间间隔	D F-消费频率	E M-消费金额	F 类别
2	0	mr0001	5.270231481	1	14.9	0
3	1	mr0002	41.35841435	1	51.87	0
4	2	mr0003	301.2756944	1	178.68	0
5	3	mr0004	39.5953125	1	65.4	0
6	4	mr0005	447.0455324	2	411.5	1
7	5	mr0006	710.4631829	1	48.86	1
8	6	mr0008	548.5095602	1	81.75	1
9	7	mr0009	3.467372685	1	70.4	0
10	8	mr0010	312.4875694	1	22.39	0
11	9	mr0011	283.4523727	1	45.37	0
12	10	mr0012	647.2321181	1	268	1
13	11	mr0013	251.1737963	1	64	0
14	12	mr0014	600.39125	1	41.86	1
15	13	mr0015	698.1458449	1	55.86	1
16	14	mr0016	21.41708333	1	159.18	0
17	15	mr0020	377.4949537	2	218	1
18	16	mr0023	82.29471065	3	344.94	2
19	17	mr0026	548.4136458	1	55.86	1
20	18	mr0027	216.3068981	1	215.46	0
21	19	mr0028	49.63803241	1	103	0
22	20	mr0029	615.3991435	1	140.72	1
23	21	mr0031	358.369375	2	30	1

图 18.13　标记客户类别

根据客户类别统计客户 RFM 值的特征，结果如图 18.14 所示。

	A	B	C	D
1	类别	R-最近消费时间间隔	F-消费频率	M-消费金额
2	0	156.7850468	1.10106383	107.8314666
3	1	563.9514648	1.152351738	156.979908
4	2	293.811736	3.9	517.1543333
5	3	339.3714853	3.333333333	17473.62333

图 18.14　按客户类别统计客户 RFM 值

18.7　客户价值结果分析

客户价值分析主要由两部分构成：第一部分根据淘宝电商客户 3 个指标的数据，对客户进行聚类，也就是将不同价值的客户分类；第二部分结合业务对每个客户群进行特征分析，分析其客户价值，并对客户群进行排名。

接下来，我们一起来观察以上 4 类客户的 RFM 各项值，它们高低各不相同，那么我们如何来判断它们的高低？这里将 RFM3 个指标的均值作为判断高低的点，低于均值是"低"，高于均值就是"高"，如图 18.15 所示，最后一行为均值。

	R-最近消费时间间隔	F-消费频率	M-消费金额
0	156.785047	1.101064	107.831467
1	563.951465	1.152352	156.979908
2	293.811736	3.900000	517.154333
3	339.371485	3.333333	17473.623333
4	338.479933	2.371687	4563.897260

RFM各值的均值

图 18.15　RFM 值高低比较

比较后，我们将客户群按价值高低进行分类和排名，客户群 0 是潜在客户、客户群 1 是一般发展客户、客户群 2 是一般保持客户、客户群 3 是重要保持客户，结果如图 18.16 所示。

R	F	M	聚类类别	客户类别	客户数	排名
低 ↓	低 ↓	低 ↓	0	潜在客户	1316 人	3
高 ↑	低 ↓	低 ↓	1	一般发展客户	978 人	4
低 ↓	高 ↑	低 ↓	2	一般保持客户	120 人	2
高 ↑	高 ↑	高 ↑	3	重要保持客户	3 人	1

图 18.16　客户类别

那么客户分类的依据是什么呢？

（1）重要保持客户

F、M 高，R 略高于均值。他们是淘宝电商的高价值客户，是最为理想型的客户类型，他们对企业品牌认可，对产品认可，贡献值最大，所占比例却非常小。这类客户花钱多又经常来，但是最近没来，这是一段时间没来的忠实客户。淘宝电商可以将这类客户作为重要客户进行一对一营销，以提高这类客户的忠诚度和满意度，尽可能延长这类客户的高水平消费。

（2）一般保持客户

F 高，这类客户消费次数多，是忠实的客户。针对这类客户应多传递促销活动、品牌信息、新品信息等。

（3）潜在客户

R、F 和 M 低，这类客户短时间内在店铺消费过，消费次数和消费金额较少，是潜在客户。虽然这类客户的当前价值并不是很高，但却有很大的发展潜力。针对这类客户应进行密集的营销信息推送，增加其在店铺的消费次数和消费金额。

（4）一般发展客户

低价值客户，R 高，F、M 低，说明这类客户很长时间没有在店铺交易了，而且消费次数和消费金额也较少。这类客户可能只会在店铺打折促销活动时才会消费，要想办法激活，否则会有流失的危险。

小结

本章主要通过 RFM 模型和 K-means 聚类算法实现了客户价值分析。RFM 模型是专门用于衡量客户价值和客户潜在价值的重要工具和手段，这里一定要掌握。

本章通过 K-means 聚类算法对客户进行分类。K-means 聚类算法还有很多应用，如通过监控老客户的活跃度，设计一个重要客户流失预警系统。一般而言，距上次购买时间越远，流失的可能性越大。

扫码领取
· 教学视频
· 配套源码
· 实战练习答案
· ……

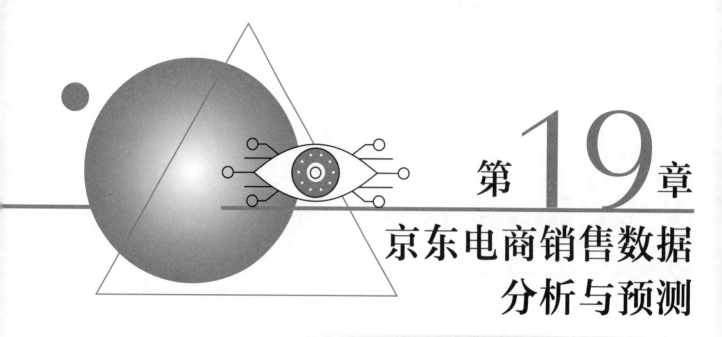

第19章

京东电商销售数据分析与预测

随着电商行业的激烈竞争，电商平台推出了各种数字营销方案，付费广告也是花样繁多。那么电商投入广告后，究竟能给企业增加多少收益，对销量的影响究竟有多大，是否满足了企业的需求，达到了企业的预期效果。针对这类问题企业需要进行科学的计算和处理，而不是凭直觉妄加猜测。

19.1　概述

京东电商销售数据分析与预测实现了销售收入分析，按天分析销售收入和按月分析销售收入。同时，通过折线图和散点图探索销售收入和广告费的相关性，从而实现对未来销售收入的预测以及预测评分。

19.2　案例效果预览

京东电商销售数据分析案例效果如图 19.1 ～ 19.4 所示。

19.3　案例准备

本章案例的运行环境及所需模块具体如下。
- ❖ 操作系统：Windows 10。
- ❖ Python 版本：Python 3.9。
- ❖ 开发工具：PyCharm。

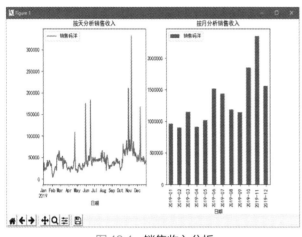

图 19.1　销售收入分析

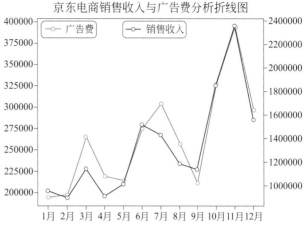

图 19.2　销售收入和广告费相关性分析

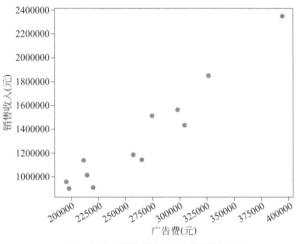

图 19.3　销售收入和广告费散点图

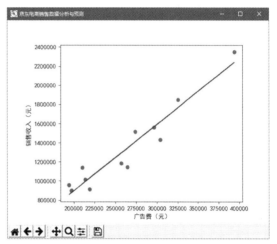

图 19.4　销售收入和广告费线性拟合图

♻ 第三方模块: pandas（1.2.4）、openpyxl（3.0.7）、xlrd（2.0.1）、xlwt（1.3.0）、numpy（1.20.3）、matplotlib（3.4.2）、scipy（1.7.1）、scikit-learn（0.24.2）。

19.4　业务流程

京东电商销售数据分析与预测主要包括数据处理、日期数据统计并显示、销售收入分析、销售收入与广告费相关性分析、销售收入预测以及预测评分，具体业务流程如图 19.5 所示。

19.5　分析方法

经过对京东电商销售收入和广告费数据的分析得知这两组数据存在一定的线性关系，因此我们采用线性回归的分析方法对未来 6 个月的销售收入进行预测。

线性回归包括一元线性回归和多元线性回归。

♻ 一元线性回归: 只有一个自变量和一个因变量，且二者的关系可用一条直线近似表示，称为一元线性回归（研究因变量 y 和一个自变量 x 之间的关系）。

图 19.5　业务流程图

⚙ 多元线性回归：当自变量有两个或多个时，研究因变量 y 和多个自变量 x_1，x_2，…，x_n 之间的关系，则称为多元线性回归。

📋 **说明**

> 被预测的变量叫作因变量，被用来进行预测的变量叫作自变量。

简单地说，当研究一个因素（广告费）影响销售收入时，可以使用一元线性回归；当研究多个因素（广告费、用户评价、促销活动、产品介绍、季节因素等）影响销售收入时，可以使用多元线性回归。

在本章中通过对京东电商每月销售收入和广告费的分析，判断销售收入和广告费存在一定的线性关系，因此就可以通过线性回归公式求得销售收入的预测值，公式如下。

$$y=bx+k$$

其中，y 为预测值（因变量），x 为特征（自变量），b 为斜率，k 为截距。

上述公式的求解过程主要使用最小二乘法，所谓"二乘"就是平方的意思，最小二乘法也称最小平方和，其目的是通过最小化误差的平方和，使得预测值与真值无限接近。

这里对求解过程不做过多介绍，我们主要使用 Scikit-Learn 线性模型（linear_model）中的 LinearRegression() 方法实现销售收入的预测。

19.6 实现过程

用 Python 编写程序实现京东电商销售收入的预测，首先分析京东电商销售收入和广告费数据，然后通过折线图、散点图判断销售收入和广告费两组数据的相关性，最后实现销售收入的预测。

19.6.1 数据处理

京东电商存在两组历史数据，分别存放在两个 Excel 文件中，一个是销售收入数据，另一个是广告费数据。在分析预测前，首先要对这些数据进行处理，提取与数据分析相关的数据。

例如，销售收入分析只需要"日期"和"销售码洋"，关键代码如下。

```
df=df[['日期','销售码洋']]
```

19.6.2 日期数据统计并显示

为了便于分析每天和每月销售收入数据，需要按天、按月统计 Excel 中的销售收入数据，这里主要使用 Pandas 中 DataFrame 对象的 resample() 方法。首先将 Excel 中的日期转换为 datetime 类型，然后设置日期为索引，最后使用 resample() 方法和 to_period() 方法实现日期数据的统计并显示，效果如图 19.6 和 19.7 所示。

关键代码如下。

```
01 df['日期'] = pd.to_datetime(df['日期'])          # 将日期转换为日期格式
02 df1= df.set_index('日期',drop=True)              # 设置日期为索引
03 # 按天统计销售数据
04 df_d=df1.resample('D').sum().to_period('D')
05 print(df_d)
06 # 按月统计销售数据
07 df_m=df1.resample('M').sum().to_period('M')
08 print(df_m)
```

	A	B
1	**日期**	**销售码洋**
2	**2019-01-01 00:00:00**	20673.4
3	**2019-01-02 00:00:00**	17748.6
4	**2019-01-03 00:00:00**	17992.6
5	**2019-01-04 00:00:00**	31944.4
6	**2019-01-05 00:00:00**	37875
7	**2019-01-06 00:00:00**	22400.2
8	**2019-01-07 00:00:00**	21861.6
9	**2019-01-08 00:00:00**	19516
10	**2019-01-09 00:00:00**	26330.6
11	**2019-01-10 00:00:00**	24406.4
12	**2019-01-11 00:00:00**	23858.6
13	**2019-01-12 00:00:00**	23208
14	**2019-01-13 00:00:00**	22199.8
15	**2019-01-14 00:00:00**	35673.8
16	**2019-01-15 00:00:00**	37140.4
17	**2019-01-16 00:00:00**	42839
18	**2019-01-17 00:00:00**	28760.4
19	**2019-01-18 00:00:00**	38567.4
20	**2019-01-19 00:00:00**	31018.6
21	**2019-01-20 00:00:00**	31745.6
22	**2019-01-21 00:00:00**	35466.6
23	**2019-01-22 00:00:00**	42177.6
24	**2019-01-23 00:00:00**	43147.4

图 19.6　按天统计销售数据（部分数据）

	A	B
1	**日期**	**销售码洋**
2	**2019-01-01 00:00:00**	958763.6
3	**2019-02-01 00:00:00**	900500.2
4	**2019-03-01 00:00:00**	1144057.4
5	**2019-04-01 00:00:00**	911718.8
6	**2019-05-01 00:00:00**	1014847.8
7	**2019-06-01 00:00:00**	1515419
8	**2019-07-01 00:00:00**	1433418.2
9	**2019-08-01 00:00:00**	1185811
10	**2019-09-01 00:00:00**	1138865
11	**2019-10-01 00:00:00**	1848853.4
12	**2019-11-01 00:00:00**	2347063
13	**2019-12-01 00:00:00**	1560959.6

图 19.7　按月统计销售数据

19.6.3　销售收入分析

销售收入分析实现了按天和按月分析销售收入数据，并通过图表进行显示，效果更加清晰、直观，如图 19.1 所示。

这里通过 DataFrame 对象本身提供的绘图方法实现图表的绘制，并应用了子图表，主要使用 subplots() 函数实现。首先，使用 subplots() 函数创建坐标系对象 axes，然后在绘制图表中指定 axes 对象。关键代码如下。

源码位置　　　　　　　　　　　　　　　　　　　　◎ 资源包 \Code\19\sales.py

```
01 #图表字体为黑体，字号为 10
02 plt.rc('font', family='SimHei',size=10)
03 #绘制子图表
04 fig = plt.figure(figsize=(9,5))
05 ax=fig.subplots(1,2)    # 创建 axes 对象
06 # 分别设置图表标题
07 ax[0].set_title(' 按天分析销售收入 ')
08 ax[1].set_title(' 按月分析销售收入 ')
09 df_d.plot(ax=ax[0],color='r')              # 第一个图折线图
10 df_m.plot(kind='bar',ax=ax[1],color='g')   # 第二个图柱形图
11 # 调整图表距上部和底部的空白
12 plt.subplots_adjust(top=0.95,bottom=0.15)
13 plt.show()
```

19.6.4　销售收入与广告费相关性分析

在使用线性回归方法预测销售收入前，需要对相关数据进行分析。单纯从数据的角度很难发现其中的趋势和联系，而将数据绘制成图表后趋势和联系就会变得清晰起来。

19

317

下面通过折线图和散点图来分析销售收入与广告费的相关性。

在绘制图表前，最重要的是我们得有数据，数据很重要，销售收入和广告费数据分别如图 19.8 和图 19.9 所示（由于数据较多，这里只显示部分数据）。

	A	B	C	D
1	日期	商品名称	成交件数	销售码洋
2	2019/1/1	Python从入门到项目实践（全彩版）	36	3592.8
3	2019/1/1	零基础学Python（全彩版）	28	2234.4
4	2019/1/1	零基础学C语言（全彩版）	20	1396
5	2019/1/1	零基础学Java（全彩版）	26	1814.8
6	2019/1/1	SQL即查即用（全彩版）	12	597.6
7	2019/1/1	零基础学C#（全彩版）	10	798
8	2019/1/1	Java项目开发实战入门（全彩版）	12	717.6
9	2019/1/1	JavaWeb项目开发实战入门（全彩版）	8	558.4
10	2019/1/1	C++项目开发实战入门（全彩版）	7	488.6
11	2019/1/1	零基础学C++（全彩版）	12	957.6
12	2019/1/1	零基础学HTML5+CSS3（全彩版）	8	638.4
13	2019/1/1	C#项目开发实战入门（全彩版）	8	558.4
14	2019/1/1	Java精彩编程200例（全彩版）	16	1276.8
15	2019/1/1	案例学WEB前端开发（全彩版）	3	149.4
16	2019/1/1	零基础学JavaScript（全彩版）	7	558.6
17	2019/1/1	C#精彩编程200例（全彩版）	6	538.8
18	2019/1/1	C语言精彩编程200例（全彩版）	7	558.6
19	2019/1/1	C语言项目开发实战入门（全彩版）	5	299
20	2019/1/1	ASP.NET项目开发实战入门（全彩版）	3	209.4
21	2019/1/1	零基础学Android（全彩版）	5	449
22	2019/1/1	零基础学PHP（全彩版）	2	159.6
23	2019/1/1	PHP项目开发实战入门（全彩版）	2	139.6
24	2019/1/1	零基础学Oracle（全彩版）	8	638.4

图 19.8　销售收入（部分数据）

	A	B
1	投放日期	支出
2	2019/1/1	810
3	2019/1/1	519
4	2019/1/1	396
5	2019/1/1	278
6	2019/1/1	210
7	2019/1/1	198
8	2019/1/1	164
9	2019/1/1	162
10	2019/1/1	154
11	2019/1/1	135
12	2019/1/1	134
13	2019/1/1	132
14	2019/1/1	125
15	2019/1/1	107
16	2019/1/1	93
17	2019/1/1	92
18	2019/1/1	82
19	2019/1/1	81
20	2019/1/1	59
21	2019/1/1	54
22	2019/1/1	47
23	2019/1/1	43
24	2019/1/1	43

图 19.9　广告费（部分数据）

首先读取数据，大致对数据进行浏览，程序代码如下。

```
01 import pandas as pd
02 import matplotlib.pyplot as plt
03 df1= pd.read_excel('.\data\广告费.xlsx')
04 df2= pd.read_excel('.\data\销售表.xlsx')
05 print(df1.head())
06 print(df2.head())
```

运行程序，输出结果如图 19.10 所示。

```
     投放日期    支出
0  2019-01-01  810
1  2019-01-01  519
2  2019-01-01  396
3  2019-01-01  278
4  2019-01-01  210
         日期              商品名称        成交件数    销售码洋
0  2019-01-01  Python从入门到项目实践（全彩版）    36  3592.8
1  2019-01-01     零基础学Python（全彩版）      28  2234.4
2  2019-01-01     零基础学C语言（全彩版）       20  1396.0
3  2019-01-01      零基础学Java（全彩版）      26  1814.8
4  2019-01-01      SQL即查即用（全彩版）       12   597.6
```

图 19.10　部分数据

1. 折线图

从图 19.8 不难看出，销售收入数据有明显的时间维度，那么，首先选择使用折线图进行分析。

为了更清晰地对比销售收入与广告费这两组数据的变化和趋势，我们使用双 y 轴折线图，其中主 y 轴用来绘制广告费数据，次 y 轴用来绘制销售收入数据。通过折线图可以发现，销售收入和广告费两组数据的变化和趋势大致相同。从整体的趋势来看，销售收入和广告费两组数据都呈现增长趋势。从规律性来看，两组数据每次的最低点都出现在同一个月。从细节来看，两组数据的短期趋势的变化也基本一致。如图 19.11 所示。

关键代码如下。

源码位置　　　　　　　　　　　　　　　　　　　　　　　　　　◉ 资源包 \Code\19\line.py

```
01 #x 为广告费，y 为销售收入
02 y1=pd.DataFrame(df_x[' 支出 '])
03 y2=pd.DataFrame(df_y[' 销售码洋 '])
04 fig = plt.figure()
05 # 图表字体为黑体，字号为 11
06 plt.rc('font', family='SimHei',size=11)
07 ax1 = fig.add_subplot(111)                              # 添加子图表
08 plt.title(' 京东电商销售收入与广告费分析折线图 ')          # 图表标题
09 # 图表 x 轴标题
10 x=[0,1,2,3,4,5,6,7,8,9,10,11]
11 plt.xticks(x,['1月 ','2月 ','3月 ','4月 ','5月 ','6月 ','7月 ','8月 ','9月 ','10月 ','11月 ','12月 '])
12 ax1.plot(x,y1,color='orangered',linewidth=2,linestyle='-',marker='o',mfc='w',label=' 广告费 ')
13 plt.legend(loc='upper left')
14 ax2 = ax1.twinx()                                       # 添加一条 y 轴坐标轴
15 ax2.plot(x,y2,color='b',linewidth=2,linestyle='-',marker='o',mfc='w',label=' 销售收入 ')
16 plt.subplots_adjust(right=0.85)
17 plt.legend(loc='upper center')
18 plt.show()
```

2. 散点图

对比折线图，散点图更加直观。散点图去除了时间维度的影响，只关注销售收入和广告费两组数据间的关系。下面根据每个月销售收入和广告费数据绘制散点图，x 轴是自变量广告费数据，y 轴是因变量销售收入数据。从数据点的分布情况可以发现，自变量 x 和因变量 y 有着相同的变化趋势，当广告费增加后，销售收入也随之增加。如图 19.12 所示。

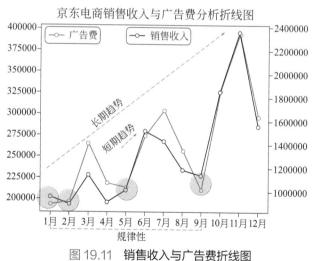

图 19.11　销售收入与广告费折线图

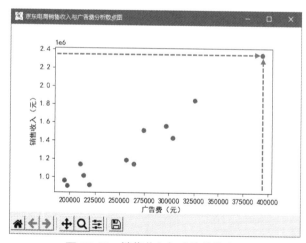

图 19.12　销售收入与广告费散点图

关键代码如下。

源码位置　　　　　　　　　　　　　　　　　　　　　　　　　◉ 资源包 \Code\19\scatter.py

```
01 #x 为广告费，y 为销售收入
02 x=pd.DataFrame(df_x[' 支出 '])
```

```
03 y=pd.DataFrame(df_y[' 销售码洋 '])
04 # 图表字体为黑体，字号为 11
05 plt.rc('font', family='SimHei',size=11)
06 plt.figure(" 京东电商销售收入与广告费分析散点图 ")
07 plt.scatter(x, y,color='r')        # 真实值散点图
08 plt.xlabel(u' 广告费（元）')
09 plt.ylabel(u' 销售收入（元）')
10 plt.subplots_adjust(left=0.15)     #图表距画布右侧之间的空白
11 plt.show()
```

折线图和散点图清晰地展示了销售收入和广告费两组数据，让我们直观地发现了数据之间隐藏的关系，为接下来的决策做出重要的引导。经过折线图和散点图分析后，就可以对销售收入进行预测，进而做出科学的决策，而不是模棱两可，大概差不多。

19.6.5　销售收入预测

2020 年上半年计划投入的广告费如图 19.13 所示。那么，根据上述分析，采用线性回归分析方法对 2020 年上半年 6 个月的销售收入进行预测，主要使用 Scikit-Learn 提供的线性模型 linear_model 模块。

1月	2月	3月	4月	5月	6月
120,000.00	130,000.00	150,000.00	180,000.00	200,000.00	250,000.00

图 19.13　计划投入广告费

首先，将广告费设置为 x，也就是自变量，将销售收入设置为 y，也就是因变量，将计划广告费设置为 $x0$，将销售收入预测值设置为 $y0$，然后拟合线性模型，获取回归系数和截距。通过给定的计划广告费 $x0$ 和线性模型预测销售收入 $y0$。关键代码如下。

 源码位置　　　　　　　　　　　　　　　　　　　　　　　　◉ 资源包 \Code\19\pred.py

```
01 clf=linear_model.LinearRegression()                      # 创建线性模型
02 #x 为广告费，y 为销售收入
03 x=pd.DataFrame(df_x[' 支出 '])
04 y=pd.DataFrame(df_y[' 销售码洋 '])
05 clf.fit(x,y)                                              # 拟合线性模型
06 k=clf.coef_                                               # 获取回归系数
07 b=clf.intercept_                                          # 获取截距
08 # 未来 6 个月计划投入的广告费
09 x0=np.array([120000,130000,150000,180000,200000,250000])
10 x0=x0.reshape(6,1)                                        # 数组重塑
11 # 预测未来 6 个月的销售收入（y0）
12 y0=clf.predict(x0)
13 print(' 预测销售收入：')
14 print(y0)
```

运行程序，输出结果如图 19.14 所示。

```
预测销售收入：
[[ 343161.02820353]
 [ 412384.58984301]
 [ 550831.71312199]
 [ 758502.39804046]
 [ 896949.52131943]
 [1243067.32951688]]
```

图 19.14　预测销售收入

接下来，为了直观地观察真实数据与预测数据之间的关系，在散点图中加入预测值（预测回归线）绘制线性拟合图，效果如图 19.4 所示。

将散点图与折线图结合形成线性拟合图。散点图体现真实数据，而折线图为预测数据，关键代码如下。

```
01 # 使用线性模型预测 y 值
02 y_pred =clf.predict(x)
03 # 图表字体为华文细黑，字号为 10
04 plt.rc('font', family='SimHei',size=11)
05 plt.figure(" 京东电商销售数据分析与预测 ")
06 plt.scatter(x, y,color='r')                        # 真实值散点图
07 plt.plot(x,y_pred, color='blue', linewidth=1.5)    # 预测回归线
08 plt.ylabel(u' 销售收入（元）')
09 plt.xlabel(u' 广告费（元）')
10 plt.subplots_adjust(left=0.2)                      # 设置图表距画布左边的空白
11 plt.show()
```

19.6.6　预测评分

评分算法为预测的准确率，准确率越高，说明预测的销售收入效果越好。

下面使用 Scikit-Learn 提供的评价指标函数 metrics() 实现回归模型的评估，主要包括以下 4 种方法。

🔁 explained_variance_score()：回归模型的方差得分，取值范围是 0 ～ 1 之间。

🔁 mean_absolute_error()：平均绝对误差。

🔁 mean_squared_error()：均方差。

🔁 r2_score()：判定系数，解释回归模型的方差得分，取值范围是 0 ～ 1 之间。

下面使用 r2_score() 方法评估回归模型，为预测结果评分。如果评分结果是 0，说明预测结果跟瞎猜差不多；如果评分结果是 1，说明预测结果非常准；如果评分结果是 0 ～ 1 之间的数，数值越大说明预测结果越准，数值越小说明预测结果越不准；如果评分结果是负数，说明预测结果还不如瞎猜，导致这种情况说明数据没有线性关系。

假设 2020 年上半年 6 个月实际销售收入分别是 360000、450000、600000、800000、920000、1300000，程序代码如下。

```
01 from sklearn.metrics import r2_score
02 y_true = [360000,450000,600000,800000,920000,1300000]  # 真实值
03 score=r2_score(y_true,y0)  # 预测评分
04 print(score)
```

运行程序，输出结果为 "0.9839200886906198"，说明预测结果非常好。

▽ 小结

本章融入了数据处理、图表、数据分析和机器学习相关知识。通过本章案例进一步巩固和加深了前面所学知识，并进行了综合应用。例如，相关性分析和线性回归分析方法的结合，为数据预测提供了有效的依据。通过实际案例的应用，读者掌握了 Scikit-Learn 线性回归模型，为日后的数据分析工作奠定了坚实的基础。

19

扫码领取
• 教学视频
• 配套源码
• 实战练习答案
• ……

Python

数据分析技术手册

基础 · 实战 · 强化

强化篇

● 第 20 章　电视节目数据分析系统

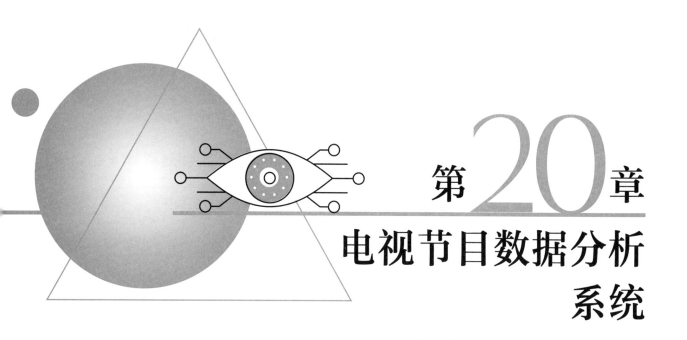

第20章
电视节目数据分析系统

互联网技术的不断发展与人们精神文化水平的不断提高，使得电视、电影领域与互联网的联系愈发紧密，各类节目信息数量出现显著上升。那么，哪个平台的电视节目受欢迎、哪类电视节目受欢迎、各类电视节目数据变化的趋势等等这些内容，如果采用人工分析费时、费力，为了快速、直观地分析电视节目数据，本系统将实现电视节目数据统计分析与可视化。

20.1　系统需求分析

本节将对电视节目数据分析系统的具体设计进行分析。首先对系统进行概述，然后对系统进行功能性需求分析。通过本节的分析，为之后的系统功能设计与实现提供可靠基础。

20.1.1　系统概述

电视节目数据分析系统有美观、友好的可视化界面，用户可从系统提供的维度中进行选择，系统将针对该维度的数据生成对应的可视化图表，用户可以通过此模块了解各平台节目占比、各类节目播出占比、各类数据变化趋势等。系统界面设计采用 Qt Designer，可视化图表采用 Pyechart 第三方图表。

20.1.2　功能性需求分析

根据系统概述，对电视节目数据分析系统的功能性需求进行进一步的分析，将该系统划分为以下几个功能。

（1）所有平台节目占比分析

本功能可以实现按年份统计分析所有平台节目占比情况，并生成饼形图。

（2）所有类型节目占比分析

本功能可以实现按年份统计分析所有类型节目占比情况，并生成饼形图。

（3）平台节目占比分析

本功能可以实现按播出平台和年份统计分析当前所选平台和年份的节目占比情况，并生成饼形图。

（4）类型节目变化分析

本功能可以实现按节目类型统计分析该类型节目逐年变化情况，并生成折线图。

20.2 系统设计

20.2.1 系统功能结构

电视节目数据分析系统主要分为主窗体模块和功能代码模块两大部分。其中，主窗体模块包括功能草图设计、创建窗体、工具栏设计、其他控件设计、ui 文件转为 py 文件；功能代码模块包括查看数据情况模块、数据处理模块、数据分析及可视化模块、显示主窗体模块。电视节目数据分析系统的功能结构如图 20.1 所示。

20.2.2 系统业务流程

在开发电视节目数据分析系统前，需要先了解系统的业务流程。根据电视节目数据分析系统的需求分析及功能结构，设计出如图 20.2 所示的系统业务流程图。

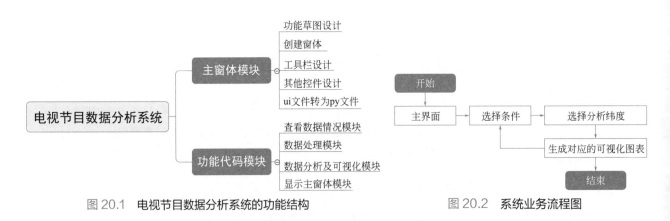

图 20.1　电视节目数据分析系统的功能结构　　　图 20.2　系统业务流程图

20.2.3 系统预览

电视节目数据分析系统是一款在 PyCharm 中运行的程序，首先运行显示主窗体模块（show_window.py）以显示主窗体，效果如图 20.3 所示。

选择年份，然后单击工具栏中的"所有平台节目占比分析"按钮，生成该年份所有平台节目数量占比情况分析图表，效果如图 20.4 所示；选择年份，单击工具栏中的"所有类型节目占比分析"按钮，生成该年份所有类型节目数量占比情况分析图表，效果如图 20.5 所示；选择播出平台和年份，单击工具栏中的"平台节目占比分析"，生成该平台该年份节目数量占比情况分析图表，效果如图 20.6 所示；选择节目类型，单击工具栏中的"类型节目变化分析"按钮，生成该类型节目数量逐年变化分析图表，效果如图 20.7 所示。

图 20.3　主窗体

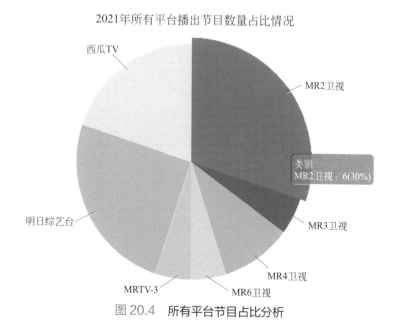

图 20.4　所有平台节目占比分析

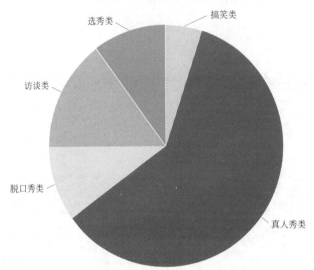

图 20.5　所有类型节目占比分析

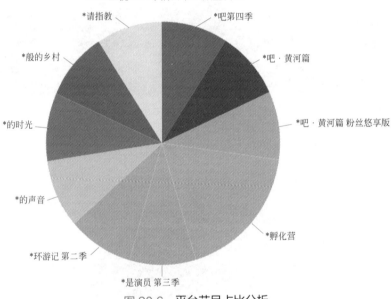

图 20.6　平台节目占比分析

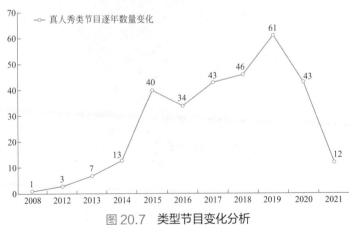

图 20.7　类型节目变化分析

22.3   系统开发必备

20.3.1   系统开发环境

本系统的软件开发及运行环境具体如下。

- ♻ 操作系统: Windows 10。
- ♻ Python 版本: Python 3.9。
- ♻ 开发工具: PyCharm。
- ♻ Python 内置模块: os、re。
- ♻ 第三方模块: pandas（1.2.4）、openpyxl（3.0.7）、xlrd（2.0.1）、xlwt（1.3.0）、numpy（1.20.3）、matplotlib（3.4.2）、PyQt5（5.15.4）、PyQt5Designer（5.14.1）、pytq5-tools（5.15.3.3.1）。

20.3.2   界面设计环境安装与配置

对于 Python 程序员来说，用纯代码编写应用程序并不稀奇。不过，大多程序员还是喜欢使用可视化的方法来设计界面，可以大大减少程序代码量，设计起来也更加方便、清晰。Qt 设计器（Qt Designer）就为用户提供了这样一种可视化的设计环境，可以随心所欲地设计出自己想要的界面。

可视化设计环境主要使用 PyQt5、PyQt5Designer 和 pytq5-tools 三个模块，具体安装配置步骤如下。

① 首先在 PyCharm 中搜索 PyQt5，筛选与 PyQt5 相关的模块，即 PyQt5、PyQt5Designer 和 pytq5-tools，如图 20.8 所示，分别进行安装。

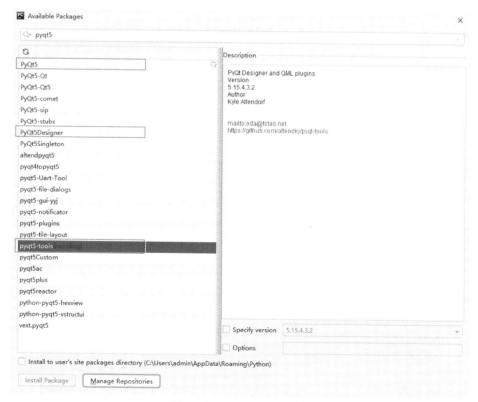

图 20.8   安装第三方模块

② 配置可视化设计环境 Qt Designer。运行 PyCharm，打开 "Settings" 窗口，选择 "Tools" → "External

Tools"菜单项，单击"+"按钮，打开"Create Tool"（新建工具）窗口。首先在"Name"文本框中输入工具名称，如"Qt Design"，然后在"Program"文本框中选择 designer.exe 文件的安装路径，如"E:\Python\Python 3.9\Lib\site-packages\QtDesigner\designer.exe"，最后在"Working directory"文本框中输入"$ProjectFileDir$"，如图 20.9 所示，单击"OK"按钮完成 Qt Designer 的配置工作。

③ 配置 PyUIC，即将 ui 文件转为 py 文件。依旧选择"Tools"→"External Tools"菜单项，单击"+"按钮，打开"Create Tool"（新建工具）窗口。首先在"Name"文本框中输入"PyUIC"，然后在"Program"文本框中选择 python.

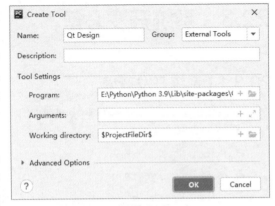

图 20.9　配置 Qt Designer

exe 文件的安装路径，如"E:\Python\Python 3.9\python.exe"，接着在"Arguments"文本框中输入"-m PyQt5.uic.pyuic $FileName$ -o $FileNameWithoutExtension$.py"，最后在"Working directory"文本框中输入"$FileDir$"，单击"OK"按钮完成配置工作。

④ 完成以上配置工作后，在 PyCharm 中选择"Tools"→"External Tools"菜单项，在子菜单中可以看到"Qt Design"和"PyUIC"两个菜单项，如图 20.10 所示。

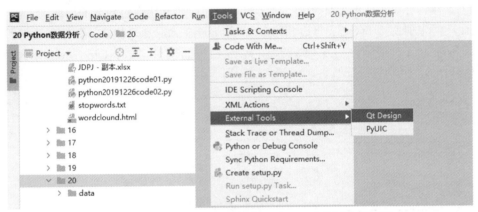

图 20.10　新增的"Qt Design"和"PyUIC"两个菜单项

如果进行窗体界面设计可以选择"Qt Design"菜单项。如果需要将 ui 文件转为 py 文件，则需要选择"PyUIC"菜单项，前提是事先设计好 ui 文件，否则可能会出现错误。

20.4　主窗体设计

20.4.1　功能草图

根据系统需求分析首先设计功能草图，如图 20.11 所示。

有了草图后，接下来将使用 Qt Designer 设计主窗体。

20.4.2　创建主窗体

设计主窗体前首先要创建一个窗体，然后将需要的控件放置在窗体上。运行 PyCharm，选择"Tools"→"External Tools"→"Qt Design"菜单项，如图 20.12 所示，打开"Qt Design"窗口。在弹出的"新建窗体"窗口中，选择"Main Window"，单击"创建"按钮，窗体创建完成，如图 20.13 所示。

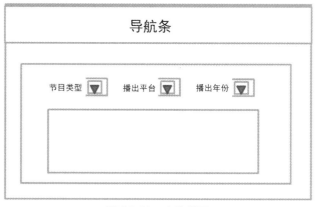

图 20.11　功能草图

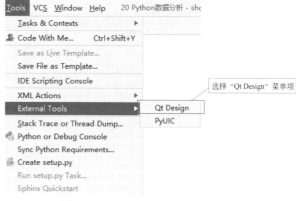

图 20.12　选择"Qt Design"菜单项

窗体图标和窗体标题栏需要通过"属性编辑器"窗口设置，设置方法如图 20.14 所示。

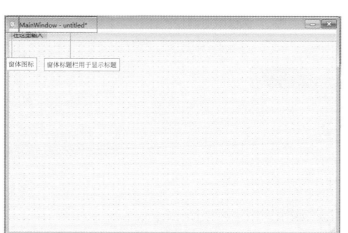

图 20.13　新建的主窗体

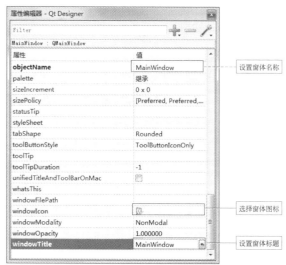

图 20.14　"属性编辑器"窗口

相关属性设置完成后，可以预览窗体，选择"窗体"→"预览"菜单项即可，最后按快捷键 Ctrl+S 保存文件，将窗体保存为 MainWindow.ui 文件，路径为项目所在文件夹（如"F:\20\MainWindow.ui"）。

20.4.3　工具栏设计

工具栏主要使用 QToolBar 控件设计。在主窗体上右击，在弹出的快捷菜单中选择"添加工具栏"菜单项，然后再为工具栏添加工具栏按钮，最终设计完成的效果如图 20.15 所示。

具体步骤如下。

① 工具栏按钮主要通过"动作编辑器"面板添加，该面板一般位于窗体右侧，通过"动作编辑器"选项卡切换到"动作编辑器"面板，如图 20.16 所示。

图 20.15　工具栏

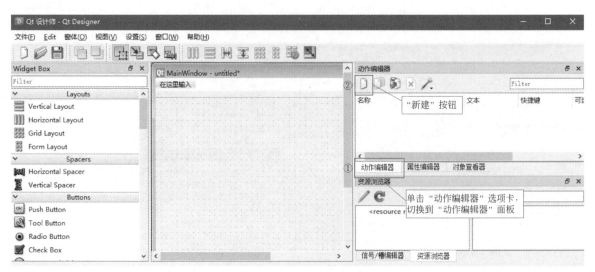

图 20.16 "动作编辑器"面板

② 单击"新建"按钮，打开"新建动作"窗口，依次输入文本、对象名称、ToolTip（提示文本），并为按钮添加图标，然后单击"OK"按钮，完成第一个工具栏按钮。为按钮添加图标的步骤为：单击"图标"后第二个下拉按钮，选择"选择文件"（见图 20.17），然后选择所需图标。此处，选择"code\20\img"文件夹中的图标，按图标序号添加（如图标 1.png）。

图 20.17 "新建动作"窗口

接着按照以上步骤依次完成剩余的三个工具栏按钮，设计完成后的"动作编辑器"窗口如图 20.18 所示。

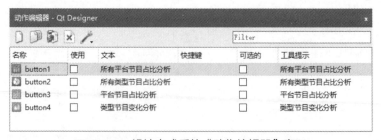

图 20.18 设计完成后的"动作编辑器"窗口

③ 编辑完成工具栏按钮后，通过拖曳的方式，将设计好的动作名称直接拖曳到工具栏上，如图 20.19 所示，当鼠标出现"+"符号时（见图 20.20）松开鼠标，工具栏按钮将被添加到工具栏上，同时"动作编

辑器"窗口中相应的"使用"复选框被选中,如图 20.21 所示。接下来用同样的方法完成剩余的工具栏按钮。

图 20.19　拖曳动作名称到工具栏

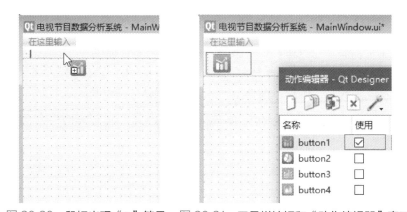

图 20.20　鼠标出现"+"符号　　图 20.21　工具栏按钮和"动作编辑器"窗口

④ 设置工具栏属性。设计完成工具栏按钮后,还需要为工具栏设置两个属性,即 iconsize 属性和 toolButtonStyle 属性,主要通过 QToolBar 控件的属性编辑器进行设置。iconsize 属性用于设置图标的大小,这里将"宽度"设置为"48","高度"设置为"48"。若要实现图文结合的工具栏效果,需要将 toolButtonStyle 属性值设置为"ToolButtonTextUnderIcon"。如果不设置,工具栏按钮默认只显示图标或只显示文字。

⑤ 添加分隔符。右击第二个工具栏按钮,在弹出的快捷菜单中选择"在 "button2" 之前插入分隔符"菜单项,这里插入两个分隔符。接下来用同样的方法为后面的工具栏按钮插入分隔符。

至此,工具栏便设计完成了。

20.4.4　其他控件设计

下面在主窗体上添加其他控件,并通过 Qt Designer 属性编辑器设置每一个控件的属性,具体步骤如下。

① 在主窗体上添加第一个 Label 控件,用于显示标题。设置 Font 属性的"大小"为"12",设置 Text 属性为"播出平台 节目类型 年份",每段文字中间适当空格,然后调整 Label 控件的宽度和长度,使标题全部显示。

② 在主窗体上添加 3 个 Combo Box 控件，用于显示"播出平台"、"节目类型"和"年份"。设置 objectName 属性分别为"cbo1"、"cbo2"和"cbo3"；Font 属性的"大小"为"11"；右击 Combo Box 控件，在弹出的快捷菜单中选择"编辑项目"菜单项，单击"+"符号添加内容，具体内容如表 20.1 所示。

表 20.1　控件名称及项目内容

控件名称	项目内容
cbo1	MR1 卫视 MR2 卫视 MR3 卫视 MR4 卫视 MR5 卫视 MR6 卫视 MR7 卫视
cbo2	八卦类 搞笑类 访谈类 真人秀类 选秀类 脱口秀类
cbo3	2008，2009，…，2021

接下来，设置 cbo3 控件的 currentText 属性为"2021"，因为要默认显示 2021。

③ 在窗体上添加第二个 Label 控件，用于显示背景图片。设置 pixmap 属性为"Code/20/img/ 电视节目数据分析系统 .jpg"，单击黑色下拉按钮，在弹出的菜单中选择"选择文件"菜单项，选择背景图片文件。

④ 微调窗体和控件到合适的位置，最终效果如图 20.22 所示，按快捷键 Ctrl+S 保存 MainWindow.ui 文件。如果要预览界面设计效果，选择"窗体"→"预览"菜单项即可。

图 20.22　主窗体设计完成后的效果

20.4.5　ui 文件转为 py 文件

设计完成的主界面，需要将其转换为 Python 文件才可以在 Python 环境中使用，具体步骤如下。

运行 PyCharm，打开项目文件夹，首先选择 MainWindow.ui，然后选择"Tools"→"External Tools"→"PyUIC"菜单项，将自动生成一个名为"MainWindow.py"的文件，如图 20.23 所示。

图 20.23　ui 文件转为 py 文件

此时，如果运行 MainWindow.py 文件，将什么都不显示。那么，接下来要做的就是显示主窗体和实现功能代码。

20.5　数据准备

"电视节目数据分析系统"的数据主要来源于 Excel 文件（即 data1.xlsx），如图 20.24 所示。

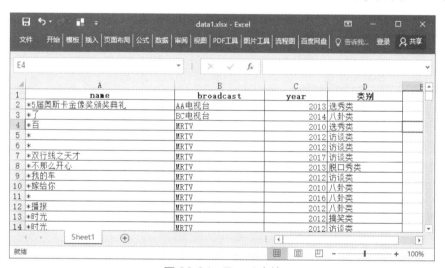

图 20.24　Excel 文件

 说明

> 本数据为笔者虚拟的数据。

20.6　功能代码设计

20.6.1　查看数据情况模块

"查看数据情况"是一个独立的模块，与其他模块没有关联，可以独立运行。该模块主要用于查看数据、了解数据情况。新建一个 Python 文件，导入 Pandas 模块，然后查看数据，代码如下。

源码位置　　　　　　　　　　　　　　　　　　　　　　　　👁 资源包 \Code\20\viewdata.py

```
01 import pandas as pd
02 df = pd.read_excel('data1.xlsx')        # 读取 Excel 文件
03 print(df.info())                        # 查看数据
```

运行程序，输出结果如图 20.25 所示。

```
<class 'pandas.core.frame.DataFrame'>
RangeIndex: 1353 entries, 0 to 1352
Data columns (total 4 columns):
 #   Column     Non-Null Count   Dtype
---  ------     --------------   -----
 0   name       1353 non-null    object
 1   broadcast  1353 non-null    object
 2   year       1353 non-null    int64
 3   类别         1353 non-null    object
dtypes: int64(1), object(3)
memory usage: 42.4+ KB
None
```

图 20.25　查看数据（部分数据）

从图中可以看出，Excel 文件包含 4 列、1353 行数据。

20.6.2　数据处理模块设计

该模块主要用于连接 Excel 文件，代码如下。

源码位置　　　　　　　　　　　　　　　　　　　　　　　　👁 资源包 \Code\20\cnn.py

```
01 import pandas as pd
02 def data():
03     df=pd.read_excel('data1.xlsx')
04     return df
```

20.6.3　数据分析及可视化模块

该模块主要实现主窗体界面与业务代码分离，实现了控件交互，通过 Pandas 统计分析电视节目数据，通过 Pyecharts 第三方图表实现数据可视化。具体步骤如下。

源码位置　　　　　　　　　　　　　　　　　　　👁 资源包 \Code\20\ variety_show_analysis.py

① 导入相关模块，代码如下。

```
01 from PyQt5 import QtWidgets
02 # 导入主窗体文件中的 ui 类
03 from MainWindow import Ui_MainWindow
04 # 导入自定义数据处理模块
```

```
05  import cnn
06  # 导入第三方图表模块 pyecharts
07  from pyecharts.charts import Pie,Line
08  from pyecharts import options as opts
09  # 导入浏览器模块
10  import webbrowser
```

② 为了实现主窗体界面（也就是 ui）和业务代码分离，首先创建 MainWindow() 类，代码如下。

```
01  class MainWindow(QtWidgets.QMainWindow, Ui_MainWindow):
02      def __init__(self):
03          super(MainWindow, self).__init__()
04          self.setupUi(self)
05          # 单击工具栏按钮触发自定义方法
06          self.button1.triggered.connect(self.all_platform_chart)
07          self.button2.triggered.connect(self.all_type_chart)
08          self.button3.triggered.connect(self.platform_chart)
09          self.button4.triggered.connect(self.type_chart)
```

上述代码中，第 01 行～第 04 行代码主要实现主窗体界面与业务代码分离，接下来的代码用于实现控件事件触发自定义方法，这段代码可以根据实际项目编写。

在这里实现业务代码，代码结构清晰，以后修改主窗体界面，只需要修改 ui 文件，然后将其转换为 py 文件即可，怎么修改都不会影响到业务代码，这就是主窗体界面与业务代码分离的好处。

③ 在 MainWindow() 类下面编写自定义方法 all_platform_chart()，该方法用于实现所有平台各年节目数量占比分析，代码如下。

```
01  def all_platform_chart(self):
02      # 调用 cnn 模块的 data() 方法获取数据
03      df = cnn.data()
04      # 获取年份
05      myyear = self.cbo3.currentText()
06      # 抽取指定年份的数据
07      df=df.loc[df['year']==int(myyear)]
08      # 按节目分组统计
09      df_groupby = df.groupby('broadcast').size().reset_index()
10      # 平台名称
11      broadcast = df_groupby['broadcast']
12      # 节目数量
13      count = df_groupby[0]
14      # 饼形图用的数据格式是 [(key1,value1),(key2,value2)]，所以先使用 zip() 函数将二者进行组合
15      data = [list(z) for z in zip(broadcast, count)]
16      # 绘制饼形图
17      name = myyear + " 年所有平台播出节目数量占比情况 "
18      pie = Pie()   # 创建饼形图
19      # 为饼形图添加数据
20      pie.add(series_name=' 类别 ',   # 序列名称
21              data_pair=data)   # 数据
22      pie.set_global_opts(title_opts=opts.TitleOpts(title=name,
23                                                    pos_left="center"),   # 饼形图标题居中
24                          # 不显示图例
25                          legend_opts=opts.LegendOpts(is_show=False))
26      # 序列标签
27      pie.set_series_opts(label_opts=opts.LabelOpts(), tooltip_opts=opts.TooltipOpts(
28          trigger="item", formatter="{a} <br/>{b}: {c} ({d}%)"))
29      htl = name + ".html"
30      # 渲染图表到 HTML 文件，存放在程序所在目录下
31      pie.render(htl)
32      # 在浏览器中显示图表
33      webbrowser.open(htl)
```

④ 在 MainWindow() 类下面编写自定义方法 all_type_chart()，该方法用于实现所有类型节目各年数量占比分析，代码如下。

```python
01 def all_type_chart(self):
02     # 获取年份
03     myyear = self.cbo3.currentText()
04     # 调用 cnn 模块的 data() 方法获取数据
05     df = cnn.data()
06     # 抽取指定年份的数据
07     df=df.loc[df['year']==int(myyear)]
08     # 按节目类型分组统计
09     df_groupby = df.groupby(' 类别 ').size().reset_index()
10     show = df_groupby[' 类别 ']
11     count = df_groupby[0]
12
13     # 饼形图用的数据格式是 [(key1,value1),(key2,value2)]，所以先使用 zip() 函数将二者进行组合
14     data = [list(z) for z in zip(show, count)]
15     # 绘制饼形图
16     name = myyear + " 年所有类型节目数量占比情况 "
17     pie = Pie()  # 创建饼形图
18     # 为饼形图添加数据
19     pie.add(series_name=' 类别 ',  # 序列名称
20             data_pair=data)  # 数据
21     pie.set_global_opts(title_opts=opts.TitleOpts(title=name,
22                                                   pos_left="center"),  # 饼形图标题居中
23                         # 不显示图例
24                         legend_opts=opts.LegendOpts(is_show=False))
25     # 序列标签
26     pie.set_series_opts(label_opts=opts.LabelOpts(), tooltip_opts=opts.TooltipOpts(
27         trigger="item", formatter="{a} <br/>{b}: {c} ({d}%)"))
28     htl = name + ".html"
29     # 渲染图表到 HTML 文件，存放在程序所在目录下
30     pie.render(htl)
31     # 在浏览器中显示图表
32     webbrowser.open(htl)
```

⑤ 在 MainWindow() 类下面编写自定义方法 platform_chart()，该方法用于实现各平台各年节目数量占比分析，代码如下。

```python
01 def platform_chart(self):
02     # 调用 cnn 模块的 data() 方法获取数据
03     df = cnn.data()
04     # 获取平台和年份
05     platform=self.cbo1.currentText()
06     myyear = self.cbo3.currentText()
07     # 抽取指定年份和平台的数据
08     df=df.loc[(df['year']==int(myyear)) & (df['broadcast']==platform)]
09     # 所有平台播出节目数量占比
10     df_groupby = df.groupby('name').size().reset_index()
11     # 节目名称
12     x_data = df_groupby['name']
13     # 节目数量
14     y_data = df_groupby[0]
15     # 饼形图用的数据格式是 [(key1,value1),(key2,value2)]，所以先使用 zip() 函数将二者进行组合
16     data = [list(z) for z in zip(x_data, y_data)]
17     # 绘制饼形图
18     name = platform + myyear + ' 年播出节目数量占比 '
19     pie = Pie()  # 创建饼形图
20     # 为饼形图添加数据
21     pie.add(series_name=' 类别 ',  # 序列名称
22             data_pair=data)  # 数据
23     pie.set_global_opts(title_opts=opts.TitleOpts(title=name,
24                                                   pos_left="center"),  # 饼形图标题居中
```

```
25                        # 不显示图例
26                        legend_opts=opts.LegendOpts(is_show=False))
27          # 序列标签
28          pie.set_series_opts(label_opts=opts.LabelOpts(), tooltip_opts=opts.TooltipOpts(
29              trigger="item", formatter="{a} <br/>{b}: {c} ({d}%)"))
30          htl = name + ".html"
31          # 渲染图表到 HTML 文件，存放在程序所在目录下
32          pie.render(htl)
33          # 在浏览器中显示图表
34          webbrowser.open(htl)
```

⑥ 在 MainWindow() 类下面编写自定义方法 type_chart()，该方法用于实现各类型节目数量逐年变化分析，代码如下。

```
01  def type_chart(self):
02          # 调用 cnn 模块的 data() 方法获取数据
03          df = cnn.data()
04          # 获取类型
05          type = self.cbo2.currentText()
06          # 抽取指定年份和平台的数据
07          df = df.loc[df['类别'] == type]
08          # 各年节目数量统计
09          df_groupby = df.groupby('year').size().reset_index()
10          # 绘制折线图
11          x=list(map(str,df_groupby['year']))
12          y=list(map(str,df_groupby[0]))
13          name=self.cbo2.currentText()+'节目逐年数量变化'
14          line = Line()   # 创建折线图
15          # 为折线图添加 x 轴和 y 轴数据
16          line.add_xaxis(xaxis_data=x)
17          line.add_yaxis(series_name=name, y_axis=y)
18          # 渲染图表到 HTML 文件，存放在程序所在目录下
19          htl=name + ".html"
20          line.render(htl)
21          # 在浏览器中显示图表
22          webbrowser.open(htl)
```

20.6.4 显示主窗体模块

运行项目应首先运行该模块（show_window.py），通过该模块可以调用主窗体模块，实现数据分析及可视化，代码如下。

📚 **源码位置**　　　　　　　　　　　　　　👁 **资源包 \Code\20\show_window.py**

```
01  from PyQt5 import QtWidgets
02  from variety_show_analysis import MainWindow
03  import sys
04  # 每个 Python 文件都包含内置的变量 __name__,
05  # 当该文件被直接执行时，
06  # 变量 __name__ 就等于文件名（.py 文件）
07  # 而 "__main__" 则表示当前所执行文件的名称
08  if __name__ == "__main__":
09          # 实例化一个应用对象
10          app = QtWidgets.QApplication(sys.argv)
11          # 主窗体对象
12          main = MainWindow()
13          # 显示主窗体
14          main.show()
15          # 确保主循环安全退出
16          sys.exit(app.exec_())
```

至此，整个项目就完成了，运行程序，效果如图 20.26 所示。

图 20.26　电视节目数据分析系统

单击"所有平台节目占比分析"按钮，分析 2021 年所有平台节目数量占比情况，效果如图 20.27 所示。

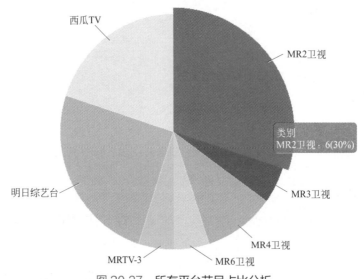

图 20.27　所有平台节目占比分析

▽ 小结

通过本章的学习，能够了解一个完整项目的开发流程和项目模块化的方法，同时还掌握了 Qt Design 可视化界面设计方法、界面与业务代码分离方法，以及第三方图表 Pyecharts 中饼形图和折线图的应用。

扫码领取
· 教学视频
· 配套源码
· 实战练习答案
· ……